数据科学与大数据技术丛书

DEEP LEARNING IN ACTION:
WITH PYTORCH

深度学习

基于 PyTorch 的实现

周静　鲁伟◎编著

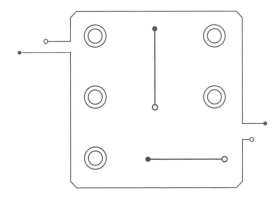

中国人民大学出版社
·北京·

数据科学与大数据技术丛书编委会

总　序

数据科学时代，大数据成为国家重要的基础性战略资源。世界各国和地区先后推出大数据发展战略：美国于 2012 年发布《大数据研究和发展倡议》，2016 年发布《联邦大数据研究与开发战略计划》，不断加强大数据的研发和应用发展布局；欧盟于 2014 年发布《数据驱动经济战略》，倡导成员国尽早实施大数据战略；日本等其他发达国家相继出台推动大数据研发和应用的政策。在我国，党的十八届五中全会明确提出"国家大数据战略"，国务院于 2015 年 8 月印发《促进大数据发展行动纲要》，全面推进大数据的发展与应用。2019 年 11 月，《中共中央关于坚持和完善中国特色社会主义制度、推进国家治理体系和治理能力现代化若干重大问题的决定》将"数据"纳入生产要素，进一步奠定了数据作为基础生产资源的重要地位。

在大数据背景下，基于数据作出科学预测与决策的理念深入人心。无论是推进政府数据开放共享，提升社会数据资源价值，培育数字经济新产业、新业态和新模式，支持构建农业、工业、交通、教育、安防、城市管理、公共资源交易等领域的数据开发利用，还是加强数据资源整合和安全保护，都离不开大数据理论的发展、大数据方法和技术的进步以及大数据在实际应用领域的扩展。在学科发展上，大数据促进了统计学、计算机和实际领域问题的紧密结合，催生了数据科学学科的建立和发展。

为了系统培养社会急需的具备大数据处理及分析能力的高级复合型人才，2016 年教育部首次在本科专业目录中增设"数据科学与大数据技术"。截至 2020 年，开设数据科学与大数据技术本科专业的高校已突破 600 所。在迅速增加的人才培养需求下，亟须梳理数据科学与大数据技术的知识体系，包括大数据处理和不确定性的数学刻画，使用并行式、分布式和能够处理大规模数据的数据科学编程语言和方法，面向数据科学的概率论与数理统计，机器学习与深度学习等各种基础模型和方法，以及在不同的大数据应用场景下生动的实践案例等。

为满足数据人才系统化培养的需要，中国人民大学统计学院联合兄弟院校，基于既往经验与当前探索组织编写了"数据科学与大数据技术丛书"，包括《数据科学概论》《数据科学概率基础》《数据科学统计基础》《Python 机器学习：原理与实践》《数据科学实践》

《数据科学统计计算》《数据科学并行计算》《数据科学优化方法》《深度学习——基于 PyTorch 的实现》等。该套教材努力把握数据科学的统计学与计算机基础，突出数据科学理论和方法的系统性，重视方法应用和实际案例，适用于数据科学专业的教学，也可作为数据科学从业者的参考书。

编委会

前　言

2022 年 12 月底的一天，我的朋友圈突然被一个名叫 ChatGPT 的人工智能产品霸屏了，人们用它来写文章、写诗、写工作周报甚至写程序代码。一时间人们围绕它展开了热烈的讨论，有人认为 AI 无所不能，很多人可能会面临失业问题，也有人认为，虽然 ChatGPT 写出的东西在很大程度上能以假乱真，但是还无法达到人类的水平。上一次大家如此津津乐道地讨论人工智能，大概是 2016 年 AlphaGo 横空出世的时候。从那时起，各大媒体争相报道人工智能时代的到来。对于大众而言，对人工智能最深刻的印象，可能来自 AlphaGo，来自人脸识别、语音识别、自动翻译等有趣的应用。其实，当我们提到人工智能时，大多数时候是指这些应用背后的核心技术，即深度学习。

对于深度学习，你是否充满好奇？是否充满期待？你是否担心由于自己基础欠缺而无法入门深度学习领域？很惭愧地说，五年前当我第一次接触深度学习时，我对这三个问题的回答都是"是的"。但是作为一名奋战在教学一线的青年教师，我总是对新的领域充满求知欲，也正是带着这份好奇，我开始收集市面上与深度学习相关的书籍进行研读，这些书籍非常棒，但遗憾的是，可能不适合作为教材，尤其不适合非计算机背景的学生学习，而这部分学生（例如一些经管类院系下设的数据科学专业的学生）正日渐成为深度学习的主要力量。受现有深度学习书籍的启发，并结合多年的教学经验，我深刻地感受到需要编写一本适合非计算机专业本科生的深度学习入门教材。它既要重视深度学习的理论基础，又要通俗易懂，而且还要有助于提高学生训练（调优）模型的能力。这就是本书写作的初衷。

本书由浅入深地介绍深度学习的理论原理并搭配生动有趣的案例，将理论与实践相结合。全书共 8 章。第 1 章为导论，主要介绍深度学习的概念与适用的领域，深刻剖析深度学习与机器学习、人工智能及回归分析的关系，以及常用的深度学习框架。第 2 章主要介绍有关神经网络的基础知识，包括神经网络的张量与数学基础。第 3 章介绍前馈神经网络的相关知识，重点讲解梯度下降算法和反向传播算法。第 4 章用三个案例具体展示如何在 PyTorch 框架下训练神经网路。第 5 章介绍卷积神经网络基础并运行第一个 CNN 模型 LeNet-5。第 6 章介绍其他经典的 CNN 模型（AlexNet、VGG、Inception V1，ResNet）以及在训练深度学习模型时常用的技巧（批量归一化、数据增强、迁移学习等）。第 7 章介绍序列模型的理论及应用，主要包括 RNN 模型、LSTM 模型以及机器翻译。第 8 章介绍深度生成模型，主要包括自编码器、变分自编码器和生成式对抗网络，介绍它们的理论原理及应用。

　　本书撰写过程中得到了诸多业界人士、老师和学生的帮助，首先，我要感谢本书的合作者鲁伟工程师，他拥有多年的业界经验，同时也是《深度学习笔记》和《机器学习：公式推导与代码实现》两本畅销书的作者，他为本书提供了非常宝贵的意见并对部分章节的写作提供了支持。其次，我要特别感谢我读博士期间的导师，北京大学的王汉生教授，他不仅是我的学术启蒙导师，也是我进入深度学习领域的领路人，他鼓励我在深度学习领域深耕，也是在他的支持下，才有了我们第一本深度学习教材《深度学习：从入门到精通》的出版。再次，我还要感谢来自北京大学的博士生亓颢博和伍书缘，来自中国人民大学的周季蕾讲师、博士生姜媛媛、本科生冷杉和杨宝旭，以及来自杭州脉流科技有限公司的陆徐洲算法工程师，他们协助完成了书中部分章节的内容写作。此外，我还要感谢中国人民大学出版社的编辑们，感谢他们的支持、帮助、一路陪伴至本书出版。最后，我要感谢我的家人，他们始终给予我莫大的理解与支持！

　　由于本人水平有限，不足之处在所难免，恳请各位读者指正，以便及时勘误，并在再版时更正。

周　静

目　录

第 *1* 章

导　论

【学习目标】

通过本章的学习，读者可以掌握：

1. 人工智能的定义与发展历史；
2. 深度学习的概念与适用领域；
3. 深度学习与机器学习、人工智能及回归分析的关系；
4. 常用的深度学习框架；
5. 本书涉及的代码与镜像的使用方法。

导　言

2016 年 3 月，AlphaGo 与围棋世界冠军、职业九段棋手李世石进行围棋人机大战，以 4 比 1 的总比分获胜，这一时间成为各大媒体争相报道的头条新闻。对于非专业人士而言，对人工智能最大的印象，可能来自 AlphaGo，来自人脸识别、语音识别、自动翻译等应用。但是，当我们提到人工智能时，大多数时候是指这些应用背后的核心技术，即深度学习。对于深度学习，你是否充满好奇，充满期待，同时又充满畏惧？本章作为全书的开篇，将为你揭开深度学习的神秘面纱。学习完本章，你将了解人工智能的定义与发展历史，深度学习的概念与适用领域，深度学习与机器学习、人工智能及回归分析的关系，以及常用的深度学习框架。为了便于没有 GPU 资源的读者使用与学习，我们将全书的代码和数据等整合成一个镜像，放在矩池云平台；同时，对于有 GPU 资源的读者，我们也准备了公开的网盘链接，提供数据和代码文件的下载。

1.1　人工智能

在过去几年的时间里，人工智能（artificial intelligence，AI）一直是各大媒体争相报道的热点话题。日常生活中的很多场景都涉及智能应用，例如智能手机、智能家居、智能驾驶等。简单来说，人工智能就是让机器能像人一样进行思考，模拟人类的智能活动，从而延伸和扩展人类智能的科学。然而人工智能的发展并不是一帆风顺的，甚至可以用起起落落来形容。

1.1.1　人工智能的发展历史

下面分别从萌芽期、复苏期和快速发展期三个阶段介绍人工智能的发展历史。[①]

1. 萌芽期

1950 年，阿兰·图灵（Alan Turing）在他著名的论文《计算机器与智能》（Computing Machinery and Intelligence）中提出了"机器可以思考吗"这样一个问题。也是在这篇论文中，他提出了著名的图灵测试："一个人在不接触对方的情况下，通过一种特殊的方式和对方进行一系列的问答，如果在相当长时间内，他无法根据这些问题判断对方是人还是计算机，就可以认为这个计算机是智能的。"真正标志着人工智能这个学科诞生的事件是 1956 年举办的达特茅斯会议，在这次会议上，计算机专家约翰·麦卡锡（John McCarthy）（被后人称为人工智能学科的奠基人之一）给出了人工智能的定义："人工智能就是让机器的行为看起来像人所表现出的智能行为一样。"达特茅斯会议之后，第一批对人工智能感兴趣的学者逐渐涌现，在这之后长达十余年的时间里，人工智能得到了快速的发展，在这期间，人工智能被广泛地应用到数学、自然语言处理等领域，例如 1964 年诞生的聊天机器人能够实现人与计算机通过文本沟通。

然而到了 20 世纪 70 年代，人工智能进入了第一次低谷，这期间面临的压力主要来自技术方面遇到的瓶颈。第一，计算性能不足。这导致很多复杂的程序无法在相应的人工智能领域应用。第二，问题的复杂度提升。早期的人工智能主要解决相对简单的、特定的问题，一旦问题复杂到一定程度，现有的模型就难以胜任。第三，数据量严重不足。当时没有大量的数据来支持相关算法的学习，导致机器对数据学习不足而不够智能。

2. 复苏期

在人工智能遭遇了第一次低谷后，研究者开始意识到知识的重要性，对于解决一些特别复杂的问题，首先需要构建知识库，这就是后来发展的"专家系统"，可以简单理解为"知识库+推理机"，即一个专家系统首先要具备某领域专家级的知识，然后可以模拟专家的思维方式，作出和专家水平不相上下的决策。1980 年，由卡内基梅隆大学设计的名为 XCON 的专家系统得到了商业化，在投入使用的 6 年时间里，该系统为客户共处理 8 八万个订单。然而，好景不长，专家系统很快表现出了它的局限性，主要体现在对诸如语言理解、图像识别这样的人类智能行为，专家系统很难建立其背后的"知识"，更无法通过推理的方式来实现这些人类智能行为，因此，人工智能在经历了短暂的复苏之后，又迎来了它的第二次低谷。

---

① 有关人工智能发展历史更详细的介绍，参见：尼克. 人工智能简史. 北京：人民邮电出版社，2017.

3. 快速发展期

为了克服专家系统的不足，研究人员开始研究如何让机器从数据中自动"学习"，这也可以看成是机器学习（machine learning）的雏形。20 世纪 90 年代，随着神经网络等 AI 技术的发展，研究者通过构建复杂的算法可以让机器自动地从数据中学习，并将学习到的规律应用到未知数据中进行预测，从而完成一系列复杂的人类智能行为。1997 年，IBM 的计算机系统"深蓝"战胜了国际象棋世界冠军，这是人工智能发展过程中一个重要的里程碑。到了 21 世纪初，杰弗里·辛顿（Geoffrey Hinton）提出了深度学习的神经网络模型，引发了人们对深度学习作为人工智能实现手段之一的思考与探索。但直到 2012 年，神经网络才开始表现出压倒性优势，尤其在语音识别和图像识别领域。2016 年，随着 AlphaGo 的获胜，人工智能再次成为各大媒体争相报道的焦点，掀起了新一轮的智能浪潮，相信在未来，随着技术的日趋成熟，人工智能将会给大众带来更好的体验。

1.1.2　人工智能的流派

虽然目前人工智能得到了快速发展，但是对于其背后的机理，人们还是知之甚少，尚缺乏一个通用的理论框架来指导如何构建人工智能系统。因此，在人工智能的研究过程中，由于研究人员理解的不同，产生了各种流派。通常认为，人工智能的流派分为符号主义（symbolism）和连接主义（connectionism）。关于人工智能的流派并没有严格的划分，在一些文献中，也有学者认为人工智能存在三个流派，除了符号主义和连接主义，还有一个是行为主义（actionism），其原理是通过模仿动物的"感知-动作"原理来进行人工智能系统的实现。下面介绍符号主义和连接主义。

符号主义也称为逻辑主义（logicism），该流派认为必须通过符号和逻辑来实现人工智能系统，代表人物是马文·明斯基（Marvin Minsky）。20 世纪 70 年代，随着专家系统的风靡，符号主义流派占了上风。该流派主要基于两个主要的假设：信息可以通过符号来表现；符号可以通过逻辑运算来操作。

连接主义主要受神经科学的启发，认为人的认知过程就是处理一系列信息的过程，因此，它将人的认知过程模拟成由大量简单的神经元构成的神经网络处理信息的过程，而不是符号运算的过程。该流派的代表人物之一是康奈尔大学的实验心理学家弗兰克·罗森布拉特（Frank Rosenblatt），他模拟实现了一个叫作感知机的神经网络模型，用以处理简单的视觉任务。深度学习作为人工智能领域的主流方法，就是通过多层神经元构成的神经网络来实现机器学习的功能。我们所熟悉的当今深度学习领域的专家学者大都是连接主义的倡导者，如杰弗里·辛顿教授，华人学者吴恩达、李飞飞等。

1.2　机器学习

机器学习是一门利用经验并从经验中学习得到模型，以改善系统自身性能的学科。它是人工智能领域的分支，也是实现人工智能的一种主要的手段。米切尔（Mitchell）1997

年给出了一个被学术界普遍接受的定义：假设我们需要完成的任务为 T，为了完成任务 T 而积累的经验为 E，用 P 来评估计算机程序在任务 T 上产生的效果，那么机器学习是指利用经验 E 在 T 中获得了效果 P 的改善，即程序对 E 进行了学习。

根据学习中的不同经验，机器学习可以分为监督学习（supervised learning）和无监督学习（unsupervised learning），分类和回归是典型的监督学习，而聚类是典型的无监督学习。一个简单的判断学习算法为监督学习还是无监督学习的方法是，看训练样本中是否有标注的因变量。例如，我们从某网站收集了 2 000 条用于分析二手房房价的数据，其中包括房型、地理位置、房屋面积、所在商圈、每平方米房价等等，我们希望从这些数据中学习二手房每平方米房价受哪些因素影响，此问题可以通过线性回归方法解决，这就是监督学习，因为我们关心的因变量（每平方米房价）是有标注的数据。再如，在客户关系管理中，我们需要构建一个分类器，用以判断流失与未流失客户，首先需要有一批历史数据，包含了客户的流失标签（例如，1=流失，0=未流失），客户的特征（如年龄、性别等），进而可以通过逻辑回归等分类模型来对客户是否流失进行分类。这也是监督学习，因为因变量"是否流失"也是一个有标注的数据。最后，举一个聚类分析的例子，和分类不同，聚类分析没有标注的因变量，在市场营销研究中，研究人员往往需要根据消费者的人口统计数据、消费数据、购买行为数据等，对消费者进行聚类分析，从而确定不同的细分市场。研究人员事先并不知道要分为几类，所以没有标注的因变量（如类别）作为学习目标。这时，算法主要基于数据挖掘来总结和解释数据，属于无监督学习的范畴。

机器学习的最终目标是使模型在训练集上取得良好的效果，能够很好地应用到测试集中，换言之，根据学习得到的模型，对于一个新样本，我们可以很快地知道它的具体取值或者分类。例如，对于二手房房价预测问题，给定训练好的模型，将一个新的观测数据输入模型中，模型就能给出一个房价的预测值；对于客户流失问题，对于一个新的客户数据，我们可以根据模型给出客户是否流失的标签；即便是聚类问题，对于一个没在训练集中出现的样本，我们也可以根据聚类的结果，将新样本划分到现有的簇中。实现机器学习的技术有很多，例如神经网络、决策树、随机森林、支持向量机等，虽然它们的设计思路不一样，计算过程也不一样，但最终殊途同归，都是完成对特征的学习，在一些书籍中，将这种学习过程称为表征学习，主要关注如何自动学习得到数据的特征。然而，对于许多复杂的问题来说，表征学习并不是一件容易的事。接下来我们要介绍的深度学习则是一种特殊的表征学习方法，它区别于传统的机器学习算法，可以相对高效地自动提取实体中的特征。

1.3　深度学习

1.3.1　深度学习的概念

长期以来机器学习已经完成了很多其他方法无法完成的目标，但是近年来，随着云计算的涌现、大数据时代的到来，面对不断提高的计算能力和大幅增加的数据集，传统的机器学习算法已经无法进一步提高模型的性能，这使得以深度学习为代表的复杂模型越来越受到人们的关注。现代生活中的很多应用都要归功于深度学习，例如，苹果公司的 Siri、小米公司的小爱音箱、阿里巴巴公司的天猫精灵等智能助手，它们可以准确地回答人们提出的口头问题，甚至可以根据语音提示进行简单的操作（例如拨打电话，开关灯具、电视等）。此外，人脸识别、自动驾驶技术、机器翻译等等，也是深度学习在生活中得到应用的例子。

深度学习（deep learning）是一个复杂的机器学习算法，典型的深度学习模型就是很深层的神经网络。这一概念源于人工神经网络的研究，强调从连续的层（layer）中进行学习。其中"深度"在某种意义上是指神经网络的层数，而"学习"是指训练这个神经网络的过程。图 1-1 展示了一个深度神经网络示意图。

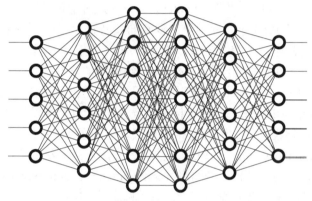

图 1-1　深度神经网络示意图

图 1-1 中空心的圆圈表示神经元，连线可以理解为神经突触，用于信息的传递，该模型把从左侧接收到的信息作为输入，经过中间各种复杂节点的加工，最终由右侧输出 5 个节点到外界。神经网络的深度指从左到右一共排了多少层（输入层不计入层数），层数越多，说明深度越深。目前人们能够训练的深度神经网络的深度要比图 1-1 展示的深得多。

1.3.2　深度学习与机器学习、人工智能的关系

作为人工智能领域最重要的核心技术之一，深度学习与机器学习、人工智能之间的关系可以用图 1-2 进行说明。人工智能涵盖的范围最广，要解决的问题也最多。机器学习则是在 20 世纪末发展起来的一种实现人工智能的重要手段。深度学习作为机器学习的一个分支领域，拥有比经典机器学习算法更强大的功能，也是目前最主流的解决人工智能问题的技术，极大地促进了人工智能领域的发展。

1.3.3　深度学习的历史溯源

虽然人工智能诞生于 1956 年的达特茅斯会议，但是以人工神经网络为基础的深度学习诞生的更早，可以追溯到 1943 年，当时美国的神经生理学家沃伦·麦卡洛克（Warren

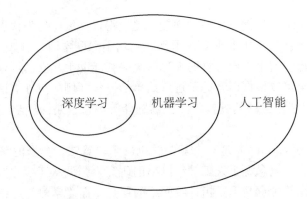

图 1-2   深度学习与机器学习、人工智能之间的关系

McCulloch）和数学家沃尔特·皮茨（Walter Pitts）通过对生物神经元建模，第一次提出了
人工神经元模型。到了 1958 年，弗兰克·罗森布拉特提出了感知机模型，这使得神经网
络迎来了第一次研究热潮。但好景不长，在 1969 年，美国数学家马文·明斯基等人指出
单层感知机无法解决线性不可分问题，这使得神经网络的研究陷入了低谷。而这种低谷持
续了近 20 年。直到 1986 年，辛顿教授和他的研究团队提出了适合人工神经网络的反向传
播（back propagation，BP）算法，这才打破了低谷局面。BP 算法解决了感知机的线性不
可分问题，并且使得神经网络的训练变得简单可行。到了 1989 年，被称为卷积神经网络
之父的杨立昆①（Yann LeCun）利用 BP 算法训练多层神经网络并将其用于识别手写邮政
编码，这个工作可以认为是卷积神经网络（convolutional neural network，CNN）的开山之
作。但是，该篇文章并未提及卷积的概念，真正标志着 CNN 面世的是由杨立昆在 1998 年
提出的 LeNet 模型，该模型用于解决识别手写数字的任务，自此便确定了 CNN 的基本框
架结构：卷积层、池化层和全连接层。但遗憾的是，这个模型在后来的一段时间并未流行
起来，主要原因在于，一是 BP 算法被指出存在梯度消失问题，二是当时的计算资源跟不
上，加之其他算法，如支持向量机（support vector machine，SVM）也能达到类似的效果
甚至更好。神经网络的研究再次陷入了低潮。

到了 21 世纪初，以辛顿教授为代表的一批学者一直默默地支持着深度神经网络的研
究，他们认为只要把神经网络做得足够深，并且精心设计网络结构，那么深层次的神经网
络一定能大大提高分类的准确率，但是没有人真正验证过这个结论。原因很简单，一是当
时的硬件水平不支持如此大规模的神经网络训练，二是缺少一个超大规模的数据集用来实
验。这是阻碍研究人员进一步探索的两大障碍。

随着科技的发展、计算机技术的进步以及图形处理器（graphics processing unit，
GPU）的大规模使用，第一个障碍已经逐渐被解决，但是对于第二个障碍，去哪里找如
此大规模的数据集呢？2007 年，时任普林斯顿大学教授的华人科学家李飞飞，开启了
ImageNet 项目，为上千种物体的图像进行标注，目的是构造出一个大规模、高精度、多标
签的图像数据库。从 2010 年开始，ImageNet 项目每年举办一次比赛，即 ImageNet 大规模
视觉识别挑战赛（ImageNet Large Scale Visual Recognition Challenge，ILSVRC），直到 2017
年该比赛停止。虽然该比赛不再举行了，但是 ImageNet 包含的 1 300 多万张图片仍然可

---

① 其自称中文名字为杨立昆。

以在它的官网（http://www.image-net.org/）下载。

ImageNet 数据集十分庞大，对于一般的研究人员来说，训练起来是极其昂贵的，即便是有超强算力的谷歌、微软这样的公司，训练起来也不是一件容易的事。为了让更多的深度学习爱好者可以训练自己的模型，深度学习领域还有其他流行的数据集供大家选择，这些数据集包括但不局限于：

- MNIST/Fashion-MNIST；
- CIFAR10/CIFAR100；
- COCO；
- The Street View House Numbers，SVHN 谷歌街景数据；
- Kaggle 竞赛数据集。

研究人员可以轻松地在互联网上获得关于这些数据集的介绍并下载，本书也会在后续章节中对部分数据集进行简要介绍。

ImageNet 项目极大地促进了计算机视觉领域的发展，这样的一个竞赛平台给深度神经网络的发展带来了曙光。2012—2017 年，短短 6 年时间里，深度学习取得了突破性的发展。2012 年，辛顿课题组参加了 ImageNet 比赛，其构建的卷积神经网络 AlexNet 一举夺得当年的冠军，并且碾压第二名超过 10 个百分点，从此深度学习和卷积神经网络声名鹊起，后续的研究也如雨后春笋般出现。之后，在 2014 年，由牛津大学 VGG（Visual Geometry Group）提出的 VGG-Net 获得 ImageNet 竞赛定位任务的第一名和分类任务的第二名，该网络可以看成是加深版的 AlexNet，深度达十多层，2014 年分类任务的第一名则被谷歌的 Inception Net 夺得。到了 2015 年，ResNet 横空出世，在 ILSVRC 和 COCO[①]大赛上横扫所有选手，获得冠军。2017 年，谷歌提出的移动端模型 MobileNet 以及 CVPR[②]的 DenseNet 模型在模型复杂度以及预测精度上又有了很大提升。

可以看出，短短几年，卷积神经网络发展十分迅速。后续章节将详细介绍这些经典网络。综上，我们将人工神经网络以及深度学习历史上的大事件绘制成如图 1-3 所示的时间轴，方便读者查看。

1.3.4　深度学习与回归分析

深度学习作为人工智能领域的一个核心技术，其研究和应用是十分复杂的，而且涉及较多的工程的实现。从统计学的角度，深度学习完全可以看成是一个高度复杂的、非线性回归的方法。本质上，深度学习与我们熟悉的非线性回归方法，理论上没有多大的差别，但是在计算上是非常精巧和复杂的。这里需要说明一点，把深度学习看作一个非线性回归，并没有贬低深度学习的意思。本节的出发点在于，从非线性回归的角度了解、研究深度学习理论似乎最简单、最容易上手。

什么是回归分析？不同学者会有不同的定义，这里我们采用王汉生教授在《数据思维：从数据分析到商业价值》一书中对回归分析的定义。只要是关于 X 和 Y 的相关分析，

---

① COCO（Common Objects in Context）起源于微软在 2014 年出资标注的 Microsoft COCO 数据集。基于该数据集的 COCO 大赛被视为计算机视觉领域最权威的比赛之一。

② CVPR（Computer Vision and Pattern Recognition），即国际计算机视觉与模式识别会议。

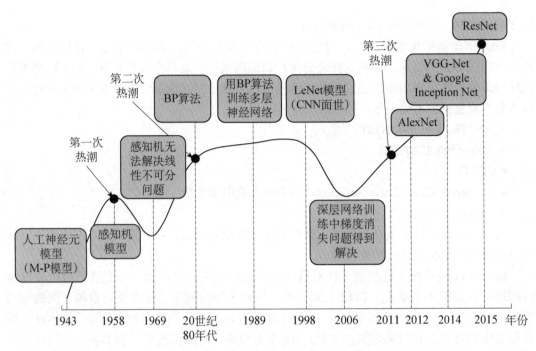

图 1-3　人工神经网络及深度学习历史大事件

都是回归分析。换言之，只要有因变量 Y、解释变量 X，并且关注相关关系（因果关系看作相关关系的一个特例），这就是一个回归分析。简单而言，回归分析可以被抽象成一个简单的数学公式：

$$Y = f(X, \varepsilon)$$

其中，Y 是因变量，X 是所有可能影响 Y 的因素，ε 是噪声项，f 是连接函数（link function）。需要注意的是，尽管我们可以头脑风暴出很多 X，但是总有一些 X 是想不到的，这些想不到的 X 统统被放到了噪声项 ε 里。对 f 的不同选择就产生了不同的模型：如果 f 是线性函数，这就是线性回归模型（linear regression model）；如果 f 是非线性函数（但函数形式已知），这就是非线性回归模型（non-linear regression model）；如果 f 的函数形式完全不知道，这就变成了非参数回归模型（nonparametric regression model）。如果 Y 是已知的，这就是一个监督学习模型（supervised learning model）；如果 Y 是未知的，这就是无监督学习模型（unsupervised learning model）。以上就是回归分析的基本理论框架。

　　之所以可以把深度学习看成一个高度复杂的非线性回归模型，是因为它完全符合我们上面所说的 $Y = f(X, \varepsilon)$ 的理论框架。在传统的回归分析中，我们通常要把 X 表示成一个向量或者矩阵的形式，换句话说，X 是一堆数字，每个数字有具体的含义。而在深度学习中，X 很不一样，常常是非结构化的，一个非常典型的 X 就是图像数据，它是一个三维立体矩阵。

　　下面以一个实际应用为例，阐述深度学习是如何被规范成回归分析问题的。在一个通过人脸识别来猜测年龄或性别的应用中，Y 很容易确定，就是年龄（或性别），而相应的 X 就是图像。

　　图像以像素的形式进行存储，像素越高，图像包含的信息越多，也就越清晰。一个像素为 1 024×1 024×3 的原图，说明这张图像是由 3 个像素大小为 1 048 576 的像素矩阵组成，每个像素矩阵以 1 024 行×1 024 列的形式排列。之所以是 3 个像素矩阵，是因为光学知识告诉我们，白光可以被分解成红绿蓝（RGB）三种基色，通过 RGB 三种光的混合，能生成各种颜色。所以每一个像素点上的颜色其实是三种基色 RGB 混合而成。

在传统回归分析中 X 要么是一维的向量，要么是二维的矩阵，而且有比较好的解读性。现在的 X 是一个三维立体矩阵，如果把三维矩阵拉直成向量或矩阵之后再用回归模型进行分析，是否可以？答案是不可以，这样做会有两个缺点：（1）拉直破坏了图像的结构，因为图像的每一个区域都是局部相关的；（2）长度为 300 万的向量中，每一个解释变量的意义都不明确，造成线性模型难以解释；（3）图像中，人脸的平移转动等都会对向量的表示造成重大影响。为了克服上面做法的缺点，需要一些全新的、非线性的模型来表示这个回归问题。其中一种非常成功的模型就是多层级神经网络（即深度学习）。

多层级神经网络如何解决这个问题？如果 X 是一个普通向量，那么经典的线性回归就会用该向量的某个线性组合来预测 Y。但是，本例中的 X 是一个复杂的三维立体矩阵，这时需要一个高度复杂的非线性变换，而该变换就是神经网络的数学核心。该变换具体的数学形式，将在后续章节详细讨论。这里用一个简单的数学符号 f 来表达，f 可以非常复杂。从建模的角度，神经网络是一个非线性回归分析模型，给定一个输入 X，就可以得到 $\hat{y} = f(x; \theta)$，这里的 θ 是待估参数。实际应用中，我们构建的神经网络极其复杂，因此 θ 的维度也非常高，有时甚至多达上亿个。参数 θ 的估计需要首先指定网络的目标函数，例如回归问题中的平方损失，分类问题中的交叉熵损失（等价于极大似然函数）。给定了损失函数关于参数的数学表达式，我们就可以使用普通回归问题中的参数求解方法进行求解。

具体而言，假设我们有 n 个样本，每个样本都有一个头像图片 x_i（三维立体矩阵），以及一个 y_i（年龄）。构造最小二乘目标函数如下：

$$L = \sum_{i=1}^{n} (y_i - f(x_i; \theta))^2$$

接下来，可以通过最普通的 Newton-Raphson 算法，迭代优化该目标函数，得到关于 θ 的最小二乘估计 $\hat{\theta}$。一旦有了 $\hat{\theta}$，对于新的图片 x_0，我们就可以用 $f(x_0; \theta)$ 来预测 y_0 了。这看起来很简单，其实要面临诸多挑战。

（1）参数多。常用的神经网络中，每一层都有数十个到数百个神经元，复杂的神经网络有数十层这样的结构。此时模型的总参数就是近万倍于单个神经元的参数，也就是说一个深度神经网络的参数可能是普通线性回归的 1 万倍。在一些经典的图片分类、文本翻译的网络结构中，参数个数可能多达数百万。这带来了一系列的挑战，例如，对样本量的需求剧增。一个识别手写数字 0~9 的神经网络分类器，一共需要 5 万张左右图片的训练样本，一个识别 1 000 种不同物体的多分类器，需要超过 100 万张训练图片。这样巨大的样本需求可能使深度学习在医疗等小样本领域面临更大的挑战。除了样本量的需求，计算量也非常大。它需要使用图形处理器来代替传统的中央处理器（central processing unit，CPU），同时还要使用与图形处理器配套的软件资源，这对初学者来说有一定难度。

（2）函数形式复杂。深度神经网络归根结底是一个带参数的监督学习方法，那么求解参数就需要对损失函数求偏导。由于深度神经网络使用了非线性变换，其中还有可能包含不可导点，这使得模型参数的优化问题变得复杂。同时由于模型参数多，按照牛顿法等方法，二阶导数在目前的计算能力下不可行，这更加大了优化的难度。深度神经网络的参数优化目前还是一个开放问题，损失函数的偏导可以通过符号计算等工具自动求出。而在优化算法方面，目前有很多种不完美的解决方案，在实际使用中，可能需要进行尝试并选择最优的结果。

（3）深度神经网络的理论性质了解不充分。到目前为止，深度神经网络对大部分人来讲还是一个黑箱子，它的理论性质研究得不够透彻。这导致我们在使用深度神经网络时，可能会遇到很多阻碍。在使用线性回归的时候可以通过检验多重共线性、强影响点等诊断方法来避免模型失效。而使用深度神经网络时也存在很多问题可能导致模型失效，遗憾的是这些问题目前并没有被很好地归类和研究。这一点导致使用深度神经网络时需要做大量的调试，但好消息是目前学术领域对此类问题的研究很多，随着时间的推移和经验的积累，深度神经网络的使用将越来越容易。

1.4　深度学习适用的领域

深度学习在很多领域都有非常重要的突破，本节重点介绍深度学习在图像识别、语音识别、自然语言处理和棋牌竞技这四个领域的典型应用。核心是展示这些典型的应用问题是如何被规范成关于 X 和 Y 的非线性回归问题的。

1.4.1　图像识别

以图像识别为代表的计算机视觉是深度学习最擅长的领域。图像识别在人脸识别、无人驾驶和医疗辅助诊断等方面有着越来越广泛的研究与应用。在 1.3 节中我们举了一个根据人脸预测年龄或性别的有趣案例，本小节介绍图像识别在医疗场景下是如何被规范为一个典型的非线性回归问题的。

医疗场景下深度学习最常见的应用就是医学影像辅助诊断，我们的问题是：医院影像科每天都积累了大量的影像数据，如何有效利用这些数据进一步提高诊断效率和医疗服务水平？通过读片来进行诊断是一个非常专业的医学问题，在某些影像诊断上，一个专业的医生通常要花费数小时才能对患者确诊，若是碰上像病理影像这些专业的领域，且不说诊断效率如何，光是培养一名合格的病理学医生就需要花费很高的成本。在这样的场景下，若是能通过计算机看懂这些专业的医学影像来做医学诊断，将会节省很多时间。

上述场景可以描述成一个由 X 到 Y 的非线性回归问题。医学影像识别中的 X 就是医学影像数据。因变量 Y 是诊断结果，最简单的一种情况就是拍片子的部位有没有发生病变，如果通过影像识别发现发生病变，那就是 1，没有发生病变那就是 0，所以一个医学影像识别问题就被规范为一个简单的二分类问题。若想深入划分疾病的级别，比如根据肺结节的性状判断患者处于早期、中期还是晚期，问题就可以规范为一个多分类问题，相应的 Y 就是一个多分类标签。那么如何构建由 X 到 Y 的非线性回归函数 f？这是深度神经网络中的卷积神经网络模型要解决的事情，本书将在相关章节详述具体技术细节。

1.4.2 语音识别

除了让机器学会看懂图片之外，我们也可以让机器来听懂声音，这个过程就是语音识别。语音识别是日常生活中比较常见的深度学习应用，比如苹果公司的 Siri、阿里巴巴的天猫精灵智能音箱等等。大家可以轻而易举地生成一段语音数据，Siri 收到语音信号后，通过内置的模型和算法将语音转化为文本，并根据语音指令给出反馈。通过分析，我们可以把看起来很高级的语音识别问题规范成一个由 X 到 Y 的非线性回归问题。

相较于图像三维矩阵的存在形式，语音通常由音频信号构成，而音频信号本身又是以声波的形式进行传递的，一段语音的波形通常是一种时序状态，也就是说音频是按照时间顺序播放的。通过一些预处理和转换技术，可以将声波转换为更小的声音单元，即音频块。所以在语音识别的深度学习模型中，我们的输入 X 就是原始的语音片段经过预处理之后的一个个音频块，这样的音频块是以序列形式存在的，所以 X 是一个序列。输出的 Y 就是语音识别的结果。语音识别的结果通常以一段文字的形式呈现，比如 Siri 会快速识别语音指令并将识别结果以文字形式显示在手机屏幕上。这段文字也是一个按顺序排列的文本序列，所以我们的输出 Y 也是一个序列。那么如何建立由输入序列 X 到输出序列 Y 之间的非线性回归函数？这需要深度神经网络中的循环神经网络模型来完成，本书将在相关章节详细介绍具体的技术细节。

语音识别发展到现在已经是一门相对成熟的技术了，在教育、医疗、安防、家居等众多场景下都有着广泛的应用，国内也有像科大讯飞这样专注于语音识别与合成技术的企业，相信未来在让机器听懂我们这件事情上会做得越来越好。

1.4.3 自然语言处理

能让机器看懂图像、听懂声音还不够，最好还能理解人类的语言。所谓自然语言处理，就是让计算机具备处理、理解和运用人类语言的能力。没有语言，我们的思维就无从谈起，对于机器来说，没有语言，人工智能永远都不够智能。所以从这个角度来说，自然语言处理代表了深度学习的最高任务境界。以机器翻译为例，下面介绍基于深度学习的自然语言处理问题如何被规范为一个 X 到 Y 的非线性回归问题。

很多人都用过机器翻译，如谷歌翻译、百度翻译、有道翻译，此时，我们的输入 X 就是一段待翻译的中文、英文或者是其他国家的文字，总的来说 X 是由一个个单词或者文字组成的序列文本。作为翻译的结果，输出 Y 也是由一个个单词或者文字组成的序列文本，只不过换了一种语言，所以在机器翻译这样一个自然语言处理问题中，研究的关键在于如何构建一个深度学习模型来将输入语言 X 转化为输出语言 Y。可以看到，这个问题跟前面语音识别的例子很像，它们的输入输出形式都是序列化的。这也是机器翻译中将输入 X 转化为输出 Y 的非线性回归函数也是循环神经网络的原因，本书将在相关章节详述更多的技术细节。

当然，对于博大精深的自然语言处理来说，机器翻译仅是一个小的方向，除此之外，自然语言处理还包括很多有趣的研究与应用方向：句法语义分析、文本挖掘、信息检索、问答系统等等。但是不管是哪个方向的应用，只要它属于监督学习性质的深度学习问题，我们都可以将其归纳为一个从输入 X 转化为输出 Y 的非线性回归问题。

1.4.4 棋牌竞技

深度学习除了让机器会听、会看、会懂语言之外，还能让机器学会下棋。说到计算机下棋，最著名的莫过于 AlphaGo 围棋项目了，像 AlphaGo 这样的会下棋的机器选手，是怎样应用深度学习的呢？下过棋的朋友都知道，在对弈时，在理想状态下，在任意时刻我们需要根据棋盘上的当前局势作出最优落子决策，直到我们赢得棋局为止。所以基于深度学习的下棋问题就可以归纳为：根据棋盘的当前状态（X），给出一个最优落子决策（Y）。对围棋来说，最优的落子方法就是使得最终获胜概率最大的一着，围棋比较复杂，是否对任意一个状态都存在最优的一着是个问题，而 AlphaGo 需要做的，就是给出一个比人类最终胜利的概率更大的一着棋。

我们还是从输入 X 说起。围棋的棋盘是一个 19×19 的矩阵，矩阵中的每一个元素是黑子、白子或者空白，这与图像非常相似。事实上，深度学习在处理棋牌时，就是把自变量棋盘矩阵当作一个图像来处理。图像中的每个像素代表棋盘上的一个点。棋盘有 361 个格点，围棋的每一步最多有 361 种下法。深度学习把每一步应该落子在哪里看作一个分类问题，所以 Y 就是落子在每一个位置上的概率。除了估计落子概率，深度学习还需要评估一下当前棋局局势的好坏。我们用一个连续型变量"价值"衡量局势的好坏，这个价值有很多种定义方法，例如己方目前围住的面积、己方终局时围住的面积的期望值等等。

有了棋局上的输入 X 和输出 Y，如何构建 X 和 Y 之间的非线性回归函数来使得计算机能根据当前局势作出最佳落子决策以及判定局势好坏呢？这里有一个关键的问题，和前面的图像、语音文本不一样，我们如何获得棋牌竞技的输入输出样本？

最容易获得的训练样本来自人类棋谱，在围棋领域中，人类的对弈棋谱会被保存在计算机上，我们可以根据人类的对战历史找到大量的 X，把人类选手每一步的落子决策当作 Y，这样就可以模仿人类给出落子概率和棋盘价值。但是这里还有一个问题，我们通过历史对战棋谱的学习来使机器具备下棋的能力，这只能让机器达到人类的水平，AlphaGo 仅仅是靠学习大量棋谱就能打败人类吗？当然不是，这还涉及一种叫作强化学习（reinforcement learning，RL）的技术，就是模型会对我们每次的落子决策进行评价，若某次落子决策非常棒，模型就会不断朝这个方向进行优化，这便是强化的简单解释。有关强化学习的内容不在本书的讨论范围之内，感兴趣的读者可以参考其他相关书籍。

1.5 常用的深度学习框架

通过前面的介绍，我们知道深度学习是一个高度复杂的非线性回归分析模型，它的高度复杂体现在两方面，一是参数数量十分庞大，二是多层嵌套的神经网络使得数值计算也变得相当有挑战性。可以想象，要想实现如此复杂的深度学习模型，对编程的要求会非常高。于是就产生了一个需求；能否把这些复杂的计算问题固化成标准的代码（或者系统），让用户直接调用这些标准的代码来完成深度学习模型的构建？目前，市面上已经有很多这样的编程框架供用户选择，比如 TensorFlow、Keras、PyTorch、Caffe 和 MXNet 等等。常见的深度学习框架如图 1-4 所示。接下来我们对一些比较常用的深度框架做简要介绍。

图 1-4 常见的深度学习框架

1.5.1 Caffe

Caffe 的全称是 Convolutional Architecture for Fast Feature Embedding，是一个高效、清晰、开源的深度学习框架，由加利福尼亚大学伯克利分校的贾扬清博士开发，核心语言是 C++，它支持命令行、Python 和 Matlab 接口，可以同时在 CPU 和 GPU 上运行。在 Caffe 中，如果要运行一个完整的神经网络，只需要拼接已经定义好的层即可，这是因为 Caffe 已经把具备某一功能的神经网络封装在一个叫作层的模块中了，对于不同的层，用户只需要作出正确的选择，然后再对层进行具体的配置即可。这样的好处是，用户并不需要写具体的代码，只要定义好网络的结构就可以完成对模型的训练。

Caffe 的一个不足之处在于它最初的设计只是为了解决图像识别问题，并没有考虑诸如自然语言处理、语音识别等带有时序数据的建模问题。而解决图像识别一般使用卷积神经网络，Caffe 内部定义了很多用于搭建卷积神经网络的层，而且还内嵌了大量训练好的经典的卷积神经网络模型（如 AlexNet、VGG、GoogleNet、ResNet 等）。所以，Caffe 对卷积神经网络提供了很好的支持，而对于其他神经网络（如循环神经网络）就显得不那么友好。虽然现在 Caffe 已经很少用于学术界，但是仍有不少计算机视觉相关的论文使用它作为编程框架。Caffe 的官方网址为 http://caffe.berkeleyvision.org/。

1.5.2 TensorFlow

TensorFlow 是谷歌第二代分布式机器学习框架，但其在深度学习方面的应用更广为人知。TensorFlow 可以将神经网络的计算过程以数据流的形式进行规划，同时部署不同的操作系统和平台，以此实现分布式计算。TensorFlow 的核心思想在于将计算过程表示为一个有向图，这个有向图即模型的计算图。在这个计算图中，每一次运算操作称为一个节点（node），不同节点之间的连接为边，这也符合我们已知的有向图的定义。数据以张量（tensor）的形式在计算图中流动（flow），这也是其命名为 TensorFlow 的原因。

tensor 作为一种数据类型，可以预先定义好，也可以根据计算图的结构通过推断得出。节点的运算代表了 tensor 数据类型的抽象计算，比如可以实现对标量、向量、矩阵以及神经网络相关组件的运算。除了 tensor 之外，TensorFlow 还提供了 variable（变量）来保存计算过程中需要临时存储的 tensor，例如，在执行神经网络的训练时，每一次优化更新的参数需要通过定义一个 variable 进行保存。但如果仅是定义好 tensor 或者 variable 以及 tensor 之间的运算操作，只是一个静态的计算图，还需要在计算图中执行计算流。TensorFlow 的官方网址为 https://tensorflow.google.cn/。

1.5.3　PyTorch

PyTorch 的前身是诞生于 2002 年的 Torch，但直到 2017 年，Facebook 团队在 Github 开源了其深度学习的相关组件，PyTorch 才被广为熟知和应用。它是一个面向 Python 的机器学习框架，可以与 Python 完美融合，与其他的 Python 程序包没有什么差别。与其他的深度学习框架不同，PyTorch 不是简单地封装模块并提供 Python 接口，而是对 tensor 之上的所有模块进行重构，并新增自动求导功能。它的设计遵循：张量→自动求导（autograd）→神经网络模块（NN.Module），对于逐层递进的抽象层级，用户可以同时进行修改和操作。

PyTorch 简洁的设计受到很多研究人员的青睐，代码易懂并且运行速度快，对于同样的算法，使用 PyTorch 会获得快速的体验。PyTorch 提供了完整的文档和详细的指南，而且有活跃的社区，用户遇到任何问题，都可以在互联网上找到答案。本书所有的代码都是在 PyTorch 框架下完成的，它的安装非常简单，用户只需按照官网（https://pytorch.org/）的说明，选择自己的操作系统、Python 的版本、CUDA 的版本，就可以在网页上看到适合自己安装的 PyTorch，这时只需要在终端键入相应的安装命令语句即可。本书的代码都是在 PyTorch 1.8.1 版本上测试通过的，如果你用该版本以下的 PyTorch 运行本书的代码，可能会出现一些错误。另外，本书的全部代码由 Jupyter Notebook 编写，这是一款非常方便的网页交互式编辑器，强烈推荐大家使用。

1.5.4　MXNet

MXNet 最初是由一群学生开发并由分布式机器学习社区（Distributed Machine Learning Community，DMLC）开源，是一款具有较高灵活性和可移植性的轻量级深度学习框架，也是亚马逊云计算服务（Amazon Web Services，AWS）首选的深度学习框架，在业界和学界被广泛使用，后来在 2017 年成为 Apache 的孵化器项目，官方网址为 http://mxnet. incubator.apache.org/versions/1.6/。相比于其他深度学习框架，MXNet 一直处于不温不火的状态，在它的众多优点中，除了强大的分布式功能，最显著的就是支持的上层封装语言很多，例如 C++、R、Python、Matlab、JavaScript 等。

1.5.5 Keras

Keras 从严格意义上讲不算是一个深度学习框架，它是一个高层神经网络 API 接口，构建于第三方框架之上。Keras 由 Python 编写而成并使用 TensorFlow 等作为后端，它的优点在于能够让很多深度学习的初学者快速上手编程，迅速将想法付诸实践而产生结果，但它的缺点也是显而易见的，由于封装程度过高，丧失了灵活性，运行速度几乎是本节介绍的所有计算框架中最慢的一个。Keras 的官方网址为 https://keras.io/。作为一个快速入门深度学习的方法，Keras 或许是个不错的选择，但是要想更灵活、更快速地掌握深度学习模型，我们推荐采取 PyTorch 等其他更广受赞誉的计算框架。

1.6　本书使用的数据和代码说明

运行深度学习代码需要有强大的 GPU 资源并安装相应的学习框架，这些前期准备对于普通读者来说可能并不是一件容易的事情。因此，为了方便读者快速上手，推荐一个快速运行本书代码的平台矩池云（https://matpool.com/），该平台可以看作一个 GPU 云超市，当你需要运行深度学习模型时，可以在"主机市场"中租用你需要的机器型号，按时计费，而且平台配备了各种深度学习的框架环境（例如本书用到的 PyTorch 1.8.1），让你免去安装的过程，之后可以直接打开 Jupyter Notebook 进行代码编辑，此外，平台还支持 ssh 远程登录。为了方便读者学习，我们将本书涉及的数据、代码、各种 package 以及一些必要的预训练模型打包成一个公开镜像：Pytorch_ Book_ZhouRUC，供读者直接加载使用。当然，如果你已经有了 GPU 资源并且也安装好了 PyTorch 框架，那么完全可以不用矩池云平台，通过本书提供的配套数据代码下载链接直接下载即可。

第 2 章

神经网络的张量与数学基础

【学习目标】

通过本章的学习，读者可以掌握：

1. 张量的定义与创建方式；
2. 张量的操作；
3. 张量的运算；
4. 神经网络的导数、偏导数与链式求导法则；
5. 梯度下降算法。

导言

通过第 1 章导论的介绍，大家对深度学习的概念有了一定的了解，在进一步介绍深度学习的核心内容之前，先介绍一些有关神经网络的基础知识，包括神经网络的张量和数学基础。由于本书的代码实现全部是基于 PyTorch 框架的，因此有必要了解 PyTorch 中常用的数据结构：张量。我们将介绍张量的定义及创建方式、张量的操作（例如索引、切片、拼接、拆分等等）、张量的运算（包括单个张量与两个张量的运算）。此外，我们还将回顾与神经网络密切相关的数学基础，包括导数和偏导数的定义以及相关求解法则。最后，我们还将介绍梯度下降算法的数学含义。本章内容是后续章节利用 PyTorch 搭建神经网络的基础。

2.1 张 量

在 PyTorch 中，神经网络的相关计算和优化都是在张量的基础上完成的，张量是 PyTorch 管理数据的一种形式。

2.1.1　张量的定义

PyTorch 中的张量可以理解为一个 n 维数组，它与 Numpy 中的 ndarray 类似，因此有人把 PyTorch 类比为神经网络界的 Numpy。PyTorch 与 Numpy 的不同之处在于，Numpy 把 ndarray 放在 CPU 中进行加速计算，而 PyTorch 产生的张量能够在 GPU 中进行加速运算。在 PyTorch 中，张量可以是零维（标量）、一维（向量）、二维（矩阵），甚至更高维（高维数组）。

1. 零维张量

零维张量也称标量或者常数。一个单独的数就是一个零维张量。在 PyTorch 中，可将零维张量 10 表示为图 2-1 所示的形式。

图 2-1　零维张量的表示

2. 一维张量

一维张量可以理解为向量。图 2-2 展示了一个长度为 3 的向量及其在 PyTorch 中的表示方法。

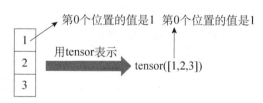

图 2-2　一维张量的表示

3. 二维张量

二维张量可以理解为矩阵，具有两个维度，一个是行，一个是列。在 PyTorch 中，一个 2 行 3 列的矩阵可以表示为图 2-3 所示的形式。

图 2-3　二维张量的表示

4. 三维张量与更高维张量

三维张量可以理解为三维数组，也可以理解为多个二维张量在深度方向的组合。图 2-4 展示了一个三维张量，这个三维张量可以看成是两个 2 行 3 列的二维张量的组合。类似地，四维张量可以理解为多个三维张量的组合。依此类推，可以创建更高维的张量。

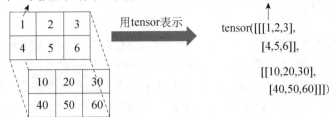

图 2-4　三维张量

2.1.2　张量的数据类型

张量有不同的数据类型，可以通过 torch.tensor()函数快速生成一个一维张量，然后使用.dtype 方法获取该一维张量的数据类型。具体代码如下：

代码 2-1

```
import torch
t = torch.tensor([1.5,3.6,2.7])
t.dtype
```
```
torch.float32
```

可以看到，该一维张量的数据类型为 32 位浮点型。在 PyTorch 中，默认的数据类型就是 32 位浮点型。PyTorch 中的张量一共支持 10 种数据类型，每种类型分别对应有 CPU 版本和 GPU 版本。PyTorch 中的张量数据类型如表 2-1 所示。

表 2-1　张量数据类型

数据类型	dtype	CPU tensor	GPU tensor
32 位浮点	torch.floact32 或 torch.float	torch.FloatTensor	torch.cuda.FloatTensor
64 位浮点	torch.float64 或 torch.double	torch.DoubleTensor	torch.cuda.DoubleTensor
16 位浮点 1	torch.float16 或 torch.half	torch.HalfTensor	torch.cuda.HalfTensor
16 位浮点 2	torch.bfloat16	torch.BFloat16Tensor	yorch.cuda.BFloat16Tensor
8 位无符号	torch.unit8	torch.ByteTensor	torch.cuda.ByteTensor
8 位有符号整型	torch.int8	torch.CharTensor	torch.cuda.CharTensor
16 位有符号整型	torch.int16 或 torch.short	torch.ShortTensor	torch.cuda.ShortTensor
32 位有符号整型	torch.int32 或 torch.int	torch.IntTensor	torch.cuda.IntTensor
64 位有符号整型	torch.int64 或 torch.long	torch.LongTensor	torch.cuda.LongTensor
布尔型	torch.bool	torch.BoolTensor	torch.cuda.BoolTensor

针对张量 t，可以使用 t.long()方法将其转化为 64 位有符号整型，使用 t.int()方法将其转化为 32 位有符号整型，使用 t.float()方法将其转化为 32 位浮点型。下面以 t.int()方法为例进行演示：

代码 2-2

```
t.int()
```
```
tensor([1,3,2],dtype=torch.int32)
```

2.1.3　张量的创建方式

细心的读者可能会发现，我们在前两个小节已使用了 torch.tensor()函数进行张量的创建。在 PyTorch 中，torch.tensor()是张量的基础构造函数。此外，PyTorch 还提供了其他创建张量的方法。下面概括介绍 PyTorch 中张量的创建方式。

1. 通过 torch.tensor()函数创建张量

如果预先有了 Python 的列表或序列，可以通过 torch.tensor()函数构造张量。在 torch.tensor()函数中，可以通过输入 dtype 参数来指定生成的张量的数据类型。下面使用 torch.tensor()函数创建一个两行三列的二维张量，并将数据类型指定为 16 位有符号整型。

代码 2-3

```
t = torch.tensor([[1,2,3],
                  [4,5,6]],dtype = torch.int16)
print(t)
```
```
tensor([[1,2,3],
        [4,5,6]],dtype=torch.int16)
```

读者可能会发现，也可以使用 torch.Tensor()函数构建张量。那么，torch.Tensor()函数和 torch.tensor()函数有什么区别呢？torch.tensor()仅仅是 Python 函数，它会根据原始数据推断数据类型，生成相应的 torch.LongTensor、torch.FloatTensor 等。例如，torch.tensor([1, 2])的数据类型为 64 位有符号整型，而 torch.Tensor([1., 2.])的数据类型为 32 位浮点。具体代码如下：

代码 2-4

```
print(torch.tensor([1,2]).dtype)
print(torch.Tensor([1.,2.]).dtype)
```
```
torch.int64
torch.float32
```

torch.Tensor()是 Python 类，是默认张量类型 torch.FloatTensor()的别名。因此，使用 torch.Tensor()构造张量会调用 Tensor 类的构造函数，生成 32 位浮点型张量（在 2.1.2 小节中，我们提到 PyTorch 中张量的默认类型是 32 位浮点型）。例如，torch.Tensor([1, 2])的数据类型是 32 位浮点型。因此，使用 torch.Tensor()生成张量时不能通过 dtype 参数指定张量的数据类型。具体代码如下：

代码 2-5

```
print(torch.Tensor([1,2]).dtype)
```

```
torch.float32
```

2. 通过 PyTorch 内置的其他函数创建

PyTorch 还内置了很多创建张量的函数，下面介绍几个常用的函数。

（1）torch.rand()函数。该函数生成服从[0, 1]均匀分布的张量，形状由传入函数的参数决定。具体代码如下。（这里需要注意的是，如果没有指定随机数种子，那么每次运行该函数会得到不同的输出结果。）

代码 2-6
```
torch.rand(2,3)
tensor([[0.3468,0.4828,0.2808],
        [0.7238,0.1325,0.4405]])
```

（2）torch.randn()函数。该函数生成服从标准正态分布（即均值是 0，标准差是 1）的张量，形状由传入函数的参数决定。具体代码如下：

代码 2-7
```
torch.randn(2,3,4)
tensor([[[-0.2566,0.3322,0.6645,0.6092],
        [-0.3665,-0.2237,-0.6184,0.4716],
        [0.5627,0.8450,-0.3916,-0.3153]],

        [[-0.8797,0.4495,-0.3501,-0.3948],
        [0.2765,-0.4244,-0.2102,0.0309],
        [-0.0599,-0.8659,0.4021,0.5035]]])
```

（3）torch.zeros()函数。该函数生成元素全为 0 的张量，形状由传入函数的参数决定。具体代码如下：

代码 2-8
```
torch.zeros(3,4)
tensor([[0.,0.,0.,0.],
        [0.,0.,0.,0.],
        [0.,0.,0.,0.]])
```

（4）torch.ones()函数。该函数生成元素全为 1 的张量，形状由传入函数的参数决定。具体代码如下：

代码 2-9
```
torch.ones(4,2,3)
tensor([[[1.,1.,1.],
        [1.,1.,1.]],

        [[1.,1.,1.],
```

```
        [1.,1.,1.]],

       [[1.,1.,1.],
        [1.,1.,1.]],

       [[1.,1.,1.],
        [1.,1.,1.]]])
```

（5）torch.eye()函数。该函数生成单位矩阵，形状由传入函数的参数决定。具体代码如下：

代码 2-10

```
torch.eye(3)
tensor([[1.,0.,0.],
        [0.,1.,0.],
        [0.,0.,1.]])
```

（6）torch.arange()函数。torch.arange()函数类似于 Numpy 的 np.arange()函数，能够生成元素为等差数组的张量，具体代码如下。需要传入参数 start 指定开始，参数 end 指定结束（生成的等差数组不包括结尾）。参数 step 为步长，可以人为指定，否则默认为1。

代码 2-11

```
torch.arange(1,6)
tensor([1,2,3,4,5])
```

3. 通过已知张量创建形状相同的张量

还可以通过已知张量创建与之具有相同形状的张量。新生成的张量虽然和原始张量具有相同的形状，但是里面填充的元素可能不同。下面首先利用 torch.rand()生成一个两行三列的二维张量 t，并以张量 t 作为已知张量介绍相关函数。

（1）torch.zeros_like()函数。该函数生成一个元素全为 0 的张量，其形状和给定张量 t 相同。

代码 2-12

```
t = torch.rand(2,3)
torch.zeros_like(t)
tensor([[0.,0.,0.],
        [0.,0.,0.]])
```

（2）troch.ones_like()函数。该函数生成一个元素全为 1 的张量，形状和给定张量 t 相同。

代码 2-13

```
torch.ones_like(t)
tensor([[1.,1.,1.],
        [1.,1.,1.]])
```

（3）torch.rand_like()函数。该函数生成服从[0, 1]均匀分布的张量，形状和给定张量 **t** 相同。

代码 2-14

```
torch.rand_like(t)
tensor([[0.0338,0.0720,0.2471],
        [0.6207,0.0940,0.9756]])
```

（4）torch.randn_like()函数。该函数生成服从标准正态分布的张量，形状和给定张量 **t** 相同。

代码 2-15

```
torch.randn_like(t)
tensor([[0.6716,0.4190,-1.0163],
        [-0.2659,0.5104,0.8984]])
```

4. 将 Numpy 数组转换成张量

PyTorch 提供了能实现 Numpy 数组和 PyTorch 张量相互转化的函数，包括 torch.as_tensor()函数和 torch.from_numpy()函数，下面首先利用 Numpy 数组生成一个二维张量。

代码 2-16

```
N = np.array([[1,2,3],[4,5,6]])
print(N)
[[1 2 3]
 [4 5 6]]
```

下面使用 torch.as_tensor()函数将 Numpy 数组 N 转化为 PyTorch 张量。

代码 2-17

```
Ntensor = torch.as_tensor(N)
print(Ntensor)
tensor([[1,2,3],
        [4,5,6]])
```

同时，也可以使用 torch.from_numpy()函数实现 Numpy 数组到 PyTorch 张量的转化。

代码 2-18

```
Ntensor = torch.from_numpy(N)
print(Ntensor)
tensor([[1,2,3],
        [4,5,6]])
```

如果想要将 PyTorch 中的张量转化为 Numpy 数组，使用 torch.numpy()函数即可。

代码 2-19

```
Ntensor.numpy()
array([[1,2,3],
       [4,5,6]])
```

2.1.4　应用：图像数据转张量

在业界和学界，深度学习常被用于处理非结构化的图像数据。典型的应用包括图像分类、物体检测、人脸识别等等。此外，图像数据还非常适合新手学习深度学习。因此，本小节将以图像数据为例，尝试将图像数据转化为张量。

在 PyTorch 中，图像的保存形式是四维张量，存储形状为 (n, c, h, w)。其中，n 代表样本量，c 是图像的通道数，h 是图像的高度，w 是图像的宽度。

1. 读入图像

首先通过程序读入图像 flower.JPG 并将其展示出来，处理图像数据需要载入 PIL 库中的 Image 模块，其中，Image.open()函数用于打开图像数据。具体代码如下：

代码 2-20

```
from PIL import Image
import numpy as np
photo = Image.open('flower.JPG')
photo
```

下面将图像数据通过 np.array()函数转换为三维立体矩阵。在 Numpy 中，图像的存储形状是 (h, w, c)，三个参数分别代表图像的高度、宽度和深度（即通道数）。可以通过.shape 函数进行查看。具体代码如下：

代码 2-21

```
Im = np.array(photo)
Im.shape
```

```
(2458,2048,3)
```

2. 转换为 tensor 对象

下面利用 torch.as_tensor()函数对该数组进行转换，变成 tensor。

代码 2-22

```
Imtensor = torch.as_tensor(Im)
Imtensor.shape
torch.Size([2458,2048,3])
```

2.2　张量的操作

2.1 节介绍了张量的定义、数据类型和创建方式。生成张量后，经常需要对张量的形状和元素进行操作，例如，可能需要将多个张量拼接成一个张量（张量的拼接和堆叠），将一个大的张量拆分为几个小的张量（张量的拆分）等。下面逐一介绍这些内容。

2.2.1　获取和改变张量形状

1. 获取张量形状

首先使用 torch.rand()函数生成一个三维张量 **t**，张量中的元素服从[0, 1]上的均匀分布。通过调用.ndimension()，可以获取张量的维数。例如，针对我们刚才生成的张量 **t**，得到张量的维度为 3，说明张量 **t** 是一个三维张量。具体代码如下：

代码 2-23

```
t = torch.rand(2,3,4)
print(t)
tensor([[[0.2006,0.6787,0.5914,0.1136],
        [0.7333,0.1572,0.8919,0.0628],
        [0.2247,0.1443,0.0241,0.2143]],

        [[0.7047,0.7122,0.7891,0.0479],
         [0.3150,0.8754,0.5623,0.9390],
         [0.5710,0.3732,0.4685,0.0827]]])
t.ndimension()
3
```

还可以通过.nelement()获取张量中元素的数目，例如，张量 **t** 中共有 24 个元素。此外，为了得到张量的形状，可以调用.size()或.shape，具体代码如下：

代码 2-24

```
print(t.nelement())
print(t.size())
print(t.shape)
24
torch.Size([2,3,4])
```

```
torch.Size([2,3,4])
```

可以看到，返回的类型是 torch.Size。还可以通过在.size()方法里输入具体的维度来获得该维度的大小。例如，下面代码能够获得索引为 0 的维度的大小。

代码 2-25

```
t.size(0)
2
```

2. 改变张量形状

张量形状的改变可以通过多种方法实现。下面，首先生成一个 3 行 4 列的二维张量 **t**。然后依次使用.view()、.reshape()、.resize_()、unsqueeze()和.squeeze()方法来改变张量形状。使用.view()方法的代码如下：

代码 2-26

```
t = torch.arange(12.0).reshape(3,4)
print(t)
tensor([[0.,1.,2.,3.],
        [4.,5.,6.,7.],
        [8.,9.,10.,11.]])
print(t.view(2,6))
tensor([[0.,1.,2.,3.,4.,5.],
        [6.,7.,8.,9.,10.,11.]])
```

可以看到，.view()方法需要指定新张量形状，新张量的总元素数目和原始张量的元素数目相同。上述代码将原始二维张量 **t** 变为 2 行 6 列的二维张量。此外，如果新的张量有 n 维，我们可以指定其他 $n-1$ 维的具体大小，留下一个维度大小指定为-1，PyTorch 会自动计算那个维度的大小。注意，$n-1$ 维的乘积要能被原来张量的元素数目整除，否则会报错。具体代码如下。（值得注意的是，.view() 方法并不改变原始张量。读者可以自行验证。）

代码 2-27

```
t.view(-1,6)
tensor([[0.,1.,2.,3.,4.,5.],
        [6.,7.,8.,9.,10.,11.]])
```

.reshape()的用法和.view()的用法基本一致，需要指定新张量形状。具体代码如下。两种方法的差异在于，一般来说，.view()方法只能用于内存中连续存储的张量。如果某张量调用过.transpose()、.permute()等方法，可能会使该张量在内存中变得不再连续，此时就不能再调用.view()方法。.reshape()则不需要目标张量在内存中是连续的。

代码 2-28

```
t.reshape(2,6)
tensor([[0.,1.,2.,3.,4.,5.],
```

```
     [6.,7.,8.,9.,10.,11.]])
```

.resize_()方法也可以实现与.view()方法和.reshape()方法相同的效果。但.resize_()与.view()和.reshape()的区别在于，在改变形状时，.resize_()方法允许元素的总个数发生变化，即.resize_()方法允许截取部分数据。下面代码截取了张量 **t** 的前 6 个元素并按 2 行 3 列展示。

代码 2-29

```
t.resize_(2,3)
tensor([[0.,1.,2.],
        [3.,4.,5.]])
```

此外，PyTorch 还提供了 A.resize_as_(B)方法，可以将张量 **A** 的形状设置为与张量 **B** 相同。例如，用 troch.rand()函数创建了另一个 2 行 6 列的张量 **t2**，并使用.resize_as_()方法将张量 **t** 的形状变成与张量 **t2** 相同，具体代码如下：

代码 2-30

```
t2 = torch.rand(2,6)
t.resize_as_(t2)
tensor([[0.,1.,2.,3.,4.,5.],
        [6.,7.,8.,9.,10.,11.]])
```

在深度学习实践中，我们经常需要沿着某个方向对张量做扩增（expand）或压缩（squeeze）。这两种情况都与张量中大小为 1 的维度有关。对一个张量来说，可以任意添加大小为 1 的一个维度，并且不改变张量中的元素；同样，可以任意压缩张量中大小为 1 的维度。下面创建一个 2 行 3 列的张量 **a**，以此来说明张量的扩增和压缩。

代码 2-31

```
a = torch.arange(6.0).reshape(2,3)
print(a)
print(a.size())
tensor([[0.,1.,2.],
        [3.,4.,5.]])
torch.Size([2,3])
```

可以看到张量 **a** 是一个二维张量，现在我们希望把它扩增成三维张量，但仍保持这 6 个元素不变，这要求张量的形状变为[1, 2, 3]。在 PyTorch 中，.unsqueeze()方法能够实现维度扩增，即可以在指定维度中插入新的维度，从而得到扩增后的张量。调用.unsqueeze()方法，在索引为 0 的位置插入一个维度，并将这个维度扩增的张量赋值给张量 **b**。可以看到，张量 **b** 的形状从 2×3 变为 1×2×3，新增的一个维度在索引为 0 的位置上。代码如下：

代码 2-32

```
b = a.unsqueeze(0)
```

```
print(b)
print(b.size())
tensor([[[0.,1.,2.],
         [3.,4.,5.]]])
torch.Size([1,2,3])
```

与.unsqueeze()方法对应的是.squeeze()。.squeeze()的作用是降维，即移除指定或者所有维度大小为 1 的维度，从而得到维度减少的新张量。若不指定移除的维度，.squeeze()方法将去掉张量中所有维度为 1 的维度；当指定移除的维度时，.squeeze()方法会判断指定的维度是否为 1，若是，则去掉，否则不变。此外，当输入张量是一维时，.squeeze()方法不改变结果。下面代码使用.squeeze()方法去掉 **b** 中所有维度大小为 1 的维度，并赋值给 **c**。可以看到，新生成的张量 **c** 的维度变为 2×3，在索引为 0 的位置，大小为 1 的维度被去掉了。

代码 2-33

```
c = b.squeeze()
print(c)
print(c.size())
tensor([[0.,1.,2.],
        [3.,4.,5.]])
torch.Size([2,3])
```

2.2.2 提取张量中的元素

在实际应用中，我们还需要从已知张量中提取需要的元素。下面主要介绍两种从张量中提取元素的方法。

1. 索引和切片

PyTorch 中的张量也能够利用索引和切片提取元素。首先创建一个 2×3×4 的三维张量 **t**，并据此进行说明。针对 PyTorch 创建的张量，索引和切片操作主要基于 Python 的索引操作符（即[]），通过给定不同的参数来提取张量中的元素。和 Python 一样，PyTorch 的编号从 0 开始，使用[i：j]的方式来获取张量切片（从 i 开始，不包含 j）。针对索引，冒号表示提取所有元素，-1 表示最后一个元素。下面提供了一些代码示例。

代码 2-34

```
t = torch.arange(24.).reshape(2,3,4)
print(t)
print(t[0])#获取第 0 维的所有元素
print(t[0,1,2])#获取张量在第 0 维 0 号、第 1 维 1 号、第 2 维 2 号的元素(编号从 0 开始)
print(t[:,1:2,:-1])#获取张量第 0 维所有、第 1 维 1 号、第 2 维 0 到 2 号的元素(编号从 0 开始)
tensor([[[0.,1.,2.,3.],
```

```
        [4.,5.,6.,7.],
        [8.,9.,10.,11.]],

        [[12.,13.,14.,15.],
        [16.,17.,18.,19.],
        [20.,21.,22.,23.]]])
tensor([[0.,1.,2.,3.],
        [4.,5.,6.,7.],
        [8.,9.,10.,11.]])
tensor(6.)
tensor([[[4.,5.,6.]],

        [[16.,17.,18.]]])
```

还可以通过索引和切片改变张量中元素的值。例如，将张量 **t** 中第 0 维 0 号、第 1 维 1 号、第 2 维 2 号的元素（原始值为 6）变为 50，代码如下。可以看到，直接更改索引和切片会改变原始张量的值。

代码 2-35

```
t[0,1,2]=50
print(t)
tensor([[[0.,1.,2.,3.],
        [4.,5.,50.,7.],
        [8.,9.,10.,11.]],

        [[12.,13.,14.,15.],
        [16.,17.,18.,19.],
        [20.,21.,22.,23.]]])
```

在 PyTorch 中，还可以按需将索引设置为相应的布尔值，然后提取条件为真的情况下的内容。例如，我们希望找出张量 **t** 中取值大于 11 的元素，其代码如下：

代码 2-36

```
print(t>11)
print(t[t>11])
tensor([[[False,False,False,False],
        [False,False,True,False],
        [False,False,False,False]],

        [[True,True,True,True],
        [True,True,True,True],
        [True,True,True,True]]])
tensor([50.,12.,13.,14.,15.,16.,17.,18.,19.,20.,21.,22.,23.])
```

2. PyTorch 内置的其他函数

类似张量的创建，PyTorch 也提供了很多内置函数来快速提取张量中的元素。下面介绍几种常用的内置函数。首先创建一个3×4的二维张量 **a**，通过.tril()函数获取张量下三角部分的内容，而将上三角部分的元素设置为0。具体代码如下：

代码 2-37

```
a = torch.arange(0,12).reshape(3,4)
print(a)
torch.tril(a)
tensor([[0,1,2,3],
        [4,5,6,7],
        [8,9,10,11]])
tensor([[0,0,0,0],
        [4,5,0,0],
        [8,9,10,0]])
```

其次，利用 diagonal 参数实现对角线的位移，从而控制提取的对角线元素。如果 diagonal 为空，输入矩阵保留主对角线与主对角线以上的元素；如果 diagonal 为正数 n，输入矩阵保留主对角线与主对角线以上除去 n 行的元素；如果 diagonal 为 $-n$，输入矩阵保留主对角线与主对角线下方 n 行对角线的元素。具体代码如下：

代码 2-38

```
print(torch.tril(a,diagonal = 1))
print(torch.tril(a,diagonal = -1))
tensor([[0,1,0,0],
        [4,5,6,0],
        [8,9,10,11]])
tensor([[0,0,0,0],
        [4,0,0,0],
        [8,9,0,0]])
```

最后，再介绍两个常用函数，torch.triu()用于提取张量上三角部分的内容，而将下三角部分的元素设置为0。torch.diag()用于提取二维张量的对角线元素。这两个函数的代码如下：

代码 2-39

```
print(torch.triu(a))
print(torch.diag(a))
print(torch.diag(a,diagonal = 1))
tensor([[0,1,2,3],
        [0,5,6,7],
        [0,0,10,11]])
tensor([0,5,10])
tensor([1,6,11])
```

2.2.3 张量的拼接与拆分

1. 拼接

张量的拼接是指将多个张量拼接为一个张量。拼接主要使用函数 torch.cat()，该函数可以将多个张量按指定维度进行拼接，并通过 dim 参数控制拼接维度。作为示例，下面代码首先创建两个 2 行 3 列的二维张量 **a** 和 **b**，并对其进行拼接操作。可以看到，新得到的张量 **c** 实现的是在第 0 个维度（即按行）上的拼接（张量形状变成了 4×3），而张量 **d** 实现的是在第 1 个维度（即按列）上的拼接（张量形状变成了 2×6）。

代码 2-40

```
a = torch.arange(6.0).reshape(2,3)
b = torch.arange(10.,16.).reshape(2,3)
c = torch.cat((a,b),dim =0)
d = torch.cat((a,b),dim =1)
print(a)
print(b)
print(c)
print(d)
tensor([[0.,1.,2.],
        [3.,4.,5.]])
tensor([[10.,11.,12.],
        [13.,14.,15.]])
tensor([[0.,1.,2.],
        [3.,4.,5.],
        [10.,11.,12.],
        [13.,14.,15.]])
tensor([[0.,1.,2.,10.,11.,12.],
        [3.,4.,5.,13.,14.,15.]])
```

实现张量拼接的另一个函数是 torch.stack()，该函数也可以将多个张量按照指定维度进行拼接。torch.cat() 和 torch.stack() 的区别在于，同样是在第 0 个维度上的拼接，torch.cat() 函数增加了原始第 0 个维度的数值，可以理解为张量的续接；而 torch.stack() 函数在原始的第 0 个维度新增了一个维度，可以理解为张量的堆叠。torch.stack() 函数的代码如下：

代码 2-41

```
e = torch.stack((a,b),dim = 0)
print(e)
print(c.size())
print(e.size())
tensor([[[0.,1.,2.],
        [3.,4.,5.]],
```

```
      [[10.,11.,12.],
       [13.,14.,15.]]])
torch.Size([4,3])
torch.Size([2,2,3])
```

2. 拆分

张量的拆分是指将一个大的张量分为几个小的张量。torch.chunk()函数可以将张量拆分为特定数量的块。dim 参数用于控制拆分的维度。下面代码使用 torch.chunk()函数将前文拼接得到的张量 **d**（张量形状为 2×6）在第 1 个维度（编号从 0 开始，因此表示在列上）拆分为 2 个张量 **d1** 和 **d2**。可以看到，**d1** 和 **d2** 都是 2×3 的二维张量。

代码 2-42

```
d1,d2 = torch.chunk(d,2,dim =1)
print(d1)
print(d2)
tensor([[0.,1.,2.],
        [3.,4.,5.]])
tensor([[10.,11.,12.],
        [13.,14.,15.]])
```

如果根据给定维度 dim 的设置，张量大小不能被块整除，则最后一个块最小。下面代码通过创建一个 2×7 的张量 **f** 说明这一点。张量 **f** 一共有 7 列，需要按列拆分成 3 个张量，7 不能被 3 整除，因此前两个张量都是 3 列，最后一个张量只有 1 列。

代码 2-43

```
f = torch.cat((a[:,1:2],a,b),dim =1)
f1,f2,f3 = torch.chunk(f,3,dim =1)
print(f)
print(f1)
print(f2)
print(f3)
tensor([[1.,0.,1.,2.,10.,11.,12.],
        [4.,3.,4.,5.,13.,14.,15.]])
tensor([[1.,0.,1.],
        [4.,3.,4.]])
tensor([[2.,10.,11.],
        [5.,13.,14.]])
tensor([[12.],
        [15.]])
```

除此之外，torch.split()函数同样能够将张量进行拆分，并且可以指定每个块的大小。下面代码使用 torch.split()函数将张量 **d** 在第 1 个维度（编号从 0 开始，因此表示在列上）

划分为 3 个块，并且指定每个块在第 1 个维度上的大小分别为 1、2 和 3。

代码 2-44

```
d1,d2,d3 = torch.split(d,[1,2,3],dim =1)
print(d1)
print(d2)
print(d3)
```

```
tensor([[0.],
        [3.]])
tensor([[1.,2.],
        [4.,5.]])
tensor([[10.,11.,12.],
        [13.,14.,15.]])
```

2.3　张量的运算

在深度学习中，还经常需要对张量进行运算，例如，对张量做基本运算、统计相关运算等等。这些运算可以针对单个张量进行，也可以针对两个张量进行。

2.3.1　基本运算

1. 单个张量

针对单个张量，下面介绍一些常用的基本运算，包括计算幂、指数、对数、平方根等。在 PyTorch 中，可以通过张量自带的方法，也可以通过 torch 包中的一些函数实现这些基本运算。例如，.sqrt()方法和 torch.sqrt()函数都可以计算张量的平方根。为了避免重复，下面的例子主要使用 torch 包中的函数实现运算。首先生成一个 3 行 3 列的二维张量 **t**。然后进行以下运算：torch.pow()函数计算张量的幂，torch.exp()函数计算张量的指数，torch.log()函数计算张量的对数，torch.sqrt()函数计算张量的平方根。具体代码如下：

代码 2-45

```
t = torch.arange(1.,10.0).reshape(3,3)
print(torch.pow(t,2))
print(torch.exp(t))
print(torch.log(t))
print(torch.sqrt(t))
```

```
tensor([[1.,4.,9.],
        [16.,25.,36.],
        [49.,64.,81.]])
tensor([[2.7183e+00,7.3891e+00,2.0086e+01],
        [5.4598e+01,1.4841e+02,4.0343e+02],
```

```
                [1.0966e+03,2.9810e+03,8.1031e+03]])
tensor([[0.0000,0.6931,1.0986],
        [1.3863,1.6094,1.7918],
        [1.9459,2.0794,2.1972]])
tensor([[1.0000,1.4142,1.7321],
        [2.0000,2.2361,2.4495],
        [2.6458,2.8284,3.0000]])
```

2. 两个张量

两个张量之间的基本运算主要指对两个形状相同的张量之间逐个元素进行的四则运算。可以使用加、减、乘、除的运算符进行两个张量之间的运算，也可以使用 .add()、.sub()、.mul()、.div() 方法进行相应的运算。代码示例如下：

代码 2-46

```
t1 = torch.arange(1.,13.,step =2).reshape(2,3)
t2 = torch.arange(0.,12.,step =2).reshape(2,3)
print(t1+t2)
print(t1.add(t2))
tensor([[1.,5.,9.],
        [13.,17.,21.]])
tensor([[1.,5.,9.],
        [13.,17.,21.]])
```

代码 2-47

```
print(t1-t2)
print(t1.sub(t2))
print(t1*t2)
print(t1.mul(t2))
print(t2/t1)
print(t2.div(t1))
tensor([[1.,1.,1.],
        [1.,1.,1.]])
tensor([[1.,1.,1.],
        [1.,1.,1.]])
tensor([[ 0.,6.,20.],
        [42.,72.,110.]])
tensor([[ 0.,6.,20.],
        [42.,72.,110.]])
tensor([[0.0000,0.6667,0.8000],
        [0.8571,0.8889,0.9091]])
tensor([[0.0000,0.6667,0.8000],
        [0.8571,0.8889,0.9091]])
```

2.3.2 统计相关运算

1. 单个张量

PyTorch 还具备一些基本的统计计算功能。针对单个张量，torch.max()函数用来找出张量中的最大值，torch.min()函数用来找出张量中的最小值，torch.sum()函数用来计算张量所含元素的和，torch.mean()函数用来计算张量所含元素的均值。具体代码如下：

代码 2-48

```
print(torch.max(t))
print(torch.min(t))
print(torch.sum(t))
print(torch.mean(t))
tensor(9.)
tensor(1.)
tensor(45.)
tensor(5.)
```

此外，还可以对单个张量中的某些元素进行统计相关的计算。此时只需要将 2.2.2 节中提到的索引和切片与这里的计算函数相结合即可。例如，可以只对张量 **t** 的第 0 行元素（编号从 0 开始）求均值，代码如下：

代码 2-49

```
torch.mean(t[0,:])
tensor(2.)
```

2. 两个张量

对于两个张量，torch.eq()函数可以判断两个张量是否具有相同的元素，torch.ge()函数可以逐个元素比较是否存在大于等于（≥）关系，torch.gt()函数可以逐个元素比较是否存在大于（＞）关系，torch.le()函数可以逐个元素比较是否存在小于等于（≤）关系，torch.lt()函数可以逐个元素比较是否存在小于（＜）关系，torch.ne()函数可以逐个元素比较是否存在不等于（≠）关系。下面以 torch.eq()函数为例进行代码演示：

代码 2-50

```
t1 = torch.tensor([1,2,3,4,5])
t2 = torch.tensor([1,1,3,3,2])
print(torch.eq(t1,t2))
tensor([True,False,True,False,False])
```

2.3.3 矩阵运算

根据前面的学习，我们了解到张量可以是零维（标量）、一维（向量）、二维（矩阵），甚至是更高维（高维数组）。深度学习任务中常常出现基于二维张量（矩阵）的运算。因此，本小节将针对矩阵，介绍一些常见的矩阵运算。

1. 单个张量

torch.t()函数用于计算矩阵的转置，torch.inverse()函数用于计算矩阵的逆，torch.trace()函数用于计算矩阵的迹。具体代码如下：

代码 2-51

```
print(torch.t(t))
print(torch.inverse(t))
print(torch.trace(t))
tensor([[1.,4.,7.],
        [2.,5.,8.],
        [3.,6.,9.]])
tensor([[-2796203.0000,5592406.0000,-2796203.0000],
        [ 5592404.5000,-11184812.0000,5592406.5000],
        [-2796201.7500,5592406.0000,-2796203.2500]])
tensor(15.)
```

2. 两个张量

两个张量的矩阵运算主要是指矩阵乘法，在 PyTorch 中，可以使用 torch.mm()函数、张量内置的.mm 方法、@运算符号实现矩阵的乘法运算，代码示例如下：

代码 2-52

```
t1 = torch.arange(1.,13.,step =2).reshape(2,3)
t2 = torch.arange(0.,6.,step =1).reshape(3,2)
print(torch.mm(t1,t2))
print(t1.mm(t2))
print(t1@t2)
tensor([[26.,35.],
        [62.,89.]])
tensor([[26.,35.],
        [62.,89.]])
tensor([[26.,35.],
        [62.,89.]])
```

2.4 深度学习的导数基础

本节介绍和深度学习有关的一些预备知识，包括导数、偏导数和链式求导法则。这些内容有助于读者更好地理解后面要介绍的深度学习常用优化算法：梯度下降算法。

2.4.1　单变量函数和导数

对于优化而言，求导是一种不可或缺的方法。首先复习一下导数的定义。函数 $y = f(x)$ 的导数 $f'(x)$ 的定义如下：

$$f'(x) = \lim_{\Delta x \to 0} \frac{f(x + \Delta x) - f(x)}{\Delta x}$$

对已知函数 $f(x)$ 求其导数 $f'(x)$ 的过程称为对函数 $f(x)$ 求导。当 $f'(x)$ 存在时，称函数 $f(x)$ 可导。例如，对函数 $f(x) = 2x$ 求导可得：

$$f'(x) = \lim_{\Delta x \to 0} \frac{2(x + \Delta x) - 2x}{\Delta x} = \lim_{\Delta x \to 0} \frac{2\Delta x}{\Delta x} = 2$$

但是，实际中很少使用上述定义来求导，而是使用求导公式。下面总结了神经网络计算中一些常用的导数公式：

$$e' = 0, \quad x' = 1, \quad \left(x^2\right)' = 2x, \quad \left(e^x\right)' = e^x, \quad \left(e^{-x}\right)' = -e^{-x}$$

导数具有如下线性性质：和的导数为导数的和，常数倍的导数为导数的常数倍。即

$$\{f(x) + g(x)\}' = f'(x) + g'(x)$$

$$\{cf(x)\}' = cf'(x)$$

例如，当 $C = 2x + x^2$（x 为变量）时，

$$C' = \left(2x + x^2\right)' = (2x)' + \left(x^2\right)' = 2 + 2x$$

有时，我们不仅使用 $f'(x)$ 表示函数 $f(x)$ 的导数，还使用如下分数形式：

$$f'(x) = \frac{\mathrm{d}y}{\mathrm{d}x}$$

该表达形式有助于我们对复杂函数求偏导数。关于这一点，会在 2.4.2 小节介绍。

2.4.2　多变量函数和偏导数

2.4.1 小节主要关注只有一个变量的函数求导问题，但神经网络的计算往往涉及多个变量，因此，本小节将关注多变量函数的求导问题。多变量函数是指具有两个及两个以上的变量，由于多变量函数包含多个变量，所以求导过程必须指明对哪一个变量进行求导。关于多变量函数中某个特定变量的导数称为偏导数。

假设存在函数 $z = f(x, y)$，即函数 z 包含两个变量 x 和 y。下面计算关于 x 的偏导数，此时 y 看作常数。使用分数形式来表达函数 z 关于 x 的偏导数：

$$\frac{\partial z}{\partial x} = \frac{\partial f(x, y)}{\partial x} = \lim_{\Delta x \to 0} \frac{f(x + \Delta x, y) - f(x, y)}{\Delta x}$$

同理，也可以计算关于 y 的偏导数，此时 x 看作常数：

$$\frac{\partial z}{\partial y} = \frac{\partial f(x, y)}{\partial y} = \lim_{\Delta y \to 0} \frac{f(x, y + \Delta y) - f(x, y)}{\Delta y}$$

下面使用函数 $f(x, y) = 3x + y^2$ 尝试计算其关于 x 和 y 的偏导数：

$$\frac{\partial f(x,y)}{\partial x} = \lim_{\Delta x \to 0} \frac{3(x+\Delta x)+y^2-(3x+y^2)}{\Delta x} = \lim_{\Delta x \to 0} \frac{3\Delta x}{\Delta x} = \lim_{\Delta x \to 0} 3 = 3$$

$$\frac{\partial f(x,y)}{\partial y} = \lim_{\Delta y \to 0} \frac{3x+(y+\Delta y)^2-(3x+y^2)}{\Delta y} = \lim_{\Delta y \to 0} (2y+\Delta y) = 2y$$

与单变量求导问题类似,我们也很少使用上述定义直接来求偏导数,偏导数的计算可以通过求导公式很方便地实现。

2.4.3　复合函数和链式求导法则

本小节介绍复合函数及链式求导法则,这对后面理解深度学习的反向传播算法至关重要。已知函数 $y=f(u)$,当 $u=g(x)$ 时, y 作为 x 的函数可以表示为形如 $y=f(g(x))$ 的嵌套结构。这时,嵌套结构的函数 $f(g(x))$ 称为 $f(u)$ 和 $g(x)$ 的复合函数。在神经网络中,每层神经网络的输出过程可以表示为如下函数:

$$y=a(w_1x_1+w_2x_2+\cdots+w_nx_n+b)$$

其中, w_1, w_2, $\cdots$, w_n 为各输入对应的权重, b 为偏置项。上述函数可以看成是函数 f 和激活函数 a 的复合函数:

$$\begin{cases} z=f(x_1,x_2,\cdots,x_n)=w_1x_1+w_2x_2+\cdots+w_nx_n+b \\ y=a(z) \end{cases}$$

复合函数求导需要借助链式求导法则。下面依次说明单变量函数和多变量函数的链式求导法则。

1. 单变量函数的链式求导法则

假设存在一个复合函数 $f(g(x))$,满足 $y=f(u)$, $u=g(x)$。这里, $f(u)$ 和 $g(x)$ 都是单变量函数。复合函数 $f(g(x))$ 针对变量 x 的导数如下:

$$\frac{\mathrm{d}y}{\mathrm{d}x}=\frac{\mathrm{d}y}{\mathrm{d}u}\frac{\mathrm{d}u}{\mathrm{d}x}$$

假设有如下函数:

$$y=\frac{1}{1+\mathrm{e}^{-(wx+b)}}$$

当需要计算函数 y 对变量 x 的导数时,上式可以看成是函数 $y=\dfrac{1}{1+\mathrm{e}^{-u}}$ 和线性函数 $u=wx+b$ 的复合函数。根据链式求导法则,函数 y 对变量 x 的导数如下:

$$\frac{\mathrm{d}y}{\mathrm{d}x}=\frac{\mathrm{d}y}{\mathrm{d}u}\frac{\mathrm{d}u}{\mathrm{d}x}=y(1-y)w=\frac{w}{1+\mathrm{e}^{-(wx+b)}}\left(1-\frac{1}{1+\mathrm{e}^{-(wx+b)}}\right)$$

2. 多变量函数的链式求导法则

假设存在一个复合函数 $f(g(x,y))$,满足 $z=f(u,v)$, $u=g_1(x,y)$, $v=g_2(x,y)$。其

中 $f(u,v)$、$g_1(x,y)$ 和 $g_2(x,y)$ 都是多变量函数。复合函数 $f(g(x,y))$ 关于变量 x 和变量 y 的偏导数分别是：

$$\frac{\partial z}{\partial x} = \frac{\partial z}{\partial u}\frac{\partial u}{\partial x} + \frac{\partial z}{\partial v}\frac{\partial v}{\partial x}$$

$$\frac{\partial z}{\partial y} = \frac{\partial z}{\partial u}\frac{\partial u}{\partial y} + \frac{\partial z}{\partial v}\frac{\partial v}{\partial y}$$

2.5 梯度下降算法的含义与公式

梯度下降（gradient decent）算法是深度学习广泛使用的优化算法，那么究竟什么是梯度？本节通过一个通俗的例子解释梯度的含义，并给出梯度下降算法一般化的公式。

假设存在一个二元函数 $z = f(x,y)$。如何才能得到使函数取得最小值的 x 和 y 呢？一般来说，我们会构建如下的联立方程组求 x 和 y 的值。

$$\begin{cases} \dfrac{\partial f(x,y)}{\partial x} = 0 \\ \dfrac{\partial f(x,y)}{\partial y} = 0 \end{cases}$$

然而在实际应用中，上述联立方程组的求解通常并不容易。此时，梯度下降算法就是一种具有代表性的替代算法。为了介绍梯度下降算法的思路，我们首先把函数 $z = f(x,y)$ 组成的超平面想象成一个斜坡，如图 2-5 所示。函数取值的点可以看作是一个小球。我们将小球放置在斜坡上（例如点 M 处），然后松开手，小球会沿着此时最陡的坡面开始滚动。待小球稍微前进一小段距离后，把小球按住，然后从止住的位置再次松手，小球会再次沿着新的最陡的坡面开始滚动。这个操作反复进行若干次后，小球沿着最短路径到达斜坡的下部（例如点 N 处），这条最短的路径就是函数的最小值。

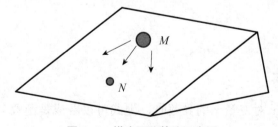

图 2-5　梯度下降算法示意图

梯度下降算法的关键在于找到小球下降的最短路径，转化为数学问题就是，给定函数 $z = f(x,y)$，考察当 x 改变 Δx，y 改变 Δy 时，函数 $f(x,y)$ 的值的变化 Δz 最小。根据导数的定义，可以得到 Δz 的形式如下：

$$\Delta z = \frac{\partial f(x,y)}{\partial x}\Delta x + \frac{\partial f(x,y)}{\partial y}\Delta y$$

上式可以写成如下两个向量内积的形式：

$$\left(\frac{\partial f(x,y)}{\partial x},\frac{\partial f(x,y)}{\partial y}\right),(\Delta x,\Delta y)$$

这意味着，当 x 改变 Δx， y 改变 Δy，函数 $f(x,y)$ 的值的变化 Δz 可以表示为上述两个向量的内积。如果希望小球以最快的速度下降到坡底，也就是 Δz 减小得最快，我们的目标是求得 Δz 的最小值。根据向量内积的知识，当两个向量方向相反时，内积取最小值。因此，只需要让小球沿着 $-\left(\frac{\partial f(x,y)}{\partial x},\frac{\partial f(x,y)}{\partial y}\right)$ 的方向移动，就能让函数 $z=f(x,y)$ 减小得最快。其中，$\left(\frac{\partial f(x,y)}{\partial x},\frac{\partial f(x,y)}{\partial y}\right)$ 称为函数 $f(x,y)$ 在点 (x,y) 处的梯度。此外，我们用一个为正的微小的量 η 表示每次移动的步长。综上所述，在梯度下降算法中，从点 (x,y) 向点 $(x+\Delta x, y+\Delta y)$ 移动时，需要满足：

$$(\Delta x,\Delta y)=-\eta\left(\frac{\partial f(x,y)}{\partial x},\frac{\partial f(x,y)}{\partial y}\right)$$

根据上述思路可知，梯度下降算法是指沿着函数值下降最快的方向进行迭代搜索，也就是沿着负梯度方向搜索最小值。上式为双变量函数的梯度下降算法一般式，该式可以很容易推广到多变量情况，假设有多变量 $x_1,x_2,\cdots,x_n$，令 $\Delta x=(\Delta x_1,\Delta x_2,\cdots,\Delta x_n)$ 为移动的位移向量，$\nabla f=\left(\frac{\partial f}{\partial x_1},\frac{\partial f}{\partial x_2},\cdots,\frac{\partial f}{\partial x_n}\right)$，则多变量函数的梯度下降算法的一般式可以表示为：$\Delta x=-\eta\nabla f$ 。

2.6 本章小结

本章是后续深度学习知识的前置章节，主要介绍了两部分内容，分别是张量基础和深度学习中的数学基础。在张量基础部分，主要介绍了张量的定义、数据类型以及在 PyTorch 中如何进行张量的创建。此外，本章还介绍了与张量有关的基本操作和运算，这都是后续进行 PyTorch 深度学习的基础。在深度学习的数学基础中，本章主要介绍了与深度学习优化算法相关的基础知识，包括导数、偏导数、链式求导法则，并重点介绍了梯度下降算法的思想和公式推导。通过本章的学习，读者应该熟练掌握 PyTorch 框架下的张量操作并理解梯度下降算法的基本含义。

第 3 章

前馈神经网络

【学习目标】

通过本章的学习，读者可以掌握：

1. 前馈神经网络的基本结构；
2. 常见激活函数的优缺点；
3. 常见损失函数的设置；
4. 梯度下降算法的原理；
5. 反向传播算法的原理；
6. 常见的过拟合处理方法。

导　言

人工神经网络是指一系列受生物学和神经学启发而设计的计算模型，主要是模拟人脑的生物神经网络结构，通过构建人工神经元，并按照某种拓扑结构构建的神经网络。而前馈神经网络是最常用的一种人工神经网络结构。本章重点介绍前馈神经网络的基本结构，其中包括神经元的工作原理、常见的激活函数（如 Sigmoid、Tanh、ReLU 等）及其优缺点。之后，我们将详细介绍前馈神经网络的训练过程，首先介绍损失函数的相关知识，然后介绍梯度下降算法和反向传播算法的原理。最后，简要介绍神经网络在训练过程中对过拟合的处理办法。

3.1　前馈神经网络的基本结构和常见激活函数

构成人工神经网络的基本单位是人工神经元，简称神经元（neuron）。早在 1943 年，美国神经生理学家麦卡洛克和数学家皮茨就根据生物神经元的基本结构，提出了一种最简单的神经元模型，即 M-P 神经元模型。基于对生物神经网络的深入了解，他们概括出神经元的以下主要特征：（1）神经元是一个多输入单输出的信息处理单元；（2）神经元的突触应该兼具兴奋和抑制两种功能；（3）神经元具有空间加权特性和阈值特性；（4）神经元的输入与输出之间存在时滞。M-P 神经元模型给出了一个符合生物神经元特性的简单数学描述，而现代神经网络的神经元则由 M-P 神经元模型演变而来。由于 M-P 神经元模型考虑到突触电位需要超过某一阈值才能产生电信号，因此 M-P 模型中的激活函数（activation）为某一阈值的示性函数。而现代神经网络在保持神经元结构基本不变的情况下，允许神经元使用更加丰富的激活函数，这大大增强了神经元传递信息的能力。下面介绍神经元的结构和具体工作原理。

3.1.1　神经元

假设一个神经元接收到 d 维输入 $\boldsymbol{x} = (x_1, x_2, \cdots, x_d)^{\mathrm{T}} \in \mathbb{R}^d$，该输入通过对神经元本身的权重（weight）和偏置（bias）项进行加权求和得到净输入（net input）z，其计算公式如下：

$$z = \sum_{i=1}^{d} w_i x_i + \boldsymbol{b} = \boldsymbol{w}^{\mathrm{T}} \boldsymbol{x} + \boldsymbol{b}$$

其中，$\boldsymbol{w} = (w_1, w_2, \cdots, w_d)^{\mathrm{T}} \in \mathbb{R}^d$ 表示权重向量，$\boldsymbol{b} \in \mathbb{R}$ 表示偏置项。净输入 z 再通过某一个非线性函数 $f(\cdot)$ 变换后，得到神经元的激活值 $a = f(z)$，也就是神经元的输出。这里的非线性函数 $f(\cdot)$ 称为激活函数（activation function）。图 3-1 给出了标准的神经元结构，读者可以更加直观具体地了解神经元的工作原理。

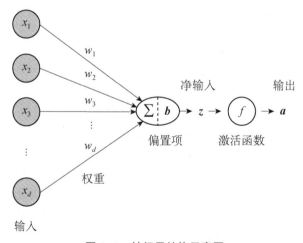

图 3-1　神经元结构示意图

从图 3-1 可以看出，神经元通过线性组合的方式对输入信号进行汇总得到净输入，并通过激活函数对净输入进行激活得到输出。现代神经网络对复杂的非线性函数具有非常强的拟合能力，主要原因在于激活函数赋予神经网络的灵活性。接下来介绍几种神经网络中常见的激活函数。

3.1.2　Sigmoid 函数

Sigmoid 函数，也即我们熟知的逻辑斯蒂（Logistic）分布函数，其定义如下：

$$\sigma(x) = \frac{1}{1+\mathrm{e}^{-x}}, \quad x \in \mathbb{R}$$

Sigmoid 函数是一个单调递增函数，关于点 $(0, 0.5)$ 中心对称，值域为 $(0,1)$，它可以将输入神经元的信号保序变换到 $(0,1)$ 之间。整个函数曲线呈现 S 形趋势，当输入越靠近负无穷时，Sigmoid 函数的输出越靠近 0（表现为抑制）；反之，当输入越靠近正无穷时，Sigmoid 函数的输出越靠近 1（表现为活跃）；当输入比较接近 0 时，Sigmoid 函数可近似视为线性函数，此时激活函数对信号的变化最为敏感。

Sigmoid 函数主要具有以下优点：函数值域有界，保证了神经元的输出不会爆炸；Sigmoid 函数连续可导，在神经网络的反向传播中梯度可以显式计算；Sigmoid 函数保证了神经元输出的激活值非负，这使得 Sigmoid 函数经常与概率相联系，例如解决二分类问题的神经网络输出层通常使用 Sigmoid 作为激活函数；LSTM 中的门结构使用 Sigmoid 函数来确定遗忘或保留的比例。当然 Sigmoid 函数也存在一些问题：如果希望神经元的激活值依然存在负值，那么 Sigmoid 函数显然不适合作为激活函数；Sigmoid 函数的左右两端的饱和区域会使得神经元传递信息的能力变弱，有学者指出全连接神经网络若使用 Sigmoid 作为激活函数，层数不能太深，否则反向传播的梯度会发生退化甚至消失；尽管 Sigmoid 函数连续可导且导数存在显式解，但其计算形式较为复杂，对于复杂网络来说求解梯度的过程会耗费额外的计算成本。

3.1.3　Tanh 函数

Tanh 函数，也即双曲正切函数，其定义如下：

$$\mathrm{Tanh}(x) = \frac{\mathrm{e}^{x} - \mathrm{e}^{-x}}{\mathrm{e}^{x} + \mathrm{e}^{-x}} = 2\sigma(2x) - 1, \quad x \in \mathbb{R}$$

其中，$\sigma(\cdot)$ 表示 Sigmoid 函数。Tanh 函数可以看作进行了平移-尺度变换的 Sigmoid 函数，这意味着 Tanh 函数与 Sigmoid 函数具有相似的形状和性质。如图 3-2 所示，Tanh 函数同样也是单调递增函数，同样能对输入神经元的信号进行保序变换。不同的是它关于点 $(0,0)$ 中心对称，值域为 $(-1,1)$，这意味着 Tanh 函数还能够保留输入信号的符号信息。Tanh 函数曲线同样呈现 S 形趋势，当输入越靠近负无穷时，Tanh 函数的输出越靠近 -1；反之，当输入越靠近正无穷时，Tanh 函数的输出越靠近 1；当输入比较靠近 0 时，Tanh 函数可近似视为线性函数，此时激活函数对信号的变化最为敏感。

由于与 Sigmoid 函数存在紧密联系，Tanh 函数继承了 Sigmoid 函数的一系列优点和缺点。其中，优点包括有界、连续可导等；而缺点包括存在的饱和区域会引起深层网络的梯度消失及计算成本提高等。Tanh 函数与 Sigmoid 函数最大的区别在于函数的值域，Sigmoid 函数更适合让神经元产生类似概率的输出，而 Tanh 函数更适合让神经元产生与输入符号一致的非概率输出。

3.1.4　ReLU 函数

ReLU（rectified linear unit，修正线性单元）函数是目前深度神经网络中应用最为广泛

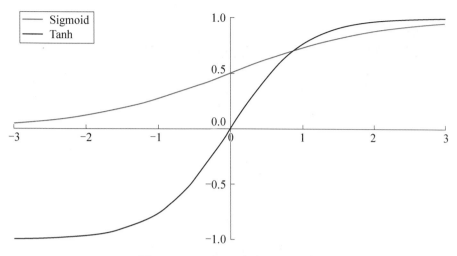

图 3-2　Sigmoid 函数与 Tanh 函数

的一种激活函数，ReLU 函数本质上是一个分段线性函数，其定义为：
$$\text{ReLU}(x) = \max(0, x), \quad x \in \mathbb{R}$$

　　ReLU 函数具有如下特点：ReLU 函数并不是中心对称的函数，其值域为$[0,+\infty)$，这使得 ReLU 函数直接舍弃神经元输入的负信号信息；ReLU 函数并不是连续可导函数，其在 $x=0$ 处连续但不可导，其导数较为简单，不涉及复杂运算。

　　ReLU 函数作为目前应用最多的激活函数，主要有以下几个优点：ReLU 函数的导数计算十分简单，从而让 ReLU 作为激活函数的神经网络在计算和优化上更加高效；ReLU 函数并非两端饱和的函数，这在一定程度上能够缓解如 Sigmoid 和 Tanh 函数导致的梯度消失问题，这也使得 ReLU 函数在深层网络中更加常用；由于 ReLU 函数总是舍弃神经元的负信号输入，这使得使用 ReLU 作为激活函数的神经网络具有稀疏的特点。从某个角度来说，这也为网络带来了正则化效应。

　　当然 ReLU 函数作为激活函数同样存在局限性：ReLU 函数是非中心对称的函数，这使得 ReLU 激活函数的神经元输入与输出之间存在均值偏移，从而可能会对梯度下降算法产生影响；ReLU 函数会导致神经元"死亡"的现象，如果某个 ReLU 神经元未被激活，则其对应的权重的反向传播梯度将为 0，进而导致其永远无法完成更新。为了在一定程度上避免上述问题，一类方法是将 ReLU 激活函数和某些标准化操作一同使用，例如批量正则化（batch normalization）；另一类方法是对原始的 ReLU 函数进行修正，例如 Leaky ReLU。Leaky ReLU 函数的主要思想是希望当神经元的输入为负数时也能被激活且和 ReLU 函数比较接近，这样就能避免神经元"死亡"的现象。Leaky ReLU 的定义如下：

$$\text{Leaky ReLU}(x) = \begin{cases} x, & x > 0 \\ \alpha x, & x \leqslant 0 \end{cases}$$

　　为了保证 Leaky ReLU 与 ReLU 效果接近，通常会选用较小的超参数 α。图 3-3 中对比了 ReLU 函数和超参数 $\alpha = 0.1$ 的 Leaky ReLU 函数。

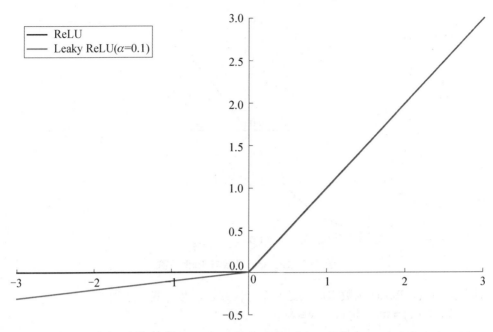

图 3-3   ReLU 函数和 Leaky ReLU 函数

3.1.5   前馈神经网络的构成

给定一组神经元，可以按照不同的拓扑结构将神经元连接起来，从而构成不同的神经网络，前馈神经网络（feedforward neural network）是最早发明、最简单的一种人工神经网络，有时也称为多层感知机（multi-layer perceptron，MLP）。下面介绍前馈神经网络的构成。

在前馈神经网络中，每一层都包含多个神经元，每一层的神经元可以接收前一层神经元的信号，并产生新的激活信号输出到下一层。前馈神经网络至少包含三层神经元，分别为输入层、隐藏层和输出层。其中整个神经网络中从外部接收输入的层称为输入层（input layer），最后一层称为输出层（output layer），其他中间层被称为隐藏层（hidden layer）。前馈神经网络的信号传递由输入层开始，到输出层结束，单向传播无反馈。图 3-4 给出了一个简单的前馈神经网络的构成示例，包含一个输入层、两个隐藏层和一个输出层。

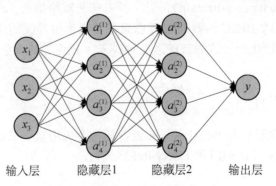

图 3-4   前馈神经网络的构成示例

下面给出前馈神经网络的数学表达式，为此需要定义一些符号。假设前馈神经网络共有 L 层（指定输入层为第 0 层，不包含在 L 层内）。假设第 l 层的神经元个数为 N_l，净输入为 $z^{(l)} \in \mathbb{R}^{N_l}$，激活函数为 $f^{(l)}(\bullet)$，输出为 $a^{(l)} \in \mathbb{R}^{N_l}$。进一步，假设第 $l-1$ 层到第 l 层的权重矩阵为 $W^{(l)} \in \mathbb{R}^{N_l \times N_{l-1}}$，偏置向量为 $b^{(l)} \in \mathbb{R}^{N_l}$。令 $x = a^{(0)}, y = a^{(L)}$，则前馈神经网络在第 l 层的更新公式为：

$$z^{(l)} = W^{(l)} a^{(l-1)} + b^{(l)}$$
$$a^{(l)} = f^{(l)}\left(z^{(l)}\right), \quad 1 \leqslant l \leqslant L$$

前馈神经网络具有很强的拟合能力，事实上，科学家早已从理论上证明，用有限的隐藏层神经元可以逼近任意的有限区间内的曲线（Cybenko，1989；Hornik et al.，1989），这被称为通用逼近定理（universal approximation theorem）。也就是说，只要能够调节神经网络中各个参数的组合，就可以得到任意想要的曲线，那么如何进行参数选择呢？这就需要通过网络的训练来获得合适的参数。

3.2　损失函数的设置

建立神经网络的目的是为输入与输出建立适当的模型进行拟合和预测，在监督学习的框架下，通常可以将其归结为最小化损失函数的优化问题。假设 $\left\{(x_i, y_i)\right\} (1 \leqslant i \leqslant N)$ 是收集到的训练数据集，其中 $x_i \in \mathbb{R}^d, y_i \in \mathbb{R}^q$。令 $\ell(x, y; \theta)$ 表示给定参数 $\theta \in \mathbb{R}^p$ 和观测 (x, y) 时的损失函数，其中，参数 θ 包含神经网络中的所有模型参数，例如全部隐藏层之间的权重矩阵和偏置向量。不妨假设神经网络为输入 x 的某种函数形式 $g(x; \theta)$，则可以将神经网络的输出记为 $\hat{y} = g(x; \theta)$。针对不同的机器学习任务，我们需要使用不同的损失函数。下面介绍两种损失函数，它们分别是：

1. 平方损失函数

$$\ell(x, y; \theta) = \left\| \hat{y} - y \right\|^2$$

2. 交叉熵损失函数

$$\ell(x, y; \theta) = -\sum_{j=1}^{q} y_j \log(\hat{y}_j)$$

通常情况下，平方损失函数一般应用于回归问题，而交叉熵损失函数则应用于分类问题。给定单样本损失函数的前提下，可得经验（样本）损失函数为：

$$\mathcal{L}(\theta) = \frac{1}{N} \sum_{i=1}^{N} \ell(x_i, y_i; \theta)$$

我们的目标是通过优化找到经验风险极小值点（empirical risk minimizer，ERM）作为模型的最优参数，即

$$\hat{\theta} = \arg\min_{\theta} \mathcal{L}(\theta)$$

给定损失函数后，可以通过梯度下降算法进行参数的更新。

3.3 梯度下降算法

如前所述，给定损失函数后，我们的目标是对模型的参数 θ 进行优化，使得损失函数取得最小值。由于神经网络一般都比较复杂，利用导数为零的方法求解模型参数的解析解是不可行的，一般采用迭代型的优化算法进行求解。较为经典的迭代优化算法包括牛顿迭代法、拟牛顿法以及梯度下降算法。从收敛速度的角度考虑，牛顿迭代法和拟牛顿法拥有比梯度下降算法更优的收敛性质。但是在实际应用中，梯度下降算法是使用最多的优化算法。

3.3.1 梯度下降算法的直观理解与定义

承接 3.2 节的模型记号，假设 $\mathcal{L}(\theta) = \sum_{i=1}^{N} \ell(x_i, y_i; \theta) / N$ 是神经网络的损失函数，其中，N 表示样本量。$\theta \in \mathbb{R}^p$ 包含神经网络中所有的模型参数。我们可以把函数 $\mathcal{L}(\theta)$ 想象成定义在 $\mathbb{R}^p$ 空间上的起伏山脉，此时极小化 $\mathcal{L}(\theta)$ 并求解 θ 的过程可以看作在山脉中寻找山谷最低点的过程（如图 3-5 所示）。遗憾的是，参数优化的过程犹如盲人下山，我们无法看清山脉的全貌，只能利用一些山脉的信息制定下山策略。

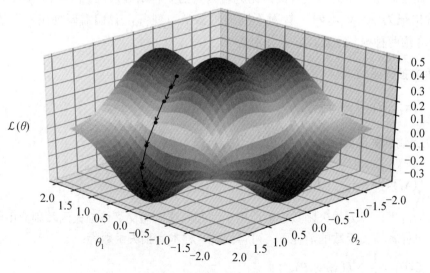

图 3-5 梯度下降算法示意图

那么，我们应该如何下山呢？梯度下降算法提供了一种直观的思路：如果每一步都沿着山坡坡度变化最陡的方向，向下前进一定的距离，并不断重复这一过程，那么最终"应该"可以到达山脚。这里，在给定的当前位置，山坡坡度变化最陡的方向就是损失函数在当前参数下的梯度。将这个想法翻译为算法语言，梯度下降算法是指在每次参数更新的过程中，沿着目标函数的负梯度方向更新参数，从而最小化目标函数的算法。其更新公式如下：

$$\theta_{t+1} = \theta_t - \alpha \nabla \mathcal{L}(\theta_t)$$

其中，θ_t 表示第 t 次迭代时模型参数的更新值；$\nabla \mathcal{L}(\theta)$ 表示损失函数 $\mathcal{L}(\theta)$ 关于参数 θ 的一阶导数（即梯度）；超参数 $\alpha > 0$ 被称为步长或学习率（learning rate）。由于深度学习任务的样本量 N 和参数规模 P 通常都非常大，原始的梯度下降算法受存储空间和计算能力的限制也并不一定可行，我们需要进一步的"妥协"来改进梯度下降算法，同时也可以采取一些策略来加速梯度下降算法对神经网络模型的训练，下面介绍一些经典的算法。

3.3.2　小批量梯度下降算法

原始梯度下降算法在实际的机器学习任务中使用全样本数据计算梯度，也称为批量梯度下降（batch gradient descent，BGD）算法，某些文献中称为全梯度下降（full gradient descent，FGD）算法。假设参数 $\theta \in \mathbb{R}^p$，全样本量为 N，则 BGD 算法单次迭代的复杂度约为 $O(Np)$。在深度学习任务中，BGD 算法的计算效率很低。此外，BGD 算法要使用全样本数据，也不适合需要即时更新的学习任务（例如在线学习）。

随机梯度下降（stochastic gradient descent，SGD）算法与 BGD 算法不同，SGD 算法每次更新时仅使用单个样本来计算梯度，因此单次迭代的复杂度约为 $O(p)$，与 BGD 算法相比计算效率大大提升，而且 SGD 算法适合在线学习，来一个样本就可以更新一次。SGD 算法付出的代价是它在梯度中引入了额外的方差。尽管在给定全样本的条件下，单个样本计算的梯度是全样本梯度的无偏估计，但是单个样本的梯度方向很难和全样本的梯度方向一致，因此 SGD 算法的更新是极其波动的。在常数学习率下，SGD 算法即使在损失函数为凸（强凸）函数的条件下也不能准确找到极小值点，最终的解和极小值点之间的距离受到学习率和梯度方差上界的影响。

小批量梯度下降（mini-batch gradient descent，MGD）算法可以看作是对 BGD 算法和 SGD 算法的一个折中，它也是目前深度学习领域中使用最为广泛的梯度类算法，许多文章中所指的 SGD 算法实际上为 MGD 算法。该算法每次更新时使用的样本量称为批量数（batch size），假设其为 $n \ll N$。MGD 算法使用小批量样本来计算梯度，因此 MGD 算法单次迭代的复杂度约为 $O(np)$，与 BGD 算法相比计算效率有所提升，且引入的梯度噪声方差小于 SGD 算法，稳定性更好。当然 MGD 算法也有自己的问题，它引入了新的超参数 n。在实际的深度学习任务中，n 的选取不仅影响算法的收敛效率，而且影响最终的外样本精度。实践中，n 的取值通常与可获取的计算资源有关，通常取 2 的指数幂，如 16，32，64，128 等。最后，我们给出三种使用不同样本量的梯度下降算法的对比示意图，如图 3-6 所示。

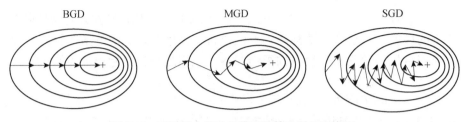

图 3-6　不同样本量的梯度下降算法对比示意图

3.3.3　动量梯度下降算法

动量梯度下降（gradient descent with momentum）算法，也称为重球（heavy ball，HB）方法，是对梯度下降算法的经典改进，其更新公式如下：

$$v_{t+1} = \gamma v_t + \alpha \nabla \mathcal{L}(\theta_t)$$
$$\theta_{t+1} = \theta_t - v_{t+1}$$

其中，$\alpha > 0$，为学习率；$\gamma > 0$，为动量参数，文献中的推荐值为 0.9。动量梯度下降算法的核心思想是对梯度下降的更新方向进行调整，考虑使用历史梯度信息的指数加权平均作为参数更新的方向。动量梯度下降算法主要带来两个方面的改进：（1）加速梯度下降算法。动量一词源于物理学，我们可以很形象地将其理解为物体沿山坡下滑过程中任意时刻的速度可以分解为当前位置的坡度下降的方向（当前梯度方向）和物体的惯性（历史速度方向）的矢量和。因此当我们考虑历史梯度信息后，梯度下降算法会下降得更快。（2）抑制震荡。梯度下降算法会受到损失函数海森矩阵的条件数 κ（海森矩阵的最大特征根与最小特征根的比值）的影响，条件数越大，海森矩阵的病态程度越高，此时梯度方向对参数空间的某些方向极度敏感，我们能够观察到参数的更新路径震荡剧烈。动量梯度下降算法能够累积正确前进方向上的梯度，并且抵消部分敏感方向上的震荡幅度。

下面用一个例子说明动量梯度下降算法带来的好处。我们构造一个二维输入向量 $x = [x_1, x_2]^T$，输出目标函数 $f(x) = 0.1x_1^2 + 3x_2^2$。基于该目标函数，计算得到梯度为 $\nabla f(x) = [0.2x_1, 6x_2]^T$。首先，使用基础的梯度下降算法观察输入向量 x 的迭代轨迹。如下面代码所示，这里定义了两个函数，其中 obj_func 为目标函数，GD_func 为梯度函数，设置初始值 $x_1 = -4$, $x_2 = -2$，学习率为 0.4，使用梯度下降算法对输入向量 x 进行 30 次迭代，绘制迭代轨迹。

代码 3-1

```
import numpy as np
import torch
from matplotlib import pyplot as plt
import math
# 定义目标函数
def obj_func(x1,x2):
    return(0.1*x1*x1+3*x2*x2)
# 定义梯度函数
```

```
def GD_func(x1,x2):
    return(x1 - eta * 0.2 * x1,x2 - eta * 6 * x2)
x1,x2 = -4,-2
eta = 0.4
output = [(x1,x2)]
for i in range(30):
    x1,x2,= GD_func(x1,x2)
    output.append((x1,x2))

plt.plot(*zip(*output),'-o',color='black')
x1,x2 = np.meshgrid(np.arange(-4.5,1.0,0.1),np.arange(-2.0,1.0,0.1))
plt.contour(x1,x2,obj_func(x1,x2),colors='red')
plt.xlabel('x1')
plt.ylabel('x2')
```

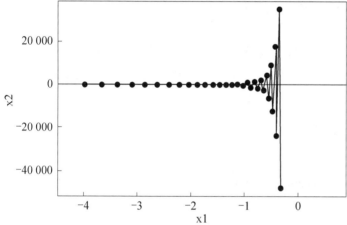

可以看到，基础的梯度下降算法出现了问题，输入向量 *x* 在竖直方向不断越过最优解并逐渐发散。下面使用动量梯度下降算法（代码如下）。

代码 3-2

```
def momentum_func(x1,x2,v1,v2):
    v1 = gamma * v1 + eta * 0.2 * x1  #一阶导
    v2 = gamma * v2 + eta * 6 * x2    #一阶导
    return x1 - v1,x2 - v2,v1,v2
gamma,x1,x2,v1,v2 = 0.4,-4,-2,0,0
output = [(x1,x2)]
for i in range(30):
    x1,x2,v1,v2 = momentum_func(x1,x2,v1,v2)
    output.append((x1,x2))

plt.plot(*zip(*output),'-o',color='black')
x1,x2 = np.meshgrid(np.arange(-4.5,1.0,0.1),np.arange(-2.0,1.0,0.1))
```

```
plt.contour(x1,x2,obj_func(x1,x2),colors='red')
plt.xlabel('x1')
plt.ylabel('x2')
```

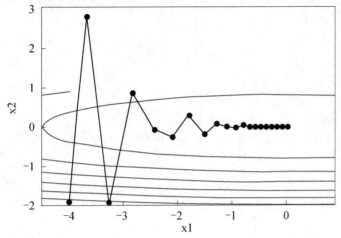

其中，函数 momentum_func 为动量法求解梯度，在本例中设置动量参数 $\gamma = 0.4$，其他设置与基础梯度下降算法一致，可以看到，动量梯度下降算法在竖直方向上的移动更加平滑，且在水平方向上更快逼近最优解。

3.3.4　Nesterov 梯度加速算法

Nesterov 梯度加速（Nesterov accelerated gradient，NAG）算法，是动量梯度下降算法的改进版本，其更新公式如下：

$$v_{t+1} = \gamma v_t + \alpha \nabla \mathcal{L}(\theta_t - \gamma v_t)$$
$$\theta_{t+1} = \theta_t - v_{t+1}$$

其中，动量参数 γ 的推荐值仍为 0.9。NAG 算法考虑的是一个更加"聪明"的小球，它并不是短视地考虑当前时刻的梯度 $\nabla \mathcal{L}(\theta_t)$，而是超前考虑未来时刻的梯度，即按照动量方向 v_t 前进至 $\theta_t - \gamma v_t$ 处的梯度。当梯度方向发生变化时，动量梯度算法的纠正机制往往需要累积几步，而 NAG 算法能够更早进行纠正。这种超前的思路使得 NAG 算法能够进一步抑制震荡，从而加速收敛。

3.3.5　自适应梯度算法

自适应梯度（adaptive gradient，AdaGrad）算法从学习率的角度考虑加速梯度下降算法，传统的梯度下降算法之所以受制于病态系统的影响，归根结底是因为所有的参数共享了相同的学习率。为保证算法收敛，学习率受制于海森矩阵特征值较大的参数方向而变得很小，导致其他方向更新步长过小，优化缓慢。如果我们能够给每个参数赋予不同的学习率，就有可能极大地加快梯度下降算法的收敛速度。同时，AdaGrad 算法能够在迭代过程中自动调整参数的学习率，这被称为自适应学习率（adaptive learning rate）方法。其更新

公式如下:

$$g_t = \nabla \mathcal{L}(\theta_t)$$
$$s_{t+1} = s_t + g_t \odot g_t$$
$$\theta_{t+1} = \theta_t - \frac{\alpha}{\sqrt{s_t + \epsilon}} \odot g_t$$

其中, $\odot$ 表示对应元素相乘; 根号作用在向量的每一个元素上; ϵ 是为了保证除法的数值稳定性添加的非常小的量。可以看到 AdaGrad 算法记录了历史梯度的逐元素累积平方和, 并使用该累积和的平方根的逆作为学习率权重。AdaGrad 算法的主要贡献在于可以进行学习率的自适应调整, 同时对梯度下降算法略有加速。但是它也有很明显的缺点, 更新公式的分母是所有历史信息的和, 因此会随着迭代的进行变得越来越大, 从而使得学习率衰减过快。AdaGrad 算法在实际操作中往往会出现算法找到极小值点之前就停止的情况。

　　我们仍以目标函数 $f(x) = 0.1x_1^2 + 3x_2^2$ 为例, 观察 AdaGrad 算法对输入向量 x 的迭代轨迹。此处, 学习率仍然设置为 0.4, 代码示例如下:

代码 3-3

```
def adagrad_func(x1,x2,s1,s2):
    g1,g2,eps = 0.2 * x1,6 * x2,1e-6  # 前两项为自变量梯度
    s1 += g1 ** 2
    s2 += g2 ** 2
    x1 -= eta / math.sqrt(s1 + eps)* g1
    x2 -= eta / math.sqrt(s2 + eps)* g2
    return x1,x2,s1,s2
x1,x2,s1,s2 = -4,-2,0,0
output = [(x1,x2)]
for i in range(30):
    x1,x2,s1,s2 = adagrad_func(x1,x2,s1,s2)
    output.append((x1,x2))
plt.plot(*zip(*output),'-o',color='black')
x1,x2 = np.meshgrid(np.arange(-4.5,1.0,0.1),np.arange(-2.0,1.0,0.1))
plt.contour(x1,x2,obj_func(x1,x2),colors='red')
plt.xlabel('x1')
plt.ylabel('x2')
```

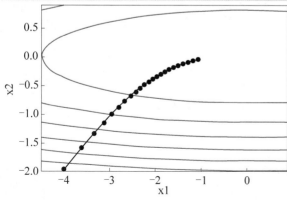

可以看到，自变量的迭代轨迹较平滑，并且快速逼近最优解。但由于 s_t 的累加效果使学习率不断衰减，自变量在迭代后期的移动幅度较小。算法在到达极值点之前就停止了。

3.3.6 AdaDelta 算法

AdaDelta 算法是 AdaGrad 算法的延伸和改进版本，主要是为了解决 AdaGrad 算法中历史梯度累积平方和单调递增的问题。AdaDelta 算法不再使用全部历史信息，而是使用某个固定窗宽内的历史梯度信息计算累积平方和。由于计算固定窗宽内的梯度累积平方和需要存储多个历史梯度平方的信息，AdaDelta 转而使用指数加权的方式累积历史信息：

$$g_t = \nabla \mathcal{L}(\theta_t)$$

$$\mathbb{E}\left[g^2\right]_t = \gamma \mathbb{E}\left[g^2\right]_{t-1} + (1-\gamma) g_t \odot g_t$$

其中，指数加权参数 γ 的推荐值为 0.9。进而有迭代公式：

$$\Delta \theta_t = \frac{\alpha}{\sqrt{\mathbb{E}\left[g^2\right]_t + \epsilon}} \odot g_t$$

$$\theta_{t+1} = \theta_t - \Delta \theta_t$$

该算法的提出者指出，此前的梯度类算法（包括原始梯度下降算法、动量梯度下降算法和 AdaGrad 算法）更新公式中参数的单位并没有保持一致。这里具体是指 θ_t 和 g_t 分别有自己的单位和尺度，在之前的算法里并没有考虑这个问题。提出者考虑修正这个问题，因此 AdaDelta 最终的更新公式变为：

$$\mathbb{E}\left[\Delta \theta^2\right]_t = \gamma \mathbb{E}\left[\Delta \theta^2\right]_{t-1} + (1-\gamma) \Delta \theta_t^2$$

$$\Delta \theta_t = \frac{\sqrt{\mathbb{E}\left[\Delta \theta^2\right]_t + \epsilon}}{\sqrt{\mathbb{E}\left[g^2\right]_t + \epsilon}} \Delta g_t$$

$$\theta_{t+1} = \theta_t - \Delta \theta_t$$

可以看到，分子使用 $\sqrt{\mathbb{E}\left[\Delta \theta^2\right]_t + \epsilon}$ 保证了单位的一致性，同时代替了学习率 α。因此，AdaDelta 算法不再需要设定学习率 α。

3.3.7 均方根加速算法

均方根加速（RMSprop）算法和 AdaDelta 算法的思路十分相似，两种算法在同一年分别被辛顿和蔡勒（Zeiler）提出，有趣的是辛顿正是蔡勒的导师。RMSprop 算法最早出现在辛顿在教育平台（Coursera）上的课程中，这一算法成果并未发表。其更新公式与第一阶段的 AdaDelta 算法一致：

$$g_t = \nabla \mathcal{L}(\theta_t)$$

$$\mathbb{E}\left[g^2\right]_t = \gamma \mathbb{E}\left[g^2\right]_{t-1} + (1-\gamma) g_t \odot g_t$$

$$\Delta\theta_t = \frac{\alpha}{\sqrt{\mathbb{E}\left[g^2\right]_t + \epsilon}} \odot g_t$$

$$\theta_{t+1} = \theta_t - \Delta\theta_t$$

其中，指数加权参数 γ 的推荐值为 0.9；学习率 α 的推荐值为 0.001。下面，我们观察 RMSprop 算法对目标函数 $f(x) = 0.1x_1^2 + 3x_2^2$ 中自变量的迭代轨迹的影响。此处，学习率仍然设置为 0.4，为了举例方便，此处代码仍然保持了 θ_t 和 g_t 各自的单位和尺度，但这并不影响整体结果。具体代码如下：

代码 3-4

```
def rmsprop_func(x1,x2,s1,s2):
    g1,g2,eps = 0.2 * x1,6 * x2,1e-6
    s1 = gamma * s1 +(1 - gamma)* g1 ** 2
    s2 = gamma * s2 +(1 - gamma)* g2 ** 2
    x1 -= eta / math.sqrt(s1 + eps)* g1
    x2 -= eta / math.sqrt(s2 + eps)* g2
    return x1,x2,s1,s2
gamma,x1,x2,s1,s2 = 0.9,-4,-2,0,0
output = [(x1,x2)]
for i in range(30):
    x1,x2,s1,s2 = rmsprop_func(x1,x2,s1,s2)
    output.append((x1,x2))
plt.plot(*zip(*output),'-o',color='black')
x1,x2 = np.meshgrid(np.arange(-4.5,1.0,0.1),np.arange(-2.0,1.0,0.1))
plt.contour(x1,x2,obj_func(x1,x2),colors='red')
plt.xlabel('x1')
plt.ylabel('x2')
```

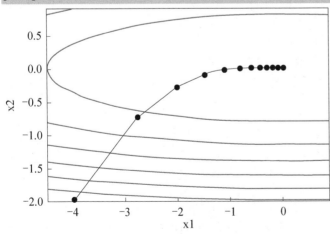

可以看到，在和 AdaGrad 算法同样的学习率下，RMSprop 算法没有出现过早停止的问题，而且更快逼近最优解。

3.3.8　自适应矩估计算法

自适应矩估计（adaptive moment estimation，Adam）算法是将搜索方向和学习率结合在一起考虑的改进算法，截至本书写作期间，其原论文为 ICLR 官方引用最高的文章。Adam 算法的思路非常清晰：搜索方向上，借鉴动量梯度下降算法使用梯度的指数加权；学习率上，借鉴 RMSprop 算法使用自适应学习率。所谓矩估计，则是修正采用指数加权带来的偏差。其更新公式如下：

$$g_t = \nabla \mathcal{L}(\theta_t)$$

$$m_t = \beta_1 m_{t-1} + (1 - \beta_1) g_t$$

$$v_t = \beta_2 v_{t-1} + (1 - \beta_2) g_t \odot g_t$$

$$\widehat{m_t} = \frac{m_t}{1 - \beta_1^t}, \quad \widehat{v_t} = \frac{v_t}{1 - \beta_2^t}$$

$$\theta_{t+1} = \theta_t - \frac{\alpha}{\sqrt{\widehat{v_t} + \epsilon}} \odot \widehat{m_t}$$

本方法的提出者推荐参数的取值为 $\beta_1 = 0.9$，$\beta_2 = 0.999$，以及 $\epsilon = 10^{-8}$。在实际应用中，Adam 算法的收敛速度通常优于其他梯度类优化算法，这也是 Adam 算法十分受欢迎的一大原因。相比于之前的算法，Adam 算法需要记录两个历史信息和，这使得 Adam 算法和 AdaDelta 算法一样，需要多存储一个长度为 P 的向量。下面，我们观察 Adam 算法对目标函数 $f(x) = 0.1x_1^2 + 3x_2^2$ 中自变量的迭代轨迹的影响。此处，学习率仍然设置为 0.4，其他具体参数的设置详见代码如下：

代码 3-5

```
def adam_func(x1,x2,v1,v2,s1,s2,t):
    g1,g2,eps = 0.2 * x1,6 * x2,1e-6
    v1 = beta1 * v1 +(1 - beta1)* g1
    v1_bias_corr = v1/(1-beta1**t)
    s1 = beta2 * s1 +(1 - beta2)* g1 ** 2
    s1_bias_corr = s1/(1-beta2**t)
    x1 -= eta* v1_bias_corr /(math.sqrt(s1_bias_corr+eps))
    v2 = beta1 * v2 +(1 - beta1)* g2
    v2_bias_corr = v2/(1-beta1**t)
    s2 = beta2 * s2 +(1 - beta2)* g2 ** 2
    s2_bias_corr = s2/(1-beta2**t)
    x2 -= eta* v2_bias_corr /(math.sqrt(s2_bias_corr+eps))
    t += 1
    return x1,x2,v1,v2,s1,s2,t
beta1,beta2,x1,x2,s1,s2,v1,v2,t = 0.9,0.999,-4,-2,0,0,0,0,1  #x1,x2是起始点坐标
output = [(x1,x2)]
for i in range(30):
    x1,x2,s1,s2,v1,v2,t = adam_func(x1,x2,s1,s2,v1,v2,t)
    output.append((x1,x2))
```

```
plt.plot(*zip(*output),'-o',color='black')
x1,x2 = np.meshgrid(np.arange(-4.5,1.0,0.1),np.arange(-2.0,1.0,0.1))
plt.contour(x1,x2,obj_func(x1,x2),colors='red')
plt.xlabel('x1')
plt.ylabel('x2')
```

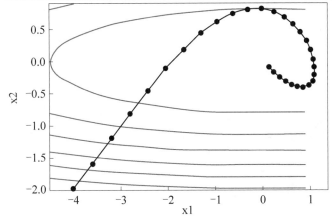

通过实验我们也能发现 Adam 算法的另外一些问题，虽然收敛速度很快，但是 Adam 算法并没有在极值点附近停止。

3.4　反向传播算法

在 3.3 节中，我们介绍了梯度下降算法以及各种梯度类的改进算法。梯度类算法的核心就是要计算损失函数关于模型参数的梯度，本节介绍神经网络中高效计算梯度的算法：反向传播（back propagation，BP）算法。反向传播算法的本质就是复合函数求导的链式法则，理论上并不复杂。如果我们从输出层的偏导数开始计算，就可以在已有结果的基础上，不断计算前一层神经元中的参数梯度，最终到达输入层。整个过程与神经网络信号的前向传播刚好相反，因此称为反向传播算法。

对于一般的复合函数求导，我们并不关心计算顺序问题。而神经网络的前向传播机制和链式法则告诉我们，上一层神经元参数梯度的计算依赖于下一层神经元参数梯度的计算结果。如果我们按照链式法则进行正向求导，为了神经网络第一层神经元的参数梯度，需要计算所有层的中间变量的偏导数。同样为了计算第二层神经元的参数梯度，需要计算第二层之后的所有层的中间变量的偏导数。依此类推，对于一个 L 层的神经网络来说，通过正向求导来获得模型所有参数的梯度计算的复杂度约为 $O(L^2)$，其中包含了大量的冗余计算，对于深度神经网络模型来说计算成本很高。而通过反向传播的方式来获得模型所有参数的梯度计算，其复杂度仅为 $O(L)$，每一层的模型参数的梯度仅计算一次，并且在已有结果的基础上计算前一层模型参数的梯度，这就是反向传播算法的高效之处。下面通过示例来详细介绍反向传播算法的原理及流程。

3.4.1　单个神经元的反向传播算法示例

首先考虑一个简单的二分类问题。如图 3-7 所示，假设一个神经元接收到 d 维输入 $\boldsymbol{x} = (x_1, x_2, \cdots, x_d)^{\mathrm{T}} \in \mathbb{R}^d$，通过神经元进行加权求和得到净输入 z，随后再通过 Sigmoid 激活函数得到一维输出 $\hat{y}$。

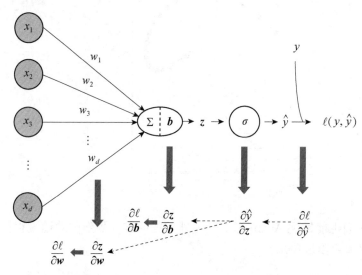

图 3-7　单个神经元反向传播算法示意图

神经网络信号的前向传播公式如下：

输入层到神经元：$z = \boldsymbol{w}^{\mathrm{T}}\boldsymbol{x} + \boldsymbol{b}$

神经元到输出层：$\hat{y} = \sigma(z)$

对于二分类问题，我们使用交叉熵损失函数 $\ell(y, \hat{y}) = -y\log(\hat{y}) - (1-y)\log(1-\hat{y})$。则对于单个样本点，反向传播过程如下：

损失函数 ℓ 关于输出 $\hat{y}$ 的偏导数：

$$\frac{\partial \ell}{\partial \hat{y}} = \frac{\hat{y} - y}{\hat{y}(1 - \hat{y})}$$

损失函数 ℓ 关于净输出 z 的偏导数计算：

$$\frac{\partial \ell}{\partial z} = \frac{\partial \ell}{\partial \hat{y}} \times \frac{\partial \hat{y}}{\partial z} = \frac{\hat{y} - y}{\hat{y}(1 - \hat{y})} \cdot \dot{\sigma}(z)$$

其中，$\dot{\sigma}(z) = \sigma(z)\big[1 - \sigma(z)\big]$。

参数 $\boldsymbol{w}$ 关于损失函数 ℓ 的梯度：

$$\frac{\partial \ell}{\partial \boldsymbol{w}} = \frac{\partial \ell}{\partial \hat{y}} \times \frac{\partial \hat{y}}{\partial z} \times \frac{\partial z}{\partial \boldsymbol{w}} = \frac{\hat{y} - y}{\hat{y}(1 - \hat{y})} \cdot \dot{\sigma}(z) \cdot \boldsymbol{x}$$

参数 $\boldsymbol{b}$ 关于损失函数 ℓ 的梯度：

$$\frac{\partial \ell}{\partial \boldsymbol{b}} = \frac{\partial \ell}{\partial \hat{y}} \times \frac{\partial \hat{y}}{\partial z} \times \frac{\partial z}{\partial \boldsymbol{b}} = \frac{\hat{y} - y}{\hat{y}(1 - \hat{y})} \cdot \dot{\sigma}(z) \cdot 1$$

　　通过上述流程，我们可计算出模型中参数 $\boldsymbol{w}$ 和 $\boldsymbol{b}$ 关于损失函数 ℓ 的梯度，值得注意的是上述求梯度操作中的每一步均依赖于神经网络在该层的输入和输出，这对于实际算法构建提供了非常重要的理论支撑。许多深度学习 API 中的自动求导机制就是基于对各个节点数值进行相应的代数运算实现的。

3.4.2　两层神经网络的反向传播算法示例

　　接下来我们考虑一个用于多分类问题的两层神经网络。图 3-8 所示的神经网络包含一个输入层、一个隐藏层和一个输出层。其中，输入层神经元数目为 3，隐藏层神经元数目为 4，输出层神经元数目为 3。

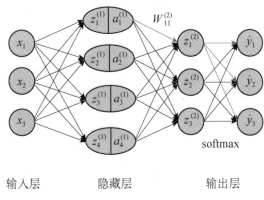

图 3-8　参数 $W_{11}^{(2)}$ 反向传播算法示意图

该神经网络的前向传播公式为：

输入层到隐藏层：

$$\boldsymbol{z}^{(1)} = \boldsymbol{W}^{(1)}\boldsymbol{x} + \boldsymbol{b}^{(1)}, \quad \boldsymbol{a}^{(1)} = f^{(1)}\left(\boldsymbol{z}^{(1)}\right)$$

隐藏层到输出层：

$$\boldsymbol{z}^{(2)} = \boldsymbol{W}^{(2)}\boldsymbol{a}^{(1)} + \boldsymbol{b}^{(2)}, \quad \hat{\boldsymbol{y}} = f^{(2)}\left(\boldsymbol{z}^{(2)}\right)$$

其中，$\boldsymbol{x}$，$\hat{\boldsymbol{y}}$，$\boldsymbol{z}^{(2)}$，$\boldsymbol{b}^{(2)} \in \mathbb{R}^3$；$\boldsymbol{z}^{(1)}$，$\boldsymbol{b}^{(1)}$，$\boldsymbol{a}^{(1)} \in \mathbb{R}^4$；$\boldsymbol{W}^{(1)} \in \mathbb{R}^{4\times3}$；$\boldsymbol{W}^{(2)} \in \mathbb{R}^{3\times4}$；$f^{(1)}$ 和 $f^{(2)}$ 为两个激活函数，我们假设 $f^{(1)}$ 为 ReLU 激活函数，$f^{(2)}$ 为 softmax 激活函数。对于多分类问题，我们使用交叉熵损失函数 $\ell(\boldsymbol{y}, \hat{\boldsymbol{y}}) = -y_1 \log(\hat{y}_1) - y_2 \log(\hat{y}_2) - y_3 \log(\hat{y}_3)$。下面以参数 $W_{11}^{(2)}$ 和 $W_{11}^{(1)}$ 为例，介绍梯度反向传播过程。我们首先考虑 $W_{11}^{(2)}$，注意到 $W_{11}^{(2)}$ 与输入节点 $a_1^{(1)}$ 相连，与输出节点 $z_1^{(2)}$ 相连。而 $z_1^{(2)}$ 与三个输出节点 $\hat{y}_1$，$\hat{y}_2$ 以及 $\hat{y}_3$ 均相连，如图 3-8 浅灰色箭头所示。根据链式法则有：

　　损失函数 ℓ 关于输出 $\hat{y}_j$ 的偏导数：

$$\frac{\partial \ell}{\partial \hat{y}_j} = -\frac{y_j}{\hat{y}_j}, \quad j = 1, 2, 3$$

　　损失函数 ℓ 关于净输出 $z_1^{(2)}$ 的偏导数：

$$\frac{\partial \ell}{\partial z_1^{(2)}} = \sum_{j=1}^{3} \frac{\partial \ell}{\partial \hat{y}_j} \times \frac{\partial \hat{y}_j}{\partial z_1^{(2)}}$$

$$= -\frac{y_1}{\hat{y}_1} \cdot \hat{y}_1 (1 - \hat{y}_1) + \left(-\frac{y_2}{\hat{y}_2}\right) \cdot (-\hat{y}_1 \hat{y}_2) + \left(-\frac{y_3}{\hat{y}_3}\right) \cdot (-\hat{y}_1 \hat{y}_3)$$

$$= \hat{y}_1 (y_1 + y_2 + y_3) - y_1 = \hat{y}_1 - y_1$$

参数 $W_{11}^{(2)}$ 关于损失 ℓ 的梯度：

$$\frac{\partial \ell}{\partial W_{11}^{(2)}} = \frac{\partial \ell}{\partial z_1^{(2)}} \cdot \frac{\partial z_1^{(2)}}{\partial W_{11}^{(2)}} = (\hat{y}_1 - y_1) \cdot a_1^{(1)}$$

接下来，我们考虑 $W_{11}^{(1)}$，如图 3-9 所示，$W_{11}^{(1)}$ 与输入节点 x_1 相连，与输出节点 $z_1^{(1)}$ 相连。$z_1^{(1)}$ 与激活值 $a_1^{(1)}$ 相连，而 $a_1^{(1)}$ 与三个输出节点 $z_1^{(2)}$，$z_2^{(2)}$ 以及 $z_3^{(2)}$ 相连，如图 3-9 浅灰色箭头所示。

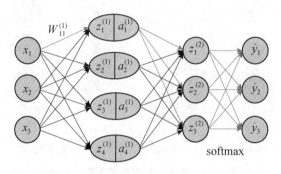

图 3-9　参数 $W_{11}^{(1)}$ 反向传播算法示意图

根据之前的结果和链式法则有：

损失函数 ℓ 关于净输出 $z_j^{(2)}$ 的偏导数：

$$\frac{\partial \ell}{\partial z_j^{(2)}} = \sum_{k=1}^{3} \frac{\partial \ell}{\partial \hat{y}_k} \cdot \frac{\partial \hat{y}_k}{\partial z_j^{(2)}} = \hat{y}_j - y_j$$

损失函数 ℓ 关于激活值 $a_1^{(1)}$ 的偏导数：

$$\frac{\partial \ell}{\partial a_1^{(1)}} = \sum_{j=1}^{3} \frac{\partial \ell}{\partial z_j^{(2)}} \cdot \frac{\partial z_j^{(2)}}{\partial a_1^{(1)}} = \sum_{j=1}^{3} (\hat{y}_j - y_j) \cdot W_{1j}^{(2)}$$

损失函数 ℓ 关于净输出 $z_1^{(1)}$ 的偏导数：

$$\frac{\partial \ell}{\partial z_1^{(1)}} = \frac{\partial \ell}{\partial a_1^{(1)}} \cdot \frac{\partial a_1^{(1)}}{\partial z_1^{(1)}} = \left\{ \sum_{j=1}^{3} (\hat{y}_j - y_j) \cdot W_{1j}^{(2)} \right\} 1(z_1^{(1)} > 0)$$

其中，$1(z_1^{(1)} > 0)$ 为示性函数，如果 $z_1^{(1)} > 0$，取值为 1，否则为 0。

参数 $W_{11}^{(1)}$ 关于损失函数 ℓ 的梯度：

$$\frac{\partial \ell}{\partial W_{11}^{(1)}} = \frac{\partial \ell}{\partial z_1^{(1)}} \cdot \frac{\partial z_1^{(1)}}{\partial W_{11}^{(1)}} = \left\{ \sum_{j=1}^{3} (\hat{y}_j - y_j) \cdot W_{1j}^{(2)} \right\} 1(z_1^{(1)} > 0) x_1$$

可以看到反向传播过程中，我们不断地继承当前的计算结果来计算前一层的参数梯度。这就是反向传播算法的高效之处。

3.5 过拟合

3.2 节介绍了损失函数，损失函数是我们评价模型好坏的标准。令 $\ell(\boldsymbol{x}, \boldsymbol{y}; \boldsymbol{\theta})$ 表示给定参数 $\boldsymbol{\theta} \in \mathbb{R}^p$ 和观测 $(\boldsymbol{x}, \boldsymbol{y})$ 时的损失函数，我们真正关心的最优模型参数 $\boldsymbol{\theta}^*$ 实际上是损失函数 $\ell(\boldsymbol{x}, \boldsymbol{y}; \boldsymbol{\theta})$ 关于 $(\boldsymbol{x}, \boldsymbol{y})$ 的期望的极小值点，即

$$\boldsymbol{\theta}^* = \underset{(\boldsymbol{x}, \boldsymbol{y}) \sim \mathcal{P}}{\operatorname{argmin}} E\left[\ell(\boldsymbol{x}, \boldsymbol{y}; \boldsymbol{\theta}) \right]$$

由于观测 $(\boldsymbol{x}, \boldsymbol{y})$ 的分布 $\mathcal{P}$ 是未知的，我们无法直接优化上述损失函数的期望。由于训练集 $\{(\boldsymbol{x}_i, \boldsymbol{y}_i)\}(1 \leqslant i \leqslant N)$ 是来自分布 $\mathcal{P}$ 的观测样本，我们可以用训练样本的信息来近似总体分布 $\mathcal{P}$，这就启发我们通过经验风险最小化准则来评价模型的好坏。假设训练数据均为独立同分布样本且模型设定正确，根据大数定律可知，当训练样本量 N 趋于无穷时，经验损失函数依概率收敛到期望损失，经验损失函数的极小值点也依概率收敛到参数最优值 $\boldsymbol{\theta}^*$。

在上述学习任务中，根据模型对训练数据学习的程度，我们可以将模型分为：欠拟合（underfitting）、正常拟合以及过拟合（overfitting），如图 3-10 所示。欠拟合是指模型设定错误（通常是较为简单）的情况下，无法充分学习训练集的规律，从而在训练数据集上表现较差的现象；正常拟合是指模型合理地学习了训练集的规律，并且在测试集上表现良好的现象；过拟合是指模型过度学习训练集的规律，引入训练集中的噪声信息，从而在测试集上表现较差的现象。

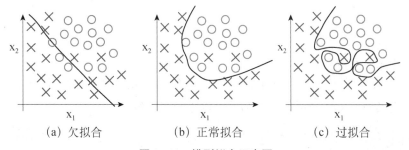

图 3-10 模型拟合示意图

然而在通常情况下，我们获得的训练样本是有限的，它不仅包含了总体分布的信息，同时也包含了子样本的误差。与此同时，神经网络的模型参数规模通常较为庞大，这就使得过拟合成为神经网络训练中常见的问题。接下来，首先从理论层面介绍我们在解决过拟合现象时遇到的权衡难题，然后介绍几种在神经网络中用来缓解过拟合的方法。

3.5.1 偏差–方差分解

出现过拟合，一方面是由于训练集中存在噪声信息，另一方面则是因为模型参数规模足够大，从而有能力学习训练集的噪声信息。为了避免过拟合，我们需要在模型的拟合能力和模型复杂度之间进行权衡选择。复杂度高的模型，往往具有更好的拟合能力，也更容易出现过拟合；而复杂度低的模型，通常泛化能力较好，但是可能出现欠拟合。因此对于一个机器学习模型来说，在拟合能力和模型复杂度之间取得较好的平衡十分重要。偏差–方差分解给我们提供了一个很好的理解思路。我们考虑一个回归问题，使用平方损失函数。假设观测 (x, y) 服从未知概率分布 $\mathcal{P}$，则对于模型 $f(x)$（为了简单起见，我们省略参数 θ），期望损失可以表示为：

$$E_{(x,y)\sim\mathcal{P}}\left\{\left[y - f(x)\right]^2\right\}$$

可以证明，如果以上述期望损失作为优化标准，则最优模型为：

$$f^*(x) = E_{(x,y)\sim\mathcal{P}}[y \mid x]$$

即给定 x 下 y 的条件期望。从而，对任意模型 $f(x)$，我们可以得到：

$$\begin{aligned}
E_{(x,y)\sim\mathcal{P}}\left\{\left[y - f(x)\right]^2\right\} &= E_{(x,y)\sim\mathcal{P}}\left\{\left[y - f^*(x) + f^*(x) - f(x)\right]^2\right\} \\
&= E_{(x,y)\sim\mathcal{P}}\left\{\left[y - f^*(x)\right]^2\right\} + + E_{x\sim\mathcal{P}_x}\left\{\left[f(x) - f^*(x)\right]^2\right\} \\
&\geqslant E_{x\sim\mathcal{P}_x}\left\{\left[y - f^*(x)\right]^2\right\}
\end{aligned}$$

其中，$E_{(x,y)\sim\mathcal{P}}\left\{\left[y - f^*(x)\right]^2\right\}$ 表示最优模型下的期望损失，这是无法通过修改模型而改善的理论下界；而 $E_{x\sim\mathcal{P}_x}\left\{\left[f(x) - f^*(x)\right]^2\right\}$ 表示模型 $f(x)$ 与最优模型 $f^*(x)$ 的误差平方期望，这一部分可以通过模型优化加以改善。特别地，由条件期望的平滑性可知：

$$\begin{aligned}
E_{(x,y)\sim\mathcal{P}}\left\{\left[y - f^*(x)\right]\left[f(x) - f^*(x)\right]\right\} &= E_{x\sim\mathcal{P}_x}\left\{E_{y\sim\mathcal{P}_{y|x}}\left\{\left[y - f^*(x)\right]\left[f(x) - f^*(x)\right]\middle\| x\right\}\right\} \\
&= E_{x\sim\mathcal{P}_x}\left\{\left[f(x) - f^*(x)\right]E_{y\sim\mathcal{P}_{y|x}}\left\{\left[y - f^*(x)\right]\middle\| x\right\}\right\} \\
&= 0
\end{aligned}$$

故上述公式中第二个等号成立。

进一步，假设 $f_{\mathcal{D}}(x)$ 表示在样本集 $\mathcal{D}$ 上训练得到的模型，对于固定样本 x，模型 $f_{\mathcal{D}}(x)$ 与最优模型 $f^*(x)$ 的误差平方期望可以进一步分解为：

$$\begin{aligned}
E_{\mathcal{D}}\left\{\left[f_{\mathcal{D}}(x) - f^*(x)\right]^2\right\} &= E_{\mathcal{D}}\left\{f_{\mathcal{D}}(x) - E_{\mathcal{D}}\left[f_{\mathcal{D}}(x)\right] + E_{\mathcal{D}}\left[f_{\mathcal{D}}(x)\right] - f^*(x)\right\}^2 \\
&= E_{\mathcal{D}}\left\{\left[f_{\mathcal{D}}(x) - E_{\mathcal{D}}\left[f_{\mathcal{D}}(x)\right] + E_{\mathcal{D}}\left[f_{\mathcal{D}}(x)\right] - f^*(x)\right]^2\right\} \\
&= \left\{E_{\mathcal{D}}\left[f_{\mathcal{D}}(x)\right] - f^*(x)\right\}^2 + E_{\mathcal{D}}\left\{f_{\mathcal{D}}(x) - E_{\mathcal{D}}\left[f_{\mathcal{D}}(x)\right]\right\}^2 \\
&= \text{Bias}^2(f_{\mathcal{D}}) + \text{Var}(f_{\mathcal{D}})
\end{aligned}$$

其中，第一项为偏差，它是指模型在不同训练集 $\mathcal{D}$ 上的平均预测与最优模型预测的差异，可以用来衡量模型的拟合能力；第二项为方差，它是指一个模型在不同训练集上预测的波动性，可以用来衡量模型的泛化能力，也可以衡量模型是否容易过拟合。特别地，第二个等号成立，这是因为

$$E_D\left(\left\{f_D(x)-E_D\big[f_D(x)\big]\right\}\left\{E_D\big[f_D(x)\big]-f^*(x)\right\}\right)=0$$

图 3-11 给出了模型四种偏差和方差组合的示意图。其中，最中心的圆形区域表示最优模型 f^*，散点表示在不同的训练集 $\mathcal{D}$ 上得到的模型预测。图左上方给出了一种较为理想的情况，此时模型的偏差和方差均较小。图右上方为偏差小方差大的情形，可以看到散点围绕的中心与最中心的圆形区域基本一致，这说明偏差较小；但是散点的间隔较大，说明方差较大。图左下方为偏差大方差小的情形，可以看到散点的间隔较小，说明方差较小；但是散点围绕的中心与最中心的圆形区域不同，这说明偏差较大。图右下方为偏差大方差大的情形，可以看到散点无论是中心还是间隔距离都表现较差，这是最不理想的情形。

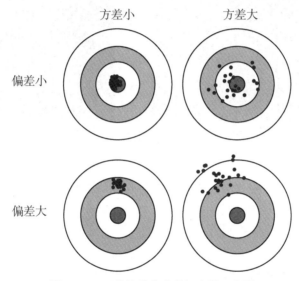

图 3-11　四种偏差和方差组合的示意图

一般而言，模型的方差会随着训练样本的增多而减小。当训练集的样本量较大时，我们可以选择更为复杂的模型来降低模型的偏差。然而，实际情况是，我们能够获取的训练数据集样本量有限，这就使得我们不能同时兼顾模型的偏差和方差。一般而言，模型的复杂度越高，其偏差越小，但是方差越大，也即拟合能力较好但泛化能力较差；反之，模型的复杂度越低，其方差越小，但是偏差越大，也即泛化能力较好但拟合能力较差。下面介绍几种缓解过拟合的正则化方法。

3.5.2　正则化

为了缓解过拟合，从模型的角度来看，降低模型复杂度是一个方法。我们通常会在原先的经验损失函数中添加惩罚项来约束模型的复杂度，从而减轻模型对于训练集噪声的过

度学习。这个准则称为结构风险最小化（structure risk minimization，SRM）准则，其数学表达式为：

$$\hat{\theta} = \arg\min_{\theta} \mathcal{L}(\theta) + p_\lambda(\theta)$$

其中，$\mathcal{L}(\theta) = N^{-1} \sum_{i=1}^{N} \ell(x_i, y_i; \theta)$ 为经验损失函数；$p_\lambda(\theta)$ 为惩罚函数；λ 是惩罚函数的调节参数，用来调节正则化的强度。通常情况下使用的 $p_\lambda(\theta)$ 包括参数 θ 的 L_1 范数即 $\lambda\|\theta\|_1$ 和 L_2 范数即 $\lambda\|\theta\|_2^2$。使用 L_1 范数作为正则化项能够产生稀疏的参数估计，是经典的统计学和机器学习中选择变量的一种方法。特别地，在线性模型的假设下，上述两种正则化方法分别称为 Lasso 回归和岭回归。图 3-12 展示了同一神经网络在不使用正则化和使用 L_2 正则化情况下的分类结果图。

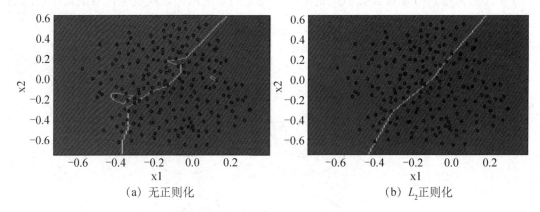

（a）无正则化　　　　　　　　　　（b）L_2正则化

图 3-12　神经网络模型训练分类效果对比

3.5.3　权重衰减

权重衰减（weight decay）是一种应用于神经网络的正则化方法，它通常与梯度类优化算法相结合。具体而言，权重衰减方法引入一个超参数 γ，在每一次梯度更新时，由下面的公式决定梯度更新程度。

$$\theta_{t+1} = (1 - \gamma)\theta_t - \alpha g_t$$

其中，$\alpha > 0$ 为学习率；g_t 为第 t 次迭代时计算的梯度；γ 为衰减系数，其取值通常较小，例如 0.0001。在随机梯度下降算法中，模型参数的权重衰减与模型 L_2 正则化等价。但是，若为改进版本的梯度类算法，例如 RMSprop 和 Adam，则权重衰减不再与模型 L_2 正则化等价。

3.5.4　丢弃法

丢弃法（dropout）由辛顿教授的研究团队提出，指在神经网络的训练过程中，将隐藏层的部分神经元（包括与其连接的权重）随机丢弃的方法。丢弃法能够使得原先稠密的神经网络变得较为稀疏（依赖于丢弃的比例），从而在很大程度上简化了神经网络的结构，缓解了神经网络的过拟合。

具体而言，在训练时，我们可以预先设置一个丢弃概率 P，然后对隐藏层的每一神经元通过概率 P 的伯努利实验来确定是否丢弃。在测试时，由于所有的神经元均会被激活，因此使用丢弃法的层需要对神经元的激活值乘以丢弃概率 P 来计算平均的神经元输出。

在一个多层的神经网络中，对于不同的隐藏层，可以设置不同的丢弃概率。对于权重较多的层，可以设置较大的丢弃概率。因此，如果担心某些层所含神经元较多，更容易发生过拟合，就可以将该层的丢弃概率设置得高一点。一般而言，P 的取值为 0.5。图 3-13 展示了同一神经网络不使用正则化和使用丢弃法进行正则化的效果对比。

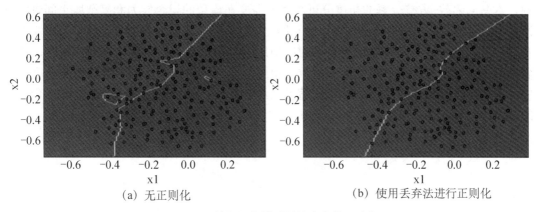

(a) 无正则化　　　　　　　　　　　(b) 使用丢弃法进行正则化

图 3-13　神经网络模型训练分类效果对比

3.6　本章小结

在本章中，我们介绍了一种最简单的神经网络结构，即前馈神经网络。前馈神经网络通常由输入层、输出层以及中间的若干隐藏层构成，输入信号通过输入层，依次单向传递激活信号直至输出层，因此称为前馈。网络中相邻两层的神经元之间通过权重矩阵连接，因此也称为全连接神经网络或多层感知机。前馈神经网络作为一种复杂的非线性模型，理论上具有很强的拟合能力。

神经元作为神经网络的基本组成单位，具有独特的结构。为了模仿神经元突触传递信号的模式，人们在神经元中引入了激活函数来对输入信号进行处理，为神经网络引入了非线性处理，使之变得灵活，拟合能力更强。从优化的角度，人们希望激活函数性质优良，例如有界、连续可导、导数容易计算等等。常用的激活函数包括 Sigmoid 函数、Tanh 函数以及目前广泛使用的 ReLU 函数。

为了使得神经网络能够完成实际任务，我们需要对模型参数进行优化。首先，需要定义损失函数。在监督学习中，我们通常会碰到两大类学习任务：回归问题和分类问题。针对这两类任务，通常使用平方损失函数和交叉熵损失函数。对于更加复杂的问题，需要进一步对损失函数加以修正。

　　给定损失函数，我们通过梯度下降算法对神经网络的参数进行优化。由于神经网络的参数维度 P 通常很大，传统的牛顿迭代法或者拟牛顿法并不可行或计算成本高昂。当训练集的样本量过大时，我们无法高效地使用批量梯度下降算法对神经网络进行优化，取而代之的是随机梯度下降算法和小批量梯度下降算法。为了改善梯度下降算法的收敛效率，一系列梯度类改进算法被提出。本章主要介绍了以下算法：（1）动量类算法，例如动量梯度下降算法、Nesterov 梯度加速算法；（2）自适应学习率算法，例如 AdaGrad 算法、RMSprop 算法；（3）综合前两种的算法，例如 Adam 算法。随后，我们详细介绍了神经网络进行高效梯度求解的算法——反向传播算法。

　　最后，我们介绍了神经网络训练过程中经常遇到的过拟合问题。为了缓解过拟合问题，本书从偏差-方差分解的角度分析了我们需要在模型的拟合能力和复杂度之间进行权衡。随后介绍了几种应用于神经网络的正则化方法。从损失函数的角度，我们可以添加惩罚项来限制模型的复杂度，这也被称为结构风险最小化准则。从优化算法的角度，我们可以在更新过程中引入参数的衰减系数，得到缩减的参数估计。从网络结构的角度，我们可以通过丢弃法让隐藏层的神经元随机失活，从而达到简化模型、提高抗过拟合能力的目的。

第 4 章

神经网络的 PyTorch 实现

【学习目标】

通过本章的学习，读者可以掌握：

1. 利用神经网络完成回归任务的设计思路；
2. 利用神经网络完成分类任务的设计思路；
3. 线性回归案例：颜值打分；
4. 二分类案例：性别识别；
5. 多分类案例：Fashion-MNIST 数据集分类。

导　言

通过前面三章的学习，相信大家对深度学习的历史和发展现状有了比较深刻的了解，并且掌握了前馈神经网络的基础知识和工作原理。本章将通过三个实际案例介绍神经网络的 PyTorch 实现。具体地，本章将通过颜值打分案例介绍线性回归任务的设计思路，通过性别识别和 Fashion-MNIST 数据集分类案例介绍二分类问题与多分类问题的设计思路。在介绍具体案例之前，本章首先讲解线性回归、逻辑回归以及 softmax 回归的基本思想与原理，然后介绍案例的背景及数据集情况，最后，给出具体的 PyTorch 代码，用于完成具体的回归或分类任务。

4.1　线性回归案例：颜值打分

在本书的第 1 章，我们介绍过一个有趣的深度学习应用，通过人脸图片来预测年龄或性别，这是一个典型的可以规范到回归分析框架下的例子，本节考虑一个十分类似的案例，根据人脸图片对其颜值进行打分。本案例使用的数据来自华南理工大学在 2018 年发布的 SCUT-FBP5500-Database 数据集及相关论文[①]，该数据集包含 5 500 张彩色正面人脸

---

　①　数据集下载地址为 https://github.com/HCIILAB/SCUT-FBP5500-Database-Release；论文下载地址为 https://arxiv.org/pdf/1801.06345.pdf。

图片，其中 2 000 张是亚洲男性图片，2 000 张是亚洲女性图片，750 张是高加索男性图片，750 张是高加索女性图片。研究组招募了 60 名志愿者给随机展示的人脸图片打分（1～5 分，得分越高代表越好看）。为了演示本案例的颜值打分模型，我们将每张图片的得分取平均值作为该张图片的最终颜值得分，整理成 FaceScore.csv 文件作为本书的配套数据文件提供给读者。总结一下，本案例中使用的数据是 5 500 张人脸正面照的图片，这也是本案例中的 X，是一种典型的非结构化数据；Y 是一个连续型变量，表示颜值得分。因此可以考虑最简单的线性回归模型，通过建立 X 和 Y 之间的回归关系获得一个算法，能够对给出的任意人脸图片自动进行颜值打分。下面介绍该案例的细节。

4.1.1 线性回归基础

线性回归（linear regression）是指利用回归分析来确定两个或两个以上变量间相互依赖的定量关系的一种统计分析方法。进行回归分析之前，首先要确定因变量和自变量。

（1）因变量（dependent variable）：是被预测或被解释的变量，用 Y 表示。

（2）自变量（independent variable）：是用来预测或解释因变量的一个或多个变量，用 X 表示。

如果回归分析只包含一个自变量和一个因变量，且二者的关系可以用一条直线来近似表示，则称这种回归分析为一元线性回归分析；如果回归分析包括两个或两个以上自变量，且因变量和自变量之间是线性关系，则称这种回归分析为多元线性回归分析。

假设 $Y \in R$ 是一个连续型因变量，表示人们对一张彩色图像（本案例中的人脸图片）的喜爱程度（本案例中的颜值得分），$X = \left(X_{ijk} \right) \in R^{p \times q \times 3}$ 是相应的解释变量（一个三通道彩色的立体像素矩阵），由于个性化的因素，无法通过 X 来解释 Y，因而除了 X 之外，还需要考虑噪声项 ε，ε 代表所有与 Y 相关却与 X 无关的因素。标准的线性回归模型的设定如下：

$$Y = \beta_0 + \sum_{i=1}^{p} \sum_{j=1}^{q} \sum_{k=1}^{3} X_{ijk} \beta_{ijk} + \varepsilon$$

其中，β_0 是截距项；X_{ijk} 是第 k 个通道的第 ij 个像素的取值；β_{ijk} 是回归系数，是 X_{ijk} 相应的权重；$\varepsilon \in R$，表示随机项误差。

这样，通过线性回归模型就建立了非结构化图像数据和连续型因变量之间简单的相关关系。下面通过一个颜值打分的案例演示如何在 PyTorch 框架下实现基础的线性回归模型。

4.1.2 案例：颜值打分

在本案例中，X 变量是各种人脸图片，因变量 Y 是每张图片的得分。下面简要介绍本案例数据的情况。

1. 数据介绍

本案例的数据包含两部分，一部分是 5 500 张人脸的正面头像图片，为了便于读者使用，我们将数据下载并进行了重新整理，和本书代码一并提供给读者。另一部分是颜值得分的 csv 文件 FaceScore.csv，记录了每张图片的颜值得分。

2. 准备数据

首先，把数据整理好，放在特定的目录结构下，读入 *Y* 数据，代码如下。首先，加载 pandas 包并将其命名为 pd；其次，用 read_csv 函数读入文件；然后，打印数据形状；最后，展示数据的前 5 行。从输出的结果可以看到，数据集一共含有 5 500 张图片，其中第一列是图片编号，第二列为颜值得分情况。

代码 4-1：读入 *Y* 数据

```
import pandas as pd
MasterFile=pd.read_csv('./dataset/faces/FaceScore.csv')# 读取数据文件
print(MasterFile.shape)
MasterFile[0:5] # 查看数据文件
```

```
(5500,2)
    Filename    Rating
0   ftw1.jpg    4.083333
1   ftw10.jpg   3.666667
2   ftw100.jpg  1.916667
3   ftw101.jpg  2.416667
4   ftw102.jpg  3.166667
```

接下来，对颜值得分数据绘制直方图，以观察数据分布的形态以及是否有异常值存在。总体来看数据近似服从正态分布，大多数人脸图片的得分集中在 2～4 分，少数得分较高，接近 5 分，少数得分较低，仅为 1 分。具体代码如下：

代码 4-2：绘制直方图

```
import matplotlib.pylab as plt
MasterFile.hist()
```

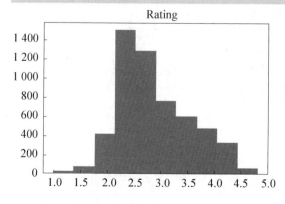

　　下面需要定义一个 Dataset 类，用于构建原始数据集。首先，定义 default_loader 函数用来根据图片路径读取图片；其次在 Dataset 类的__init__()中定义根据 FaceScore.csv 来获取图片路径与标签对应关系的方法；最后调用__getitem__()中 self.loader（images）方法可以获取具体的图片信息，self.transform（img）方法可以将图片统一缩放为网络模型所需要的尺寸大小。具体代码如下：

代码 4-3：定义 Dataset 类

```python
from PIL import Image
import numpy as np
from itertools import islice
def default_loader(path):
    return Image.open(path)#根据图片路径读取图片
class Dataset():
    def __init__(self,loader=default_loader,transform=None):
        with open('./dataset/faces/FaceScore.csv','r')as f:
            imgs=[]
            for line in islice(f,1,None):#跳过 csv 文件首行的标题
                line=line.strip('\n')#去除末尾换行符
                line=line.split(',')#将一行拆分成图片名称和颜值得分
                im = './dataset/faces/images/'+line[0] #图片路径
                imgs.append((im,float(line[1])))
        self.imgs=imgs
        self.loader=loader
        self.transform=transform
    def __len__(self):
        return len(self.imgs)
    def __getitem__(self,index):
        images,labels=self.imgs[index]
        img=self.loader(images)
        img=self.transform(img)
        return img,labels


from torchvision import datasets,transforms

transform = transforms.Compose([
    transforms.Resize((128,128)),# 变形为网络所需的输入形状(128*128)
    transforms.ToTensor(),# 转换为 tensor(注意,此处的 tensor 默认在 CPU 上存储)
])

# 根据 Dataset 长度设置训练集和测试集的划分长度
full_data = Dataset(transform=transform)
train_size = int(len(full_data)*0.8)#这里 train_size 是一个长度矢量,并非比例,我们将
```
训练集和测试集按 8:2 划分

```
val_size = len(full_data)- train_size

# 从 Dataset 随机划分训练集和测试集
train_set,val_set =random_split(full_data,[train_size,val_size])
```

3. 构建数据读取器

train_set/val_set 能够逐张读取图片，输出 PyTorch 训练所支持的数据类型（torch. Tensor），但在构建模型以及训练模型之前，还需要进一步对图片数据做一些预处理，使用 DataLoader 将 Dataset 转化为分批次读取的数据读取器。具体操作如下：（1）定义两个不同的 DataLoader，val_loader 为生成的测试数据集，train_loader 为生成的训练数据集。（2）以 val_loader 为例，参数 batch_size 代表每次读入图片的张数，shuffle 代表是否需要打乱数据，num_workers 代表多核计算加速。同样的操作也应用在 train_loader 上。相关代码如下：

代码 4-4：构建数据读取器

```
import torch
batch_size = 64
train_loader = torch.utils.data.DataLoader(train_set,
                        batch_size=batch_size,shuffle=True,num_workers=
8)# 将训练集打乱
val_loader = torch.utils.data.DataLoader(val_set,
                        batch_size=batch_size,shuffle=False,num_workers=
8)# 测试集不打乱
```

4. 数据展示

由于数据处理过程中可能出现异常现象和错误，因此建议在数据准备好后，先展示数据，确定无误后再进行模型分析，这里展示训练集中第一个批次的图片，具体的代码如下：

代码 4-5：展示训练集中第一个批次的图片

```
from matplotlib import pyplot as plt
from torchvision.utils import make_grid
images,labels = next(iter(train_loader))# 获取训练集中第一个批次的图片及相应的标签
print(images.shape)
print(labels.shape)
plt.figure(figsize=(12,20))# 设置画布大小
plt.axis('off')# 隐藏坐标轴
plt.imshow(make_grid(images,nrow=8).permute((1,2,0)))# make_grid 函数把多张图片
一起显示,permute 函数调换 channel 维的顺序
plt.show()
torch.Size([64,3,128,128])
torch.Size([64])
```

5. 线性回归模型构建

由于是利用 PyTorch 来实现神经网络的构建，首先需要导入 torch 模块；其次在 torch.nn.Module 的基础上定义 LinearRegressionModel 类。__init__ 定义了网络层的具体结构，这里调用了 torch.nn.Linear 设计了一个 1 层神经网络，其中第一层的输入为 128×128×3 的 tensor，可以根据训练数据的特征图大小进行调整，输出为颜值得分，因此维度为 1。forward 定义了前向计算的过程，输入数据经过线性网络层，最终返回模型的输出结果。具体代码如下。为了查看模型具体参数，可以使用 summary()函数，得到模型概要表。

代码 4-6：构建线性回归模型

```
import torch
import torch.nn as nn
from torchsummary import summary

class LinearRegression(torch.nn.Module):
    def __init__(self):
        super(LinearRegression,self).__init__()
        self.layer1 = torch.nn.Linear(128*128*3,1)
    def forward(self,x):
        x = x.reshape(-1,128*128*3)# 将输入拉直成 128×128×3 的向量,其中-1 代表根据已
经确定的 128×128×3 维度,自动计算 x 第一个 shape 属性。
        x = self.layer1(x)
        return x

# 查看模型具体信息
from torchsummary import summary  # 需要预先下载,在终端输入 pip install torchsummary
IMSIZE = 128
linearregression_model = LinearRegression().cuda()
# summary 的第一个参数为模型,第二个参数为输入的尺寸(3 维立体矩阵)
summary(linearregression_model,(3,IMSIZE,IMSIZE))
```

```
----------------------------------------------------------------
        Layer (type)          Output Shape         Param #
================================================================
          Linear-1                [-1, 1]            49,153
================================================================
Total params: 49,153
Trainable params: 49,153
Non-trainable params: 0
----------------------------------------------------------------
Input size (MB): 0.19
Forward/backward pass size (MB): 0.00
Params size (MB): 0.19
Estimated Total Size (MB): 0.38
----------------------------------------------------------------
```

6. 模型训练

因为 LinearRegressionModel()处理的是线性回归问题，损失函数指定为 torch.nn.

MSELoss()，优化方法为 Adam（学习率指定为 0.001），评价指标为均方误差（MSE）。作为示例，进行 10 个 epoch 循环。具体代码如下。从结果可以看到，val_mse 的值逐渐大于 MSE 的值，说明出现了过拟合。

代码示例 4-7：模型训练

```
device="cuda" #指定设备为 GPU
def mse_metric(outputs,labels):
    return torch.sum(pow((outputs.view(-1)-labels),2))/len(outputs.view(-1))#
计算均方误差
# 模型验证
def validate(model,val_loader):
    val_loss = 0
    val_mse = 0
    model.eval()
    for inputs,labels in val_loader:
        inputs,labels = inputs.to(device),labels.to(device)# 将 tensor 切换到 GPU
存储模式
        outputs = model(inputs)# 计算模型输出
        loss = torch.nn.MSELoss()(outputs.view(-1),labels.to(torch.float32))#
计算损失函数
        val_loss += loss.item()# 用 item 方法提取 tensor 中的数字
        mse = mse_metric(outputs,labels)# 计算均方误差
        val_mse += mse
    val_loss /= len(val_loader)# 计算平均损失
    val_mse /= len(val_loader)# 计算平均均方误差
    return val_loss,val_mse
# 打印训练结果
def  print_log(epoch,train_time,train_loss,train_mse,val_loss,val_mse,epochs
= 10):
    print(f"Epoch
[{epoch}/{epochs}],time:{train_time:.2f}s,loss:{train_loss:.
4f},mse:{train_mse:.4f},val_loss:{val_loss:.4f},val_mse:{val_mse:.4f}")

# 定义主函数:模型训练
import time
def train(model,optimizer,train_loader,val_loader,epochs=1):
    train_losses = [];train_mses = [];
    val_losses = [];val_mses = [];
    model.train()
    for epoch in range(epochs):
        train_loss = 0
        train_mse = 0
        start = time.time()# 记录本 epoch 开始时间
```

```
        for inputs,labels in train_loader:
            inputs,labels = inputs.to(device),labels.to(device)# 将 tensor 切换到
GPU 存储模式
            optimizer.zero_grad()#  将模型所有参数 tensor 的梯度变为 0(否则之后计算的梯
度会与先前存在的梯度叠加)
            outputs = model(inputs)# 计算模型输出
            loss = torch.nn.MSELoss()(outputs.view(-1),labels.to(torch.float32))#
计算损失函数
            train_loss += loss.item()# 用 item 方法提取出 tensor 中的数字
            mse = mse_metric(outputs,labels)# 计算均方误差
            train_mse += mse
            loss.backward()# 调用 PyTorch 的 autograd 自动求导功能,计算 loss 相对于模型
各参数的导数
            optimizer.step()#  根据模型中各参数相对于 loss 的导数,以及指定的学习率,更新
参数
        end = time.time()# 记录本 epoch 结束时间
        train_time = end - start  # 计算本 epoch 的训练耗时
        train_loss /= len(train_loader)# 计算平均损失
        train_mse /= len(train_loader)# 计算平均均方误差
        val_loss,val_mse = validate(model,val_loader)# 计算测试集上的损失函数和准
确率
        train_losses.append(train_loss);train_mses.append(train_mse)
        val_losses.append(val_loss);val_mses.append(val_mse)
        print_log(epoch+1,train_time,train_loss,train_mse,val_loss,val_mse,
epochs = epochs)# 打印训练结果
    return train_losses,train_mses,val_losses,val_mses


lr = 1e-3
epochs = 10
optimizer = torch.optim.Adam(linearregression_model.parameters(),lr=lr)# 设置
优化器
history = train(linearregression_model,optimizer,train_loader,val_loader,
epochs=epochs)# 实施训练
```

```
Epoch [1/10], time: 1.73s, loss: 45.7658, mse: 45.7658, val_loss: 1.4932, val_mse: 1.4932
Epoch [2/10], time: 1.61s, loss: 0.4898, mse: 0.4898, val_loss: 0.4074, val_mse: 0.4074
Epoch [3/10], time: 1.81s, loss: 0.3972, mse: 0.3972, val_loss: 0.3472, val_mse: 0.3472
Epoch [4/10], time: 1.78s, loss: 0.3677, mse: 0.3677, val_loss: 0.3617, val_mse: 0.3617
Epoch [5/10], time: 1.75s, loss: 0.3473, mse: 0.3473, val_loss: 0.4189, val_mse: 0.4189
Epoch [6/10], time: 1.86s, loss: 0.3261, mse: 0.3261, val_loss: 0.3318, val_mse: 0.3318
Epoch [7/10], time: 1.83s, loss: 0.3963, mse: 0.3963, val_loss: 0.3138, val_mse: 0.3138
Epoch [8/10], time: 1.79s, loss: 0.3770, mse: 0.3770, val_loss: 0.5212, val_mse: 0.5212
Epoch [9/10], time: 1.76s, loss: 0.3740, mse: 0.3740, val_loss: 0.4322, val_mse: 0.4322
Epoch [10/10], time: 1.82s, loss: 0.3066, mse: 0.3066, val_loss: 0.3379, val_mse: 0.3379
```

7. 模型预测结果

为了验证模型的打分效果,这里选取了测试集中的一张人脸图片加以验证。首先用

iter()方法读取了第一个批次的图片并取其中第 5 张图片作为测试数据并进行展示，其次将图片转化成模型需要的尺寸，最后可以利用模型对该图片的颜值作出预测，并得到一个具体的评分。具体的代码示例如下：

代码 4-8：模型预测

```
# 挑选 val_loader 中的一张图片用于测试
dataiter = iter(val_loader)
images,labels = dataiter.next()
img = images[4].permute((1,2,0))
lbl = labels[4]
plt.imshow(img)
# 将测试图片转为一维的列向量
img = torch.from_numpy(img.numpy())
img = img.reshape(1,128*128*3)
# 进行正向推断,预测图片所属的类别
with torch.no_grad():
    output = linearregression_model.forward(img.to(device))
prediction = float(output)
print(f'神经网络猜测图片颜值打分是 {prediction},实际得分是 {lbl}')
```

输出结果为：神经网络猜测图片颜值打分是 2.86，实际得分是 3.17。

4.2　逻辑回归案例：性别识别

相比于线性回归，在实际数据分析中，更常见的是选择问题，其中又以二分类问题最为常见，例如消费者决定是否要购买一件产品，客户是否流失，用户是否违约，等等，这些二分类问题都可以在逻辑回归的框架下解决。本节再次分析 4.1 节中使用的颜值数据。该数据对每个图片除了标注颜值以外，还标注了性别，性别信息可以从文件名看出来。例如：以"f"开头的文件名表示女性图片，以"m"开头的文件名表示男性图片。因此，我们可以构造一个因变量 Y，$Y=0$（女性）或者 $Y=1$（男性）。这样就将之前的颜值打分问题转换成了一个性别识别问题（或者说一个二分类问题）。本节将建立一个最简单的逻辑回归模型用于性别识别。

4.2.1　逻辑回归基础

逻辑回归是一种广义线性回归模型，用于处理因变量是二分类的问题。它的名字虽然叫回归，但实际上处理的是分类问题，即把不同类别的样本区分开。

对于一个二分类问题，因变量 $Y \in \{0,1\}$，其中 1 表示正例，0 表示负例，则逻辑回归的数学表达式为：

$$P(Y_i = 1 \mid X_i, \beta) = \frac{\exp(X_i^{\mathrm{T}} \beta)}{1 + \exp(X_i^{\mathrm{T}} \beta)}$$

其中，exp()表示以 e 为底的指数函数；$X_i = (X_{i1}, X_{i2}, \cdots, X_{ip})^{\mathrm{T}} \in R^P$ 是第 i 个样本的 p 维解释变量；$\beta = (\beta_1, \beta_2, \cdots, \beta_p)^{\mathrm{T}} \in R^P$ 是 p 维解释变量对应的回归系数。

上式表示对于第 i 个样本，给定输入 X_i 和参数 β，它的标签 $Y_i = 1$ 的概率。因为二分类问题只有两个标签，所以 $Y_i = 0$ 的概率就是 $1/[1 + \exp(X_i^{\mathrm{T}} \beta)]$。

4.2.2　案例：性别识别

1. 准备数据

首先，读入 Y 数据，此部分的操作思路与 4.1 节一致，细节不再赘述。需要注意的是根据文件名的首字母，将首字母为 m 的赋值为 1，代表男性；将首字母为 f 的赋值为 0，代表女性，具体代码如下：

代码 4-9：定义 Dataset 类

```python
from PIL import Image
from itertools import islice
def default_loader(path):
    return Image.open(path)
class Dataset():
  def __init__(self,loader=default_loader,transform=None):
    with open('./dataset/faces/FaceScore.csv','r')as f:#读取 csv 文件
      imgs=[]
      for line in islice(f,1,None):# 跳过标题行
        line=line.strip('\n')
        line=line.split(',')
        im = './dataset/faces/images/'+line[0]
        gender=(line[0])[0]
        if gender=='m':# m 代表男性,赋值为 1,否则是女性,赋值为 0
          lbl = 1
        else:
          lbl = 0
        imgs.append((im,lbl))
    self.imgs=imgs
    self.loader=loader
    self.transform=transform
  def __len__(self):
    return len(self.imgs)
  def __getitem__(self,index):
    images,labels=self.imgs[index]
    img=self.loader(images)
```

```
        img=self.transform(img)
        return img,labels

from torchvision import datasets,transforms

transform = transforms.Compose([
    transforms.Resize((128,128)),# 变形为网络所需的输入形状(128*128)
    transforms.ToTensor(),# 转换为 tensor(注意,此处的 tensor 默认在 CPU 上存储)
])
# 根据 Dataset 长度设置训练集和测试集的划分长度
full_data = Dataset(transform=transform)
train_size = int(len(full_data)*0.8)#这里 train_size 是一个长度矢量,并非比例,我们将
训练集和测试集按 8:2 划分
val_size = len(full_data)- train_size

# 从 Dataset 随机划分训练集和测试集
train_set,val_set =random_split(full_data,[train_size,val_size])
```

2. 构建数据读取器

此部分的操作思路与 4.1 节一致,细节不再赘述。相关代码如下:

代码 4-10:构建数据读取器

```
import torch
batch_size = 64
train_loader = torch.utils.data.DataLoader(train_set,
                        batch_size=batch_size,shuffle=True,num_workers=
8)# 将训练集打乱
val_loader = torch.utils.data.DataLoader(val_set,
                        batch_size=batch_size,shuffle=False,num_workers=
8)# 测试集不打乱
```

3. 数据展示

由于数据处理过程中可能出现异常现象和错误,因此最好在数据准备好后,先展示数据,确定无误后再进行模型分析,这里展示第一个批次的图片,具体代码如下:

代码 4-11:展示第一个批次的图片

```
from matplotlib import pyplot as plt
from torchvision.utils import make_grid
images,labels = next(iter(train_loader))# 获取训练集中第一个批次的图片及相应的标签
print(images.shape)
print(labels.shape)
plt.figure(figsize=(12,20))# 设置画布大小
plt.axis('off')# 隐藏坐标轴
```

```
plt.imshow(make_grid(images,nrow=8).permute((1,2,0)))# make_grid 函数把多张图片
一起显示,permute 函数调换 channel 维的顺序
plt.show()
torch.Size([64,3,128,128])
torch.Size([64])
```

4. 逻辑回归模型构建

本案例是利用 PyTorch 构建逻辑回归模型，基本方法与 4.1 节构建线性回归模型一致，但此处需要定义 LogisticRegression 类。另外，由于本案例为二分类问题，因此输出大小为 2。具体代码如下：

代码 4-12：逻辑回归模型构建

```
# 导入相关模块
import torch
import torch.nn as nn
import torch.optim as optim
import torch.nn.functional as F
# 构建逻辑回归模型
class LogisticRegression(nn.Module):
    def __init__(self):
        super(LogisticRegression,self).__init__()
        self.linear = nn.Linear(128*128*3,2)

    def forward(self,x):
        x = x.reshape(-1,128*128*3)
        x = self.linear(x)
        return x
## 查看模型具体信息
from torchsummary import summary  # 需要预先下载,在终端输入 pip install torchsummary
IMSIZE = 128
logisticregression_model = LogisticRegression().cuda()
# summary 的第一个参数为模型,第二个参数为输入的尺寸(3 维)
summary(logisticregression_model,(3,IMSIZE,IMSIZE))
```

```
----------------------------------------------------------------
        Layer (type)          Output Shape         Param #
================================================================
          Linear-1               [-1, 2]            98,306
================================================================
Total params: 98,306
Trainable params: 98,306
Non-trainable params: 0
----------------------------------------------------------------
Input size (MB): 0.19
Forward/backward pass size (MB): 0.00
Params size (MB): 0.38
Estimated Total Size (MB): 0.56
----------------------------------------------------------------
```

5. 模型训练

　　因为 LogisticRegression() 处理的是二分类问题，此处损失函数指定为 F.cross_entropy，优化方法为 Adam（学习率指定为 0.001），评价指标为预测精度。作为示例，进行 30 个 epoch 循环。具体的代码如下所示。从结果可以看到，测试集精度最高可达到 85% 以上。

代码 4-13：模型训练

```python
device="cuda"
def accuracy(outputs,labels):
    preds = torch.max(outputs,dim=1)[1]  # 获取预测类别
    return torch.sum(preds == labels).item()/ len(preds)# 计算准确率
# 模型验证
def validate(model,val_loader):
    val_loss = 0
    val_acc = 0
    model.eval()
    for inputs,labels in val_loader:
        inputs,labels = inputs.to(device),labels.to(device)# 将tensor切换到GPU
存储模式
        outputs = model(inputs)# 计算模型输出
        loss = F.cross_entropy(outputs,labels)# 计算交叉熵损失函数
        val_loss += loss.item()# 用item方法提取tensor中的数字
        acc = accuracy(outputs,labels)# 计算准确率
        val_acc += acc
    val_loss /= len(val_loader)# 计算平均损失
    val_acc /= len(val_loader)# 计算平均准确率
    return val_loss,val_acc
# 打印训练结果
def print_log(epoch,train_time,train_loss,train_acc,val_loss,val_acc,epochs =
10):
    print(f"Epoch [{epoch}/{epochs}],time:{train_time:.2f}s,loss:{train_loss:
.4f},acc:{train_acc:.4f},val_loss:{val_loss:.4f},val_acc:{val_acc:.4f}")

# 定义主函数:模型训练
import time
def train(model,optimizer,train_loader,val_loader,epochs=1):
    train_losses = [];train_accs = [];
    val_losses = [];val_accs = [];
    model.train()
    for epoch in range(epochs):
        train_loss = 0
        train_acc = 0
        start = time.time()# 记录本epoch开始时间
        for inputs,labels in train_loader:
```

```
        inputs,labels = inputs.to(device),labels.to(device)# 将 tensor 切换到
GPU 存储模式
        optimizer.zero_grad()#  将模型所有参数 tensor 的梯度变为 0(否则之后计算的梯
度会与先前存在的梯度叠加)
        outputs = model(inputs)# 计算模型输出
        loss = F.cross_entropy(outputs,labels)# 计算交叉熵损失函数
        train_loss += loss.item()# 用 item 方法提取 tensor 中的数字
        acc = accuracy(outputs,labels)# 计算准确率
        train_acc += acc
        loss.backward()# 调用 PyTorch 的 autograd 自动求导功能,计算 loss 相对于模型
各参数的导数
        optimizer.step()# 根据模型中各参数相对于 loss 的导数,以及指定的学习率,更新参数
    end = time.time()# 记录本 epoch 结束时间
    train_time = end - start  # 计算本 epoch 的训练耗时
    train_loss /= len(train_loader)# 计算平均损失
    train_acc /= len(train_loader)# 计算平均准确率
    val_loss,val_acc = validate(model,val_loader)# 计算测试集上的损失函数和准确率
    train_losses.append(train_loss);train_accs.append(train_acc)
    val_losses.append(val_loss);val_accs.append(val_acc)
    print_log(epoch+1,train_time,train_loss,train_acc,val_loss,val_acc,
epochs = epochs)# 打印训练结果
  return train_losses,train_accs,val_losses,val_accs


lr = 1e-3
epochs = 30
optimizer = torch.optim.Adam(logisticregression_model.parameters(),lr=lr)# 设
置优化器
history = train(logisticregression_model,optimizer,train_loader,val_loader,
epochs=epochs)# 实施训练
```

```
Epoch [1/30],  time: 5.49s,  loss: 0.6680,  acc: 0.6864,  val_loss: 0.4735,  val_acc: 0.7853
Epoch [2/30],  time: 3.75s,  loss: 0.4885,  acc: 0.7615,  val_loss: 0.4458,  val_acc: 0.8035
Epoch [3/30],  time: 3.84s,  loss: 0.4570,  acc: 0.7848,  val_loss: 0.4066,  val_acc: 0.8209
Epoch [4/30],  time: 3.99s,  loss: 0.3998,  acc: 0.8246,  val_loss: 0.4972,  val_acc: 0.7561
Epoch [5/30],  time: 4.18s,  loss: 0.4041,  acc: 0.8145,  val_loss: 0.4530,  val_acc: 0.7778
Epoch [6/30],  time: 4.19s,  loss: 0.3966,  acc: 0.8209,  val_loss: 0.4395,  val_acc: 0.8001
Epoch [7/30],  time: 4.17s,  loss: 0.3882,  acc: 0.8179,  val_loss: 0.4446,  val_acc: 0.7943
Epoch [8/30],  time: 3.94s,  loss: 0.4074,  acc: 0.8199,  val_loss: 0.3753,  val_acc: 0.8203
Epoch [9/30],  time: 3.77s,  loss: 0.3584,  acc: 0.8410,  val_loss: 0.4648,  val_acc: 0.7760
Epoch [10/30], time: 4.23s,  loss: 0.3714,  acc: 0.8312,  val_loss: 0.3871,  val_acc: 0.8157
Epoch [11/30], time: 3.63s,  loss: 0.3386,  acc: 0.8521,  val_loss: 0.3618,  val_acc: 0.8423
Epoch [12/30], time: 4.08s,  loss: 0.3351,  acc: 0.8509,  val_loss: 0.3896,  val_acc: 0.8131
Epoch [13/30], time: 3.78s,  loss: 0.3323,  acc: 0.8535,  val_loss: 0.3482,  val_acc: 0.8406
Epoch [14/30], time: 3.99s,  loss: 0.3267,  acc: 0.8578,  val_loss: 0.3744,  val_acc: 0.8244
Epoch [15/30], time: 4.11s,  loss: 0.3278,  acc: 0.8601,  val_loss: 0.3738,  val_acc: 0.8226
Epoch [16/30], time: 3.92s,  loss: 0.3191,  acc: 0.8641,  val_loss: 0.3655,  val_acc: 0.8325
Epoch [17/30], time: 4.07s,  loss: 0.3417,  acc: 0.8532,  val_loss: 0.3418,  val_acc: 0.8458
Epoch [18/30], time: 4.10s,  loss: 0.3107,  acc: 0.8644,  val_loss: 0.3654,  val_acc: 0.8391
Epoch [19/30], time: 3.87s,  loss: 0.2990,  acc: 0.8738,  val_loss: 0.3408,  val_acc: 0.8539
Epoch [20/30], time: 3.76s,  loss: 0.2984,  acc: 0.8699,  val_loss: 0.4524,  val_acc: 0.7891
Epoch [21/30], time: 3.72s,  loss: 0.3124,  acc: 0.8671,  val_loss: 0.3831,  val_acc: 0.8218
Epoch [22/30], time: 3.77s,  loss: 0.2964,  acc: 0.8706,  val_loss: 0.4455,  val_acc: 0.8053
Epoch [23/30], time: 4.01s,  loss: 0.3108,  acc: 0.8644,  val_loss: 0.4664,  val_acc: 0.7865
Epoch [24/30], time: 3.75s,  loss: 0.3046,  acc: 0.8651,  val_loss: 0.3346,  val_acc: 0.8536
Epoch [25/30], time: 3.86s,  loss: 0.3073,  acc: 0.8702,  val_loss: 0.3805,  val_acc: 0.8302
Epoch [26/30], time: 3.70s,  loss: 0.2972,  acc: 0.8739,  val_loss: 0.3333,  val_acc: 0.8553
Epoch [27/30], time: 3.86s,  loss: 0.2911,  acc: 0.8697,  val_loss: 0.3808,  val_acc: 0.8229
Epoch [28/30], time: 3.83s,  loss: 0.2851,  acc: 0.8798,  val_loss: 0.3691,  val_acc: 0.8354
Epoch [29/30], time: 3.87s,  loss: 0.2812,  acc: 0.8785,  val_loss: 0.3344,  val_acc: 0.8527
Epoch [30/30], time: 3.68s,  loss: 0.2759,  acc: 0.8856,  val_loss: 0.3309,  val_acc: 0.8562
```

6. 模型预测结果

为了验证模型的分类效果，这里选取测试集中的一张人脸图片加以验证。首先用 iter()方法读取第一个批次的图片并取其中第 1 张作为测试数据并展示图片，其次将图片转化成模型输入需要的尺寸，最后利用模型对人脸图片作出性别区分，具体的代码如下：

代码 4-14：模型预测

```
# 挑选 val_loader 中的一张图片用于测试
dataiter = iter(val_loader)
images,labels = dataiter.next()
img = images[0].permute((1,2,0))
plt.imshow(img)
# 将测试图片转为一维的列向量
img = torch.from_numpy(img.numpy())
img = img.reshape(1,128*128*3)
# 进行正向推断,预测图片所属的类别
with torch.no_grad():
    output = logisticregression_model.forward(img.to(device))
ps = torch.exp(output)
top_p,top_class = ps.topk(1,dim=1)
labellist = ['女性','男性']
prediction = labellist[top_class]
probability = float(top_p)
print(f'神经网络猜测图片里是 {prediction},概率为{probability*100}%')
```

输出结果为：神经网络猜测图片里是男性，概率为 60.50%。

4.3　softmax 回归案例：Fashion-MNIST 数据集分类

承接 4.2 节，对二分类问题进行扩展就得到多分类问题，softmax 回归用于处理因变量是多分类的问题，目的是从多个类别中选择一个作为最终的分类结果。我们选取深度学习领域一个比较经典的数据集 Fashion-MNIST[①]作为示例进行讲解。该数据集涵盖了 10 种类别的 7 万个不同商品的正面图片，由 Zalando（一家德国时尚科技公司）旗下的研究部门提供。Fashion-MNIST 数据集提供大小为 28×28 的灰度图片，训练集和测试集按照 60 000：10 000 的比例划分。

4.3.1　softmax 回归基础

当二分类问题扩展为多分类问题时，逻辑回归就变成 softmax 回归。其中 softmax 是

---

① 通过扫本书封底二维码可获得该数据集。

指 softmax 函数，表达式如下：

$$y_k = \frac{\exp(a_k)}{\sum_{i=1}^{n} \exp(a_i)}$$

其中，exp() 表示以 e 为底的指数函数；y_k 代表第 k 个神经元的输出；a_i 代表第 i 个输入信号。

可以看出，softmax 函数的分子是第 k 个输入信号 a_k 的指数函数，分母是所有输入信号的指数函数的和。

softmax 函数有两个重要性质：（1）函数的输出是 0~1 的实数；（2）函数的输出总和为 1。其中，输出总和为 1 是 softmax 函数的一个重要性质，正是因为有了这个性质，才可以把 softmax 函数的输出解释为"概率"。因此，softmax 函数常被用在解决分类问题的神经网络模型的输出层。对于一个 N 分类问题，输出层的神经元个数就是类别个数，softmax 函数会计算每个神经元对应类别的概率值，然后把输出值最大的神经元对应的类别作为最后的识别结果。

softmax 回归的数学表达式如下：

$$P(Y_i = j \mid X_i, \beta) = \frac{\exp(X_i^{\mathrm{T}} \beta_j)}{\sum_{k=1}^{K} \exp(X_i^{\mathrm{T}} \beta_k)}$$

其中，$Y \in \{1, 2, \cdots, K\}$ 是一个分类因变量；$X_i = (X_{i1}, X_{i2}, \cdots, X_{ip})^{\mathrm{T}} \in R^p$ 是第 i 个样本的 p 维解释变量；$\beta_k = (\beta_{k1}, \beta_{k2}, \cdots, \beta_{kp})^{\mathrm{T}} \in R^p$ 是第 k 个类别对应的回归系数向量。对于第 i 个样本，模型在给定 X_i 和参数 β 的条件下，可以计算 Y_i 属于第 j 个类别的概率。对于每个样本 i，可以计算它属于每个类别的概率，其中概率最大的类别即为样本 i 所属的类别。这就是 softmax 回归处理多分类问题的基本原理。

4.3.2　案例：Fashion-MNIST 数据集分类

1. 数据集介绍

Fashion-MNIST 数据集包含 10 个类别的图像，分别是：t-shirt（T 恤）、trousers（裤子）、pullover（套衫）、dress（裙子）、coat（外套）、sandal（凉鞋）、shirt（衬衫）、sneaker（运动鞋）、bag（包）、ankle boot（短靴）。

2. 准备数据

首先，我们需要导入相关模块。其次，需要定义一个数据预处理方法，目的是把图像转化为网络所需的输入形状。最后，利用 datasets 方法下载 Fasion-MNIST 数据集并对数据进行处理，这样训练数据就准备好了。具体的代码如下：

代码 4-15：获取数据

```
from torchvision import datasets,transforms
```

```
transform = transforms.Compose([
    transforms.Resize((28,28)),# 变形为网络所需的输入形状(28*28)
    transforms.ToTensor(),# 转换为 tensor(注意,此处的 tensor 默认在 CPU 上存储)
])

# 获得训练数据的 Dataset
train_set = datasets.FashionMNIST('dataset/',download=True,train=True,
transform=transform)

# 获得测试数据的 Dataset
val_set = datasets.FashionMNIST('dataset/',download=True,train=False,
transform=transform)
```

3. 构建训练集与测试集

在下载好的数据集 train_set 以及 val_set 上分别调用 torch.utils.data.DataLoader 函数，通过 DataLoader 方法构建训练集和测试集，在训练集和测试集中 batch_size 均设置为 64，并对训练集中的数据进行 shuffle 操作。具体的代码如下：

代码 4-16：构建训练集和测试集

```
import torch
batch_size = 64
train_loader = torch.utils.data.DataLoader(train_set,
                          batch_size=batch_size,shuffle=True,num_workers=
8)# 把训练集打乱
val_loader = torch.utils.data.DataLoader(val_set,
                          batch_size=batch_size,shuffle=False,num_workers=
8)# 测试集不打乱
```

4. 数据展示

为了保证加载的数据集没有异常值存在，需要挑选一个批次的图片进行可视化展示。具体的代码如下：

代码 4-17：展示训练集中的图片

```
from matplotlib import pyplot as plt
from torchvision.utils import make_grid
images,labels = next(iter(train_loader))# 获取训练集第一个批次中的图片及相应的标签
print(images.shape)
print(labels.shape)
plt.figure(figsize=(12,20))# 设置画布大小
plt.axis('off')# 隐藏坐标轴
plt.imshow(make_grid(images,nrow=8).permute((1,2,0)))# make_grid 函数把多张图片
一起显示,permute 函数调换 channel 维的顺序
```

```
plt.show()
torch.Size([64,1,28,28])
torch.Size([64])
```

5. softmax 回归模型构建

首先，需要定义一个 Classifier 类，这里用到了 4 个线性网络层加 1 个 dropout 层，dropout 层的作用是使神经元随机失活，可以避免网络过拟合。其次，在 forward 中对每一层的输出进行激活操作，然后再进行 dropout 处理。最后，使用 softmax 操作将输出转化为各个类别的概率值。具体的代码如下：

代码 4-18：构建分类网络

```python
import torch  # 导入 PyTorch
from torch import nn,optim  # 导入神经网络与优化器对应的类
import torch.nn.functional as F
class Classifier(nn.Module):
    def __init__(self):
        super().__init__()
        self.fc1 = nn.Linear(784,256)
        self.fc2 = nn.Linear(256,128)
        self.fc3 = nn.Linear(128,64)
        self.fc4 = nn.Linear(64,10)
        self.dropout = nn.Dropout(p=0.2)
    def forward(self,x):
        x = x.view(x.shape[0],-1)
        x = self.dropout(F.relu(self.fc1(x)))
        x = self.dropout(F.relu(self.fc2(x)))
        x = self.dropout(F.relu(self.fc3(x)))
        return x
```

```
# 查看模型具体信息
from torchsummary import summary  # 需要预先下载，在终端输入 pip install
torchsummary
IMSIZE = 28
classifier_model = Classifier().cuda()
summary(classifier_model,(1,IMSIZE,IMSIZE))
```

```
----------------------------------------------------------------
        Layer (type)               Output Shape         Param #
================================================================
            Linear-1                  [-1, 256]         200,960
           Dropout-2                  [-1, 256]               0
            Linear-3                  [-1, 128]          32,896
           Dropout-4                  [-1, 128]               0
            Linear-5                   [-1, 64]           8,256
           Dropout-6                   [-1, 64]               0
            Linear-7                   [-1, 10]             650
================================================================
Total params: 242,762
Trainable params: 242,762
Non-trainable params: 0
----------------------------------------------------------------
Input size (MB): 0.00
Forward/backward pass size (MB): 0.01
Params size (MB): 0.93
Estimated Total Size (MB): 0.94
----------------------------------------------------------------
```

6. 模型训练

首先，本案例涉及的是 10 分类问题，交叉熵损失函数选用 F.cross_entropy 函数。其次，设置迭代次数 epochs 为 10，初始学习率 learning_rate 为 0.001。最后，需要对训练过程中需要的优化器以及损失函数进行实例化，这里利用 optim.Adam()作为优化器，具体代码如下：

代码 4-19：训练、验证 Classifier 模型

```
device="cuda" # 使用 GPU 设备进行训练、验证
def accuracy(outputs,labels):
    preds = torch.max(outputs,dim=1)[1]  # 获取预测类别
    return torch.sum(preds == labels).item()/ len(preds)# 计算准确率
# 模型验证
def validate(model,val_loader):
    val_loss = 0
    val_acc = 0
    model.eval()
    for inputs,labels in val_loader:
        inputs,labels = inputs.to(device),labels.to(device)# 将 tensor 切换到 GPU
存储模式
        outputs = model(inputs)# 计算模型输出
        loss = F.cross_entropy(outputs,labels)# 计算交叉熵损失函数
        val_loss += loss.item()# 用 item 方法提取 tensor 中的数字
```

```
        acc = accuracy(outputs,labels)# 计算准确率
        val_acc += acc
    val_loss /= len(val_loader)# 计算平均损失
    val_acc /= len(val_loader)# 计算平均准确率
    return val_loss,val_acc
# 打印训练结果
def  print_log(epoch,train_time,train_loss,train_acc,val_loss,val_acc,epochs
= 10):
    print(f"Epoch [{epoch}/{epochs}],time:{train_time:.2f}s,loss:{train_loss:
.4f},acc:{train_acc:.4f},val_loss:{val_loss:.4f},val_acc:{val_acc:.4f}")

# 定义主函数:模型训练
import time
def train(model,optimizer,train_loader,val_loader,epochs=1):
    train_losses = [];train_accs = [];
    val_losses = [];val_accs = [];
    model.train()
    for epoch in range(epochs):
        train_loss = 0
        train_acc = 0
        start = time.time()# 记录本 epoch 开始时间
        for inputs,labels in train_loader:
            inputs,labels = inputs.to(device),labels.to(device)# 将 tensor 切换到
GPU 存储模式
            optimizer.zero_grad()#  将模型所有参数 tensor 的梯度变为 0(否则之后计算的梯
度会与先前存在的梯度叠加)
            outputs = model(inputs)# 计算模型输出
            loss = F.cross_entropy(outputs,labels)# 计算交叉熵损失函数
            train_loss += loss.item()# 用 item 方法提取 tensor 中的数字
            acc = accuracy(outputs,labels)# 计算准确率
            train_acc += acc
            loss.backward()# 调用 PyTorch 的 autograd 自动求导功能,计算 loss 相对于模型
各参数的导数
            optimizer.step()#  根据模型中各参数相对于 loss 的导数,以及指定的学习率,更新
参数
        end = time.time()# 记录本 epoch 结束时间
        train_time = end - start  # 计算本 epoch 的训练耗时
        train_loss /= len(train_loader)# 计算平均损失
        train_acc /= len(train_loader)# 计算平均准确率
        val_loss,val_acc = validate(model,val_loader)#  计算测试集上的损失函数和准
确率
        train_losses.append(train_loss);train_accs.append(train_acc)
        val_losses.append(val_loss);val_accs.append(val_acc)
```

```
      print_log(epoch+1,train_time,train_loss,train_acc,val_loss,val_acc,
epochs = epochs)# 打印训练结果
   return train_losses,train_accs,val_losses,val_accs


lr = 1e-3
epochs = 10
optimizer = torch.optim.Adam(classifier_model.parameters(),lr=lr)# 设置优化器
history  = train(classifier_model,optimizer,train_loader,val_loader,epochs=
epochs)
```

```
Epoch [1/10], time: 2.67s, loss: 0.6287, acc: 0.7709, val_loss: 0.4584, val_acc: 0.8297
Epoch [2/10], time: 2.55s, loss: 0.3799, acc: 0.8605, val_loss: 0.3855, val_acc: 0.8575
Epoch [3/10], time: 2.61s, loss: 0.3367, acc: 0.8762, val_loss: 0.3603, val_acc: 0.8692
Epoch [4/10], time: 2.64s, loss: 0.3087, acc: 0.8846, val_loss: 0.3545, val_acc: 0.8754
Epoch [5/10], time: 2.61s, loss: 0.2917, acc: 0.8906, val_loss: 0.3434, val_acc: 0.8741
Epoch [6/10], time: 2.51s, loss: 0.2741, acc: 0.8976, val_loss: 0.3419, val_acc: 0.8779
Epoch [7/10], time: 2.54s, loss: 0.2636, acc: 0.9006, val_loss: 0.3364, val_acc: 0.8776
Epoch [8/10], time: 2.47s, loss: 0.2498, acc: 0.9058, val_loss: 0.3436, val_acc: 0.8792
Epoch [9/10], time: 2.58s, loss: 0.2400, acc: 0.9099, val_loss: 0.3582, val_acc: 0.8745
Epoch [10/10], time: 2.61s, loss: 0.2309, acc: 0.9120, val_loss: 0.3352, val_acc: 0.8873
```

7. 模型预测结果

为了验证模型的分类效果，这里选取了测试集中的一张图片加以验证。首先，用 iter()以及 next()方法读取测试集中的数据，并取第一张图片作为测试数据，将图片转化成模型输入需要的尺寸。其次，通过 model.forward 对图片进行前向传播。最后，通过 torch.exp 方法得到各个类别的概率值，再用 topk 方法返回概率值最高的类别作为预测的类别。具体的代码如下：

代码 4-20：模型预测

```
# 挑选 val_loader 中的一张图片用于测试
dataiter = iter(val_loader)
images,labels = dataiter.next()
img = images[0]
img = img.permute((1,2,0))
plt.imshow(img)
# 将测试图片转为一维的列向量
img = torch.from_numpy(img.reshape((28,28)).numpy())
img = img.view(1,784)
# 进行正向推断,预测图片所属的类别
with torch.no_grad():
    output = model.forward(img.to(device))
ps = torch.exp(output)
top_p,top_class = ps.topk(1,dim=1)
labellist = ['T恤','裤子','套衫','裙子','外套','凉鞋','衬衫','运动鞋','包','短靴']
prediction = labellist[top_class]
probability = float(top_p)
print(f'神经网络猜测图片里是 {prediction},概率为{probability*100}%')
```

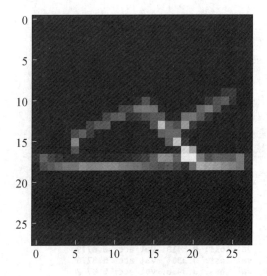

神经网络猜测图片展示的是凉鞋，概率为 99.81%。

4.4　本章小结

　　本章从简单的线性回归分析入手，通过三个实际案例介绍了线性回归、二分类以及多分类问题的理论基础和 PyTorch 代码实现，使读者了解了 PyTorch 实现神经网络的一般流程。这些步骤包括：准备数据（即 X 和 Y 数据），对训练数据进行必要的预处理并进行可视化展示；接下来，利用 Torch 库的 torch.nn.Module 类构建相应的回归模型，定义前向传播、损失函数，根据搭建好的模型设置常用的超参数；最后对模型进行训练。通过本章的学习，读者可以基本掌握 PyTorch 编程，完成简单的回归与分类任务。

第 5 章

卷积神经网络基础

【学习目标】

通过本章的学习，读者可以掌握：

1. 卷积的工作原理；
2. 池化的工作原理；
3. 实现一个简单的 CNN 模型——LeNet-5 手写数字识别；
4. 可视化卷积神经网络的中间过程。

导　言

通过前面几章的学习，我们已经掌握了基本的前馈神经网络的知识并熟悉了如何用神经网络解决回归与分类问题。本章介绍第一个真正意义上的深度学习模型——卷积神经网络（CNN）。CNN 模型的提出极大地推动了人工智能在图像识别、目标检测、语义分割等领域的发展，卷积神经网络之所以在图像处理领域如此成功，是因为它能够自动从数据中提取特征，并不需要传统机器学习中的特征提取过程。本章将详细介绍卷积神经网络的工作原理，并通过手写数字识别这样一个具体的任务，展示如何编写 PyTorch 代码以实现一个最简单的 CNN 模型。最后，本章还通过可视化的手段，深度剖析卷积神经网络的中间过程。

5.1　卷积神经网络的基本结构

卷积神经网络（convolutional neural network，CNN）又称为卷积网络，在图像识别、目标检测、语义分割等领域有着广泛的应用。与全连接神经网络不同的是，卷积神经网络引入了卷积层和池化层两个重要的组成部分。一个典型的卷积神经网络主要由输入层、卷积层、池化层、全连接层和输出层构成，如图 5-1 所示。

从直观上来看，卷积神经网络由若干个方块构成，实际上每个方块都以三维矩阵的形式（高度、宽度和深度）由大量的神经元构成，输入层中的每个元素代表一个神经元，虚

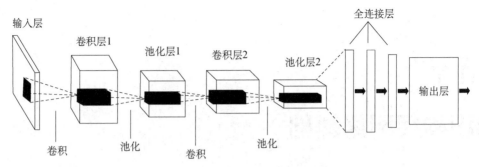

图 5-1　卷积神经网络结构示意图

线表示相邻两层的神经元连接。信息从输入层输入，经过卷积层、池化层和全连接层的交叉堆叠，到输出层输出，对于多分类任务而言，输出的是对应类别的概率，有多少个类别就有多少个输出神经元。卷积神经网络中最主要的两种运算是卷积和池化，全连接层和常规的神经网络一致。结合图 5-1，下面介绍卷积神经网络的每一个组成部分。

（1）输入层。在输入层需要定义模型的输入，将原始数据或者通过其他算法处理后的数据输入卷积神经网络，对数据的形状需要有具体限制。例如在图像识别问题中，输入数据为图像的像素矩阵，数据的宽度和高度就是图像的宽度和高度，如果是灰度图像，数据的深度为 1；如果是彩色图像，因为有 R、G、B 三种颜色通道，深度为 3。

（2）卷积层。图 5-1 包含两个卷积层，卷积层是卷积神经网络的核心组成部分，通过若干个卷积核对上一层的输入进行扫描可以最大限度地提取原始数据的抽象特征，这正是卷积层的作用，网络中的连接数量通过卷积层能够显著减少。常见的卷积操作一般分为 same 卷积和 valid 卷积。

（3）池化层。池化层也称为下采样层、汇聚层。一般在卷积层之后出现。池化层的作用是进行特征筛选，提取区域内最具代表性的特征，从而在宽度和高度上逐渐缩小数据的尺寸。池化层能够减少网络中的参数，从而达到降维的目的。池化操作一般可分为最大池化（max pooling）和平均池化（average pooling），其中最大池化应用更广泛。

（4）全连接层。如图 5-1 所示，在多个卷积层、池化层之后有 3 个全连接层。全连接层与常规的神经网络一致，连接上一层输出的所有特征，全连接层的运算是一个线性映射的过程，为后续的分类任务做准备。

（5）输出层。通过输出层得到模型的输出值，在图像识别任务中，输出值即为输入样本所属类别的概率分布情况。

5.2　卷积与池化的通俗理解

卷积层与池化层的引入是卷积神经网络区别于常规神经网络的重要部分。下面以图像识别任务为例说明什么是卷积，什么是池化。注意下面的例子只是通俗地展示卷积和池化的直观释义，不能作为严谨的定义使用。

5.2.1 卷积的通俗理解

假设我们有一张身份证,想要确认身份证的主人,因此需要对身份证上的照片进行识别。人眼可以轻易地分辨出照片的主人是谁,但是计算机识别身份证上的照片时,它的学习过程是程序化的,具体步骤如下:

(1)准备一张身份证主人的照片,将该照片转换为像素矩阵的形式。用另外一个小的像素矩阵记录身份证主人的面部特征,我们称这个小的像素矩阵为卷积核。

(2)计算机利用卷积核扫描身份证上的照片,寻找某个位置是否出现身份证主人的面部特征。

(3)计算卷积核与身份证照片上每个位置的相似度,这个计算过程就是卷积运算。如果算得的相似度较高,则可认为该位置与身份证主人的面部特征较吻合;反之则可认为该位置与身份证主人的面部特征不吻合。

5.2.2 池化的通俗理解

如果利用卷积核扫描完身份证上的照片后,发现没有出现特别相似的特征,就可以认为身份证上的照片与身份证主人的照片不符。每个位置的相似性都进行逐一对比将产生很大的计算量,为了减少计算资源的消耗,我们可以进行池化操作。下面以最大池化举例说明,我们只看计算出的相似度的最大值,即只要存在某个局部特征与身份证主人的面部特征相似,就认为身份证上的照片是身份证主人的。在上述过程中我们只关注卷积结果的最大值,这个取最大值的运算就是最大池化。

总的来看,卷积的目的是计算局部特征的相似性,池化则是一种特征筛选过程,例如最大池化是将某种最突出的相似性筛选出来。5.3 节和 5.4 节将从更加严谨的角度给出卷积和池化的定义,并介绍具体的运算过程。

5.3 卷积操作

5.3.1 卷积的定义

卷积实际上是对输入数据做线性变换,这种线性运算代替了一般的矩阵乘法运算。如果输入数据是图像的像素矩阵,卷积操作就是利用卷积核逐行逐列扫描像素矩阵,对应元素相乘并求和从而得到特征矩阵,我们将计算得到的特征矩阵称为特征图(feature map)。特征图每个位置的数字表示了原始图像与卷积核在相应位置上的相似度,数字越大则相似度越高。下面以图像识别为例进行说明,我们的输入数据是二值图像,像素矩阵大小为 5×5,深度为 1,矩阵中的元素为像素值 0 或 1。卷积核为 3×3 的矩阵,矩阵中的元素对应的是卷积层神经网络的权重。因卷积操作需要逐行逐列扫描,所以卷积计算是分多步完成的。

（1）卷积核从原始图像左上角第一处 3×3 的区域开始扫描做内积运算，即对应元素相乘并求和，输出的结果为特征图左上角第一个像素值，如图 5-2 所示。

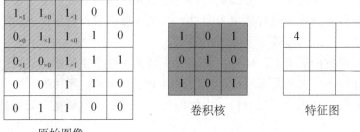

图 5-2　卷积计算第一步示例

（2）卷积核向右滑动一格，扫描原始图像第二处 3×3 的区域，再次做内积运算，输出的结果为特征图（0,1）位置的像素值，如图 5-3 所示。

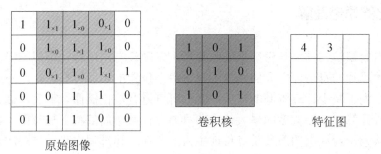

图 5-3　卷积计算第二步示例

（3）卷积核继续向右滑动一格，扫描图像第三处 3×3 的区域，做同样的内积运算，输出的结果为特征图（0,2）位置的像素值。

（4）卷积核已经完成对原始图像第一行的扫描，现在开始向下滑动一格，对第二行第一处 3×3 的区域做内积运算，输出的结果为特征图（1,0）位置的像素值，如图 5-4 所示。

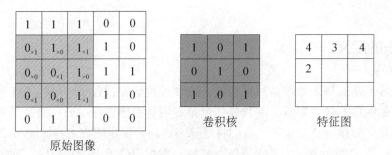

图 5-4　卷积计算第四步示例

（5）卷积核不断地由左向右、由上向下滑动，在滑动过程中通过与原始图像的对应区域做线性运算得到特征图对应位置的像素值，卷积核对原始图像进行扫描直到将原始图像全部覆盖为止。在本例中得到的最终结果如图 5-5 所示。

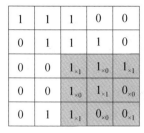  

原始图像　　　　　　卷积核　　　　　　特征图

图 5-5　卷积计算最终结果示例

从上面的例子可以看出，卷积的作用是利用 3×3 大小的卷积核扫描 5×5 大小的原始图像，由左到右、由上到下逐行逐列扫描，每次扫描都会进行一次内积运算，并将计算结果作为特征图相应位置的像素值。扫描完成后我们得到一个新的图像，即特征图，特征图是对原始图像特征的提取，是一个大小为 3×3 的矩阵，如图 5-5 中右侧矩阵所示。需要注意的是，这个特征图是一个三维张量，深度为 1，这是因为在本例中只用了一个卷积核。实际上，特征图的深度取决于卷积核的数量。如果我们用 5 个 3×3 大小的卷积核进行扫描，那么特征图的形状就会变为 3×3×5，这说明输出结果共有 5 个通道，且在每个通道上都有一个 3×3 大小的特征图，每个特征图称为卷积核对输入的响应图（response map），表示卷积核对不同输入位置的响应。需要注意的是，此时深度轴不代表任何特定的颜色。

5.3.2　填充与步长

在上面的例子中，我们使用高和宽为 5×5 的输入与高和宽为 3×3 的卷积核得到了高和宽为 3×3 的特征图，一般来说，当滑动步长为 1 时，如果输入的形状是 $R×L$，卷积核的尺寸为 $FR×FL$，那么输出的形状是 $(R-FR+1)×(L-FL+1)$，可以看到这种卷积方式中的卷积核并没有超出被卷积的图片范围，一般称该卷积为 valid 卷积。本小节介绍卷积操作的两个超参数：填充（padding）和步长（stride），这两个超参数和卷积核的形状能够改变输入数据的输出形状（例如，让输出形状和输入形状相等的卷积操作便是 same 卷积）。

在一个卷积神经网络中，输入数据经过多层卷积后得到的输出形状可能会远小于输入形状。例如，输入的原始图像大小为 480×480×1，经过连续 20 层 5×5×1 的卷积后得到的特征图的形状将变为 400×400×1，可见在卷积的过程中丢失了原始图像的一些边界信息。如果想让输出形状与输入形状相同，则需要对原始图像进行填充。但若图像的宽度和高度过大，有时又希望可以压缩一部分信息，在这种情况下我们希望能够降低图像的高度和宽度，此时就需要增加卷积核滑动的步长。

常用的卷积核尺寸为 3×3 或 5×5，通常会小于原始图像的尺寸，如果想避免图像信息的丢失，可以通过填充原始图像的边界元素来解决这个问题，通常的操作是在原始图像的边界处补 0。如图 5-6 所示，我们在 5×5 的原始图像的边界处补 0，填充后的数据形状变为 7×7，得到的特征图的大小为 5×5，这与原始图像的大小是一致的，此时的卷积操作称为 same 卷积。

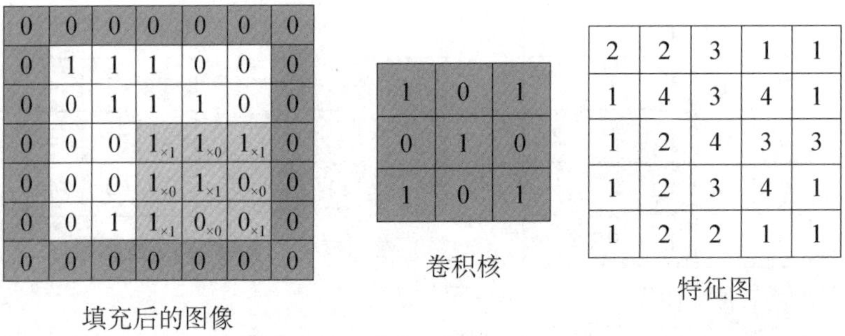

图 5-6　带填充的卷积示例

假设对原始图像添加 PR 行和 PL 列，此时特征图的形状为 $(R-FR+PR+1)\times(L-FL+PL+1)$，可见输出的高度相比未填充的图像增加了 PR，输出的宽度增加了 PL。如果需要做 same 卷积，只需要让 $PR=FR-1$，$PL=FL-1$ 即可。一般地，如果 PR 是偶数，则在原始图像上下两侧各填充 $PR/2$ 行，此时 FR 就是奇数。如果 PR 是奇数，则 $PR/2$ 就不再是一个整数，不利于在原始图像上进行填充操作，此时 FR 是一个偶数。所以一般来说，使用的卷积核的尺寸都是奇数，这样是为了方便在进行 same 卷积时对图像的边界进行填充操作。

在前面所有的例子中，默认卷积核的滑动步长为 1，但在实际操作中有时会增加步长从而达到压缩参数的目的。回顾卷积操作中图 5-2 和图 5-3 的示例，如果步长变成 2，卷积核应该如何滑动呢？卷积核在第一次滑动时会向右侧滑动两列，如图 5-7 所示；在第二次滑动时因为已经完成对原始图像第一行的扫描，所以会向下滑动两行，如图 5-8 所示，此时特征图的形状变为 2×2。

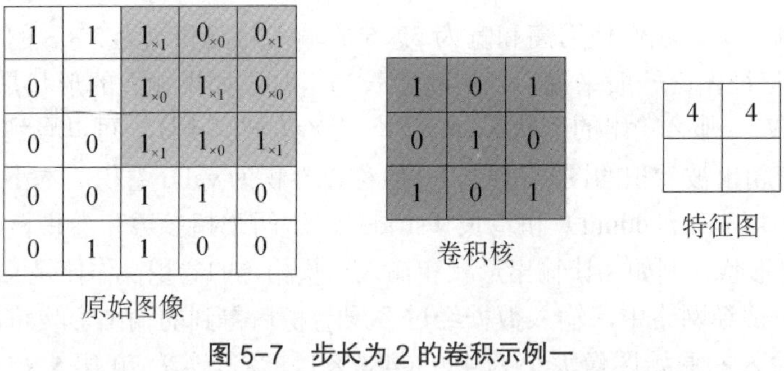

图 5-7　步长为 2 的卷积示例一

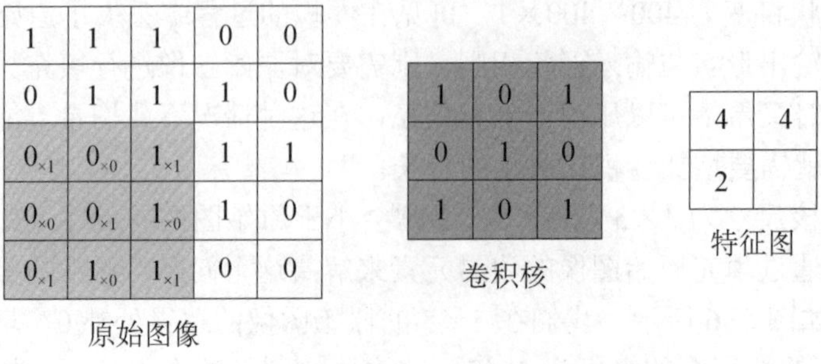

图 5-8　步长为 2 的卷积示例二

一般地，当垂直方向滑动的步长为 SR ，水平方向滑动的步长为 SL 时，特征图的形状为 $\mathrm{floor}((R-FR+PR)/SR+1)\times\mathrm{floor}((L-FL+PL)/SL+1)$ ，其中，floor 表示当结果不是整数时向下取整。例如，假设原始图像的大小为 $R=8$ 行， $L=8$ 列；卷积核大小为 $FR=3$ 行，$FL=3$ 列；填充为 $PR=2$ 行， $PL=2$ 列；垂直方向滑动的步长为 $SR=3$ ，水平方向滑动的步长为 $SL=2$ ；卷积后的特征图的大小为 $\mathrm{floor}\left(\dfrac{R-FR+PR}{SR}+1\right)=\mathrm{floor}\left(\dfrac{8-3+2}{3}+1\right)=3$ 行，$\mathrm{floor}\left(\dfrac{L-FL+PL}{SL}+1\right)=\mathrm{floor}\left(\dfrac{8-3+2}{2}+1\right)=4$ 列。

填充和步长可以有效地帮助我们改变数据的形状，填充可以增加输出的高度和宽度，步长可以成比例地缩小输出的高度和宽度。一般情况下较少使用填充或步长大于 1 的卷积，在不做特殊说明时默认没有填充，步长为 1。在使用填充或步长时，通常会令 $PR=PL$ ， $SR=SL$ 。

5.3.3　多通道卷积

5.3.1 小节介绍的二维卷积中，输入层输入的是单通道的图像像素矩阵，但更常见的是具有 R、G、B 三种颜色通道的彩色图像，这时卷积应该如何进行呢？下面以一个 $3\times3\times2$ 的三维输入张量 **X** 和一个 $2\times2\times2$ 的卷积核 **K**（如图 5-9 所示）的 valid 卷积为例进行说明。

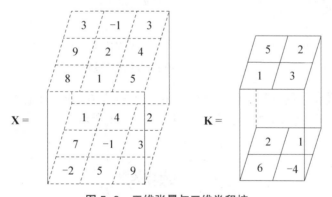

图 5-9　三维张量与三维卷积核

首先在每个通道上对输入的二维张量和卷积核的二维张量做卷积计算，有多少通道数就输出多少张特征图；然后将每个特征图对应位置的元素相加即可得到特征图。从计算过程可知，进行多通道卷积时，卷积核的通道数与输入数据的通道数必须是相等的。具体的计算过程如图 5-10 所示。

最终的计算结果为图 5-10 右侧的二维矩阵。可见，一个 $3\times3\times2$ 的三维输入张量 **X** 和一个 $2\times2\times2$ 的卷积核 **K** 进行多通道卷积后得到的是大小为 2×2 的单通道像素矩阵。

在上面例子中多通道的原始图像经过卷积变成了单通道的图像，这说明卷积在提取信息的过程中丢失了大量的信息，这时可以通过增加卷积核的数量来获取更多原始数据的信息，卷积核的个数决定了特征图的通道数。使用多个卷积核对原始图像进行特征提取时，只需要将每个卷积核提取的特征图在深度上进行叠加即可输出多通道特征图，这就是

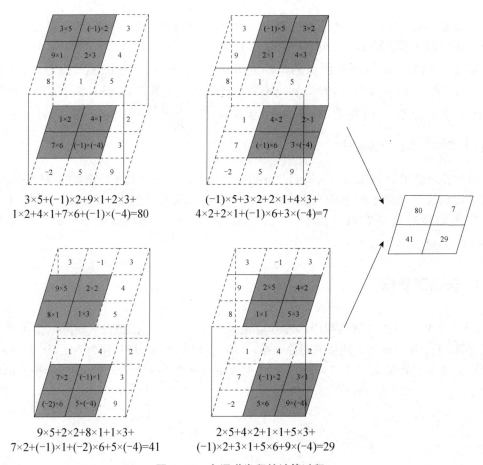

3×5+(-1)×2+9×1+2×3+
1×2+4×1+7×6+(-1)×(-4)=80

(-1)×5+3×2+2×1+4×3+
4×2+2×1+(-1)×6+3×(-4)=7

9×5+2×2+8×1+1×3+
7×2+(-1)×1+(-2)×6+5×(-4)=41

2×5+4×2+1×1+5×3+
(-1)×2+3×1+5×6+9×(-4)=29

图 5-10   多通道卷积的计算过程

单个张量与多个卷积核的卷积操作。例如，将 1 个 3×3×2 的三维输入张量 **X** 和 3 个 2×2×2 的卷积核 **K** 进行卷积，计算过程和结果如图 5-11 所示。

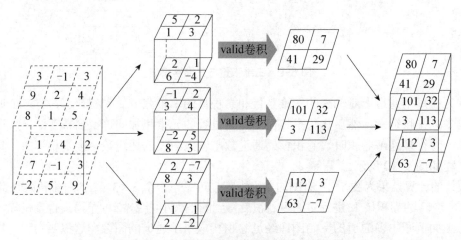

图 5-11   单个张量与多个卷积核的卷积示例

从图 5-11 可以看出，1 个 3×3×2 的三维输入张量 **X** 和 3 个 2×2×2 的卷积核 **K** 进行卷积后特征图的大小为 2×2×3，特征图的通道数与卷积核的个数相等。单个张量与多个卷积核进行卷积时，只需要将输入张量与每个卷积核分别进行多通道卷积，然后将所有特征图在深度上叠加，就得到了卷积后的多个输出通道结果。

　　当输入是多个三维张量时如何进行多通道卷积呢？只需要将每个三维张量与卷积核分别进行如图 5-11 中所示的操作，最后将每个张量的输出结果合并即可。例如，将 2 个 3×3×2 的三维输入张量 **X** 和 3 个 2×2×2 的卷积核 **K** 进行卷积，输出的是 2 个 2×2×3 的特征图。具体过程如图 5-12 所示。

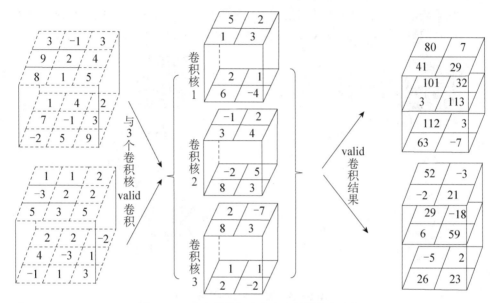

图 5-12　多个张量与多个卷积核的卷积示例

5.4　池化操作

5.4.1　单通道池化

　　前面介绍了卷积操作，接下来介绍 CNN 模型中另外一个重要操作：池化。虽然卷积层减少了网络中的连接数量，但神经元的个数并没有显著降低，维度依然很高，容易导致过拟合问题，在卷积层后加入一个池化层则可以降低特征维数从而减少计算量和参数个数，在一定程度上能避免过拟合。池化操作通常是对卷积操作后输出的像素矩阵做进一步的处理，对像素矩阵的每个矩形子区域的特征进行统计汇总，将汇总后的结果作为这个子区域的代表值输出。如果统计的是每个矩形子区域内的最大值即为最大池化，如果是平均值即为平均池化。

　　下面以图 5-13 为例介绍最大池化，输入大小为 3×3 的二维张量，池化窗口的大小为 2×2，水平方向和垂直方向的滑动步长为 1。

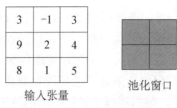

图 5-13　输入张量和池化窗口

与卷积层类似，池化操作也是利用一个固定形状的窗口从左至右、从上到下逐行逐列地扫描像素矩阵。与卷积操作不同的是，池化操作所用的窗口不包含任何参数。对于在池化窗口扫描到的每个区域，计算最大值。具体计算过程和结果如图 5-14 所示。

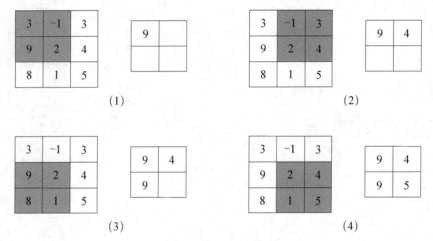

图 5-14　最大池化的计算过程

图 5-14 中输出张量的大小为 2×2，张量中每个元素等于每个池化窗口的最大值：$\max(3,-1,9,2)=9$，$\max(-1,3,2,4)=4$，$\max(9,2,8,1)=9$，$\max(2,4,1,5)=5$。上述例子中我们默认池化操作中的填充为 0，假设池化层输入张量的大小为 H 行 W 列，池化窗口的大小为 HH 行 WW 列，在垂直方向和水平方向的滑动步长分别为 SR 和 SL，那么此时最大值池化的输出结果大小为 $\text{ceil}\left(\dfrac{H-HH+1}{SR}\right)\times\text{ceil}\left(\dfrac{W-WW+1}{SL}\right)$。然而，有些时候，池化操作的填充并不是 0，那么此时输出结果大小的计算方式就与卷积的计算方式相同（见 93 页）。

5.4.2　多通道池化

当输入彩色图像时，就会有 R、G、B 三个通道，这就涉及多通道张量的池化问题。本质上，多通道张量池化操作是对每一个通道上的张量分别进行最大池化。例如输入张量为一个 3×3×2 大小的三维张量，池化窗口大小为 2×2×2，池化窗口在水平方向和垂直方向的移动步长为 1，最大池化的计算过程如图 5-15 所示。

我们继续将池化操作拓展到多个多通道张量上去，这时可以同时在每个多通道张量上分别进行池化操作。例如，输入张量为 2 个 3×3×2 大小的三维张量，池化窗口有 2 个，大小相等，都为 2×2×2，池化窗口在行、列方向的移动步长都为 1，最大池化的计算过程如图 5-16 所示。

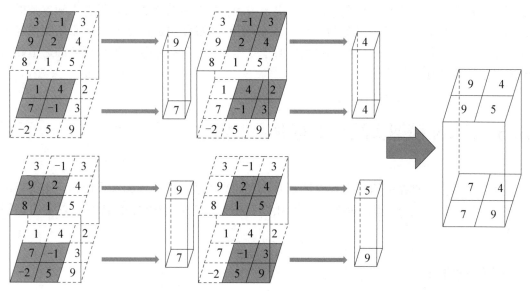

图 5-15　多通道张量的最大池化计算过程

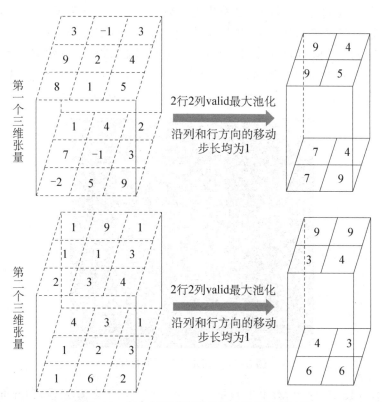

图 5-16　多个多通道张量的最大池化计算过程

　　平均池化和最大池化的操作类似,只需要将池化窗口的最大值计算替换为平均值计算,不再赘述。

　　对比池化和卷积,可以发现它们的操作是相似的但也有很大区别。一是在卷积操作中，卷积核的每个位置代表着神经元的权重，这个权重可以是人为设定的，也可以是通过模型学习得到的，是未知的参数；在池化操作中池化窗口的每个位置是没有未知参数的，只需要统计池化窗口覆盖区域的最大值（或平均值），操作更加简便。二是原始图像经过卷积层后得到的特征图的通道数与卷积核的个数相等；而池化层输出像素矩阵的通道数与输入像素矩阵的通道数相等。

5.5　CNN 模型实战：手写数字识别

在介绍完卷积神经网络的基本原理之后，我们来讲解一下具体的实操内容。本节以深度学习中的经典模型——LeNet-5 为例，详细介绍如何利用该模型解决手写数字的识别问题。

5.5.1　数据准备

在这个案例中我们使用 MNIST 数据集进行演示。MNIST 数据集是深度学习领域非常经典的数据集，来自美国国家标准与技术研究院（National Institute of Standards and Technology，NIST）。MNIST 数据集由 0～9 的手写数字图片和数字标签组成，共有 60 000 个训练样本和 10 000 个测试样本。如图 5-17 所示，每个样本都是 28×28 像素的灰度图片，每张图片上的数字位于图像中心，像素取值范围在 0～255 之间。

图 5-17　MNIST 数据集展示

下面通过 PyTorch 导入 MNIST 数据集，具体代码如下。首先导入 torch 模块，设置设备的运行参数，如果有可用的 cuda 设备，则通过 cuda 进行运算。然后导入 torchvision 模块以获取数据和处理数据。导入 torchvision.transforms 模块，用该模块中的函数 transforms.Compose() 对图像进行数据变换操作，它的输入为一个 list，包含不同的数据变换形式。其中 transforms.Resize()，transforms.ToTensor()，torchvision.transforms.Normalize() 代表对读入图片进行变形以及转换成适合 PyTorch 处理的 tensor 形式。transforms.Resize()将 MNIST 图片尺寸调整为 32×32 以符合 LeNet-5 原始论文中对输入图片尺寸的要求。函数 transforms.ToTensor()将像素值范围从 0~255 变为 0~1，将图片尺寸由 32×32×1 转置为 1×32×32，将数据类型转化为 torch.Tensor。函数 torchvision.transforms.Normalize()对数据进行标准化，本例中像素值经过 transforms.ToTensor()处理后已变成 0~1 之间的数，均值是 0.130 7，标准差是 0.308 1，这是数据提供方计算好的数据，不同数据集有不同的标准化系数。函数 torchvision.datasets.MNIST()用于下载 MNIST 数据。其中，参数 root 代表数据路径，train 代表是否装载训练集，transform 代表数据变换形式，download 代表是否需要下载数据集。如果直接使用该函数下载 MNIST 数据集速度较慢，也可以预先从网站下载数据集，导入 root 所指路径下，再将 download 参数设置为 False，函数就将直接采用用户提前下载好的数据。将获取的数据分别命名为 trainset 和 testset。

代码 5-1：获取 MNIST 数据集

```
import torch
if torch.cuda.is_available():# 如果有可用的 cuda 设备,则设置为 cuda
    device = 'cuda'
else:# 否则用 cpu
     device = 'cpu'


import torchvision
import torchvision.transforms as transforms

transform = transforms.Compose([
    transforms.Resize((32,32)),# 变形为 LeNet 所需的输入形状 (32×32)
    transforms.ToTensor(),# 转换为 tensor(注意,此处的 tensor 默认在 CPU 上存储)
    torchvision.transforms.Normalize((0.1307,),(0.3081,))# MNIST 数据集标准化
])


# 获得训练数据的 Dataset
trainset = torchvision.datasets.MNIST(root='./dataset',train=True,download=
True,transform=transform)
# 获得测试数据的 Dataset
testset = torchvision.datasets.MNIST(root='./dataset',train=False,download=
True,transform=transform)
```

5.5.2 构建数据读取器

trainset/testset 能够逐张读取图片，输出 PyTorch 训练所支持的数据类型（torch. Tensor），但在构建模型以及训练模型之前，还需要进一步对图片数据做一些预处理，使用 DataLoader 将 Dataset 转化为分批次读取的数据读取器。具体操作如下：（1）定义两个不同的 DataLoader，其中 testloader 为生成的测试数据集，trainloader 为生成的训练数据

集。（2）以 trainloader 为例，参数 batch_size 代表每次读入图片的张数，shuffle 代表是否需要打乱数据。同样的操作也应用在 testloader 上。相关代码如下：

代码 5-2：构建数据读取器

```
batch_size = 128
trainloader = torch.utils.data.DataLoader(trainset,batch_size=batch_size,
shuffle=True,num_workers=12)# 打乱训练集
testloader = torch.utils.data.DataLoader(testset,batch_size=batch_size,
shuffle=False,num_workers=12)# 不打乱测试集
```

构建数据读取器后，接下来通过 Python 中的迭代器展示训练集中数字 0～9 的图片，以验证代码的正确性。具体代码如下，结果如图 5-18 所示。

代码 5-3：数据读取器图片展示

```
from matplotlib import pyplot as plt
from torchvision.utils import make_grid
images,labels = next(iter(trainloader))# 获取训练集第一个批次中的图片及相应的标签
print(images.shape)
print(labels.shape)

fig,ax = plt.subplots(2,5,figsize=(12,5))# 设置画布大小
ax = ax.flatten()
for i in range(10):
    im = images[labels==i][0].reshape(32,32)
    ax[i].imshow(im)
plt.show()
```

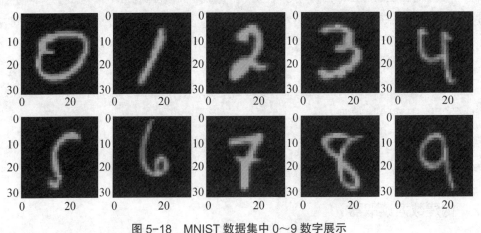

图 5-18　MNIST 数据集中 0～9 数字展示

5.5.3　LeNet-5 网络构建及代码实现

LeNet-5 网络是专门为手写数字识别设计的经典卷积神经网络，该模型由杨立昆教授

在 1998 年提出。LeNet-5 作为 CNN 的开山之作，在 MNIST 数据集上的准确率可以达到 99%以上，极大地推动了 CNN 的发展。LeNet-5 由 1 个输入层、2 个卷积层、2 个池化层、2 个全连接层和 1 个输出层构成，其网络结构示意图如图 5-19 所示。

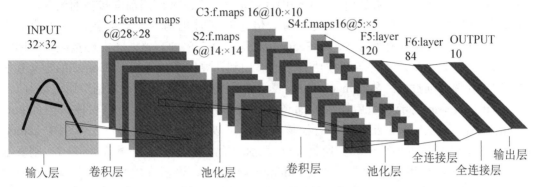

图 5-19　LeNet-5 网络结构示意图

结合图 5-19，具体来看 LeNet-5 每一层的结构。

（1）输入层。输入图像是 32×32 的灰度图像，只有一个通道。

（2）第一个卷积层有 6 个大小为 5×5×1 的卷积核，没有使用填充，步长为 1。卷积后特征图的高应为 32-5+1=28，宽为 32-5+1=28，因为卷积核有 6 个，所以深度为 6。消耗的参数个数为(5×5+1)×6=156，其中 5×5=25 为卷积核的参数个数，1 为偏置项，乘以 6 是因为卷积核的个数为 6。

（3）第一个池化层对第一个卷积层输出的特征图进行最大池化。池化窗口有 6 个，大小都为 2×2，水平方向和垂直方向的步长均为 2。经过池化层后，输出像素矩阵的大小为 14×14×6。这一层不消耗任何参数。

（4）第二个卷积层有 16 个大小为 5×5×6 的卷积核，没有使用填充，步长为 1。该层卷积后特征图的大小为 10×10×16。消耗的参数个数为(6×5×5+1)×16= 2 416，注意这一层输入矩阵有 6 个通道，因此权值参数个数为 6×5×5=150，1 为偏置项，16 为这一层卷积核的个数。

（5）第二个池化层对第二个卷积层输出的像素矩阵进行最大池化。池化窗口有 16 个，大小都为 2×2，水平方向和垂直方向的步长均为 2。经过池化层后，输出像素矩阵的大小为 5×5×16。这一层不消耗任何参数。

（6）两个全连接层。将第二个池化层输出的像素矩阵拉直成一维向量，向量的长度为 5×5×16=400，将这个向量作为第一个全连接层的输入。第一个全连接层含有 120 个神经元即输出节点个数为 120，第二个全连接层含有 84 个神经元。因此第一个全连接层消耗的参数个数为(400+1)×120=48 120，第二个全连接层消耗的参数个数为(120+1)×84= 10 164。

（7）输出层。这里的输出层其实也可以看作第三个全连接层，含有 10 个神经元。作用是将第二个全连接层输出的张量通过线性映射，映射到 0~9 这 10 个分类上。消耗的参数个数为(84+1)×10=850。

下面用 PyTorch 实现 LeNet-5 的网络结构，具体代码如下所示。我们通过调用

nn.Module 类来构建网络，nn.Module 类包含绝大部分关于神经网络的通用计算，也可以对其中的部分函数进行重写以实现定制化需求。首先构造 LeNet 类，它是对 nn.Module 类的继承。然后复写__init__()构造函数和 forward()函数。__init__()作为构造函数，每当 LeNet 类被实例化时就会被调用。forward()函数定义了 LeNet 网络前向传播的过程，当正向运行神经网络时被调用，它将数据向前传递的同时也构造了计算图。这里我们用 nn.Sequential 建立卷积神经网络，nn.Sequential 是一个有序的容器，它能够按照神经网络模块传入构造器的顺序，将各个模块有序地添加到计算图中。函数 nn.Conv2d()定义卷积层，用来处理二维数据。参数 in_channels 表示输入图像的通道数，在本例中通道数为 1；参数 out_channels 表示卷积后输出的通道数，在本例中因为有 6 个卷积核，因此 out_channels=6；参数 kernel_size 表示卷积核大小（可以是 int 或 tuple），在本例中 kernel_size=5，表示卷积核大小为 5×5；参数 stride 表示步长，默认为 1，注意若 stride=2，则表示行、列方向的滑动步长都为 2；参数 padding 默认为 0，表示零填充，即不填充。函数 nn.MaxPool2d()用来定义池化层，与 nn.Conv2d()类似，参数 kernel_size 表示池化窗口的大小，参数 stride 表示步长。构建 LeNet-5 后，为查看具体的模型参数，可以使用 summary()函数，得到模型概要表。

代码 5-4：构建 LeNet-5 模型

```
import torch.nn as nn
import torch.nn.functional as F
# 定义 LeNet-5 网络
class LeNet(nn.Module):
    '''
    为定义 LeNet-5 模型,需要继承 nn.Module 类,该类需要定义两个函数。
    1. __init__:初始化,这里采用 nn.Sequential 建立卷积神经网络
    2. forward(self,x):定义前馈学习,x 为输入的像素矩阵
    '''
    def __init__(self):
        super(LeNet,self).__init__()# 直接继承 nn.Module 的 init
        # 构建卷积层
        self.conv = nn.Sequential(
            nn.Conv2d(in_channels = 1,out_channels = 6,kernel_size = 5,stride=1,
padding=0),
            nn.ReLU(),
            nn.MaxPool2d(kernel_size =2,stride =2),
            nn.Conv2d(6,16,5),
            nn.ReLU(),
            nn.MaxPool2d(2,2)
        )
        # 构建全连接层
        self.fc = nn.Sequential(
            nn.Linear(16*5*5,120),#  16*5*5 为卷积层的输出维数,120 为第一个全连接层的
输出节点个数
```

```
            nn.ReLU(),
            nn.Linear(120,84),
            nn.ReLU(),
            nn.Linear(84,10)
    )# 注意这里只进行了线性变换,没有进行 softmax 变换,这是因为随后的损失函数中包含了
softmax 操作。

    def forward(self,x):
        feature = self.conv(x)
        output = self.fc(feature.view(x.size()[0],-1))# 在卷积操作后,输出仍是 tensor,
需要进行 flatten 拉直再输入全连接层
        return output

model = LeNet()# 实例化一个 LeNet 模型
model.to(device)# 将模型中所有参数 tensor 切换到 GPU 存储模式

# 查看模型具体信息
from torchsummary import summary  # 需要预先下载,在终端输入 pip install torchsummary
IMSIZE = 32
summary(model,(1,32,32))# 给定模型和输入 shape,统计参数信息
```

```
----------------------------------------------------------------
        Layer (type)         Output Shape         Param #
================================================================
          Conv2d-1         [-1, 6, 28, 28]             156
            ReLU-2         [-1, 6, 28, 28]               0
       MaxPool2d-3         [-1, 6, 14, 14]               0
          Conv2d-4        [-1, 16, 10, 10]           2,416
            ReLU-5        [-1, 16, 10, 10]               0
       MaxPool2d-6          [-1, 16, 5, 5]               0
          Linear-7               [-1, 120]          48,120
            ReLU-8               [-1, 120]               0
          Linear-9                [-1, 84]          10,164
         ReLU-10                [-1, 84]               0
        Linear-11                [-1, 10]             850
================================================================
Total params: 61,706
Trainable params: 61,706
Non-trainable params: 0
----------------------------------------------------------------
Input size (MB): 0.00
Forward/backward pass size (MB): 0.11
Params size (MB): 0.24
Estimated Total Size (MB): 0.35
----------------------------------------------------------------
```

5.5.4 模型训练

构建好 LeNet-5 的网络结构后,就可以读取数据并训练。在开始训练前,我们先定义两个函数 accuracy()和 validate()。accuracy()用于计算模型预测的准确率,即预测正确的样本数除以总样本数,validate()用于评估模型在测试集上的表现。因为处理的是分类问题,

损失函数指定为 F.cross_entropy，优化方法为 Adam（学习率指定为 0.001），评价指标为预测精度。作为示例，进行 50 个 epoch 循环。从结果可以看到，模型在测试集上的最佳精度已经超过了 99%。具体代码如下：

代码 5-5：训练、验证 LeNet 模型

```python
# 首先定义几个训练中会用到的函数
# 计算模型预测准确率
def accuracy(outputs,labels):
    preds = torch.max(outputs,dim=1)[1]   # 获取预测类别
    return torch.sum(preds == labels).item()/ len(preds)# 计算准确率
# 模型验证
def validate(model,testloader):
    val_loss = 0
    val_acc = 0
    model.eval()# 给网络做标记,标志着模型在测试集上训练
    for inputs,labels in testloader:
        inputs,labels = inputs.to(device),labels.to(device)# 将 tensor 切换到 GPU
存储模式
        outputs = model(inputs)# 计算模型输出
        loss = F.cross_entropy(outputs,labels)# 计算交叉熵损失函数
        val_loss += loss.item()# 用 item 方法提取 tensor 中的数字
        acc = accuracy(outputs,labels)# 计算准确率
        val_acc += acc
    val_loss /= len(testloader)# 计算平均损失
    val_acc /= len(testloader)# 计算平均准确率
        return val_loss,val_acc


# 打印训练结果
def print_log(epoch,train_time,train_loss,train_acc,val_loss,val_acc):
    print(f"Epoch
[{epoch}/{epochs}],time:{train_time:.2f}s,loss:{train_loss:.4f},
acc:{train_acc:.4f},val_loss:{val_loss:.4f},val_acc:{val_acc:.4f}")


# 定义主函数:模型训练
import time
def train(model,trainloader,testloader,epochs=1,lr=1e-3):
    # 定义存储训练集和测试集上损失函数和准确率的容器
    train_losses = [];train_accs = [];
    val_losses = [];val_accs = [];
    model.train()# 给网络做标记,标志着模型在训练集上训练
    for epoch in range(epochs):
        train_loss = 0
        train_acc = 0
```

```
        start = time.time()# 记录本 epoch 开始时间
        for inputs,labels in trainloader:
            inputs,labels = inputs.to(device),labels.to(device)# 将 tensor 切换到
GPU 存储模式
            optimizer.zero_grad()# 将模型所有参数 tensor 的梯度变为 0(否则之后计算的梯
度会与先前存在的梯度叠加)
            outputs = model(inputs)# 计算模型输出
            loss = F.cross_entropy(outputs,labels)# 计算交叉熵损失函数
            train_loss += loss.item()# 用 item 方法提取 tensor 中的数字
            acc = accuracy(outputs,labels)# 计算准确率
            train_acc += acc
            loss.backward()# 调用 PyTorch 中的 autograd 自动求导功能,计算 loss 相对于模
型各参数的导数
            optimizer.step()# 根据模型中各参数相对于 loss 的导数,以及指定的学习率,更新
参数
        end = time.time()# 记录本 epoch 结束时间
        train_time = end - start  # 计算本 epoch 的训练耗时
        train_loss /= len(trainloader)# 计算平均损失
        train_acc /= len(trainloader)# 计算平均准确率
        val_loss,val_acc = validate(model,testloader)# 计算测试集上的损失函数和准
确率
        train_losses.append(train_loss);train_accs.append(train_acc)
        val_losses.append(val_loss);val_accs.append(val_acc)
        print_log(epoch+1,train_time,train_loss,train_acc,val_loss,val_acc)#
打印训练结果
    return train_losses,train_accs,val_losses,val_accs


# 给定超参数,定义优化器,进行模型训练
epochs = 50  # 训练周期数
lr = 1e-3  # 学习率
optimizer = torch.optim.Adam(model.parameters(),lr=lr)# 设置优化器
train_losses,train_accs,val_losses,val_accs = train(model,trainloader,testloader,
epochs=epochs,lr=lr)# 实施训练
```

```
Epoch [1/50], time: 3.19s, loss: 0.2844, acc: 0.9150, val_loss: 0.0759, val_acc: 0.9761
Epoch [2/50], time: 3.19s, loss: 0.0762, acc: 0.9763, val_loss: 0.0473, val_acc: 0.9842
Epoch [3/50], time: 2.70s, loss: 0.0532, acc: 0.9837, val_loss: 0.0407, val_acc: 0.9872
Epoch [4/50], time: 3.21s, loss: 0.0414, acc: 0.9868, val_loss: 0.0365, val_acc: 0.9890
Epoch [5/50], time: 3.37s, loss: 0.0338, acc: 0.9893, val_loss: 0.0371, val_acc: 0.9889
Epoch [6/50], time: 3.16s, loss: 0.0293, acc: 0.9904, val_loss: 0.0414, val_acc: 0.9869
Epoch [7/50], time: 3.35s, loss: 0.0242, acc: 0.9922, val_loss: 0.0409, val_acc: 0.9867
Epoch [8/50], time: 3.08s, loss: 0.0217, acc: 0.9929, val_loss: 0.0384, val_acc: 0.9885
Epoch [9/50], time: 3.01s, loss: 0.0190, acc: 0.9938, val_loss: 0.0388, val_acc: 0.9887
Epoch [10/50], time: 4.00s, loss: 0.0169, acc: 0.9942, val_loss: 0.0348, val_acc: 0.9900
Epoch [11/50], time: 3.11s, loss: 0.0142, acc: 0.9955, val_loss: 0.0363, val_acc: 0.9890
Epoch [12/50], time: 3.43s, loss: 0.0138, acc: 0.9956, val_loss: 0.0350, val_acc: 0.9908
Epoch [13/50], time: 3.54s, loss: 0.0116, acc: 0.9961, val_loss: 0.0369, val_acc: 0.9907
Epoch [14/50], time: 3.33s, loss: 0.0112, acc: 0.9963, val_loss: 0.0362, val_acc: 0.9908
Epoch [15/50], time: 3.44s, loss: 0.0101, acc: 0.9966, val_loss: 0.0432, val_acc: 0.9896
Epoch [16/50], time: 3.84s, loss: 0.0087, acc: 0.9970, val_loss: 0.0490, val_acc: 0.9882
Epoch [17/50], time: 3.56s, loss: 0.0072, acc: 0.9976, val_loss: 0.0469, val_acc: 0.9891
Epoch [18/50], time: 3.50s, loss: 0.0076, acc: 0.9975, val_loss: 0.0409, val_acc: 0.9889
```

```
Epoch [19/50], time: 3.29s, loss: 0.0082, acc: 0.9976, val_loss: 0.0417, val_acc: 0.9904
Epoch [20/50], time: 3.78s, loss: 0.0080, acc: 0.9974, val_loss: 0.0478, val_acc: 0.9892
Epoch [21/50], time: 3.59s, loss: 0.0085, acc: 0.9969, val_loss: 0.0431, val_acc: 0.9894
Epoch [22/50], time: 3.89s, loss: 0.0058, acc: 0.9980, val_loss: 0.0476, val_acc: 0.9893
Epoch [23/50], time: 3.30s, loss: 0.0076, acc: 0.9972, val_loss: 0.0395, val_acc: 0.9899
Epoch [24/50], time: 3.17s, loss: 0.0040, acc: 0.9985, val_loss: 0.0458, val_acc: 0.9900
Epoch [25/50], time: 3.14s, loss: 0.0053, acc: 0.9982, val_loss: 0.0470, val_acc: 0.9904
Epoch [26/50], time: 2.97s, loss: 0.0050, acc: 0.9982, val_loss: 0.0527, val_acc: 0.9900
Epoch [27/50], time: 3.12s, loss: 0.0065, acc: 0.9979, val_loss: 0.0435, val_acc: 0.9906
Epoch [28/50], time: 3.51s, loss: 0.0057, acc: 0.9981, val_loss: 0.0451, val_acc: 0.9910
Epoch [29/50], time: 3.39s, loss: 0.0031, acc: 0.9989, val_loss: 0.0444, val_acc: 0.9909
Epoch [30/50], time: 3.83s, loss: 0.0064, acc: 0.9979, val_loss: 0.0487, val_acc: 0.9898
Epoch [31/50], time: 3.32s, loss: 0.0046, acc: 0.9986, val_loss: 0.0469, val_acc: 0.9909
Epoch [32/50], time: 3.21s, loss: 0.0030, acc: 0.9991, val_loss: 0.0474, val_acc: 0.9910
Epoch [33/50], time: 3.57s, loss: 0.0022, acc: 0.9993, val_loss: 0.0434, val_acc: 0.9904
Epoch [34/50], time: 3.60s, loss: 0.0071, acc: 0.9980, val_loss: 0.0549, val_acc: 0.9885
Epoch [35/50], time: 3.47s, loss: 0.0040, acc: 0.9987, val_loss: 0.0564, val_acc: 0.9900
Epoch [36/50], time: 3.43s, loss: 0.0050, acc: 0.9991, val_loss: 0.0646, val_acc: 0.9895
Epoch [37/50], time: 3.61s, loss: 0.0056, acc: 0.9984, val_loss: 0.0507, val_acc: 0.9895
Epoch [38/50], time: 3.65s, loss: 0.0019, acc: 0.9995, val_loss: 0.0477, val_acc: 0.9905
Epoch [39/50], time: 3.10s, loss: 0.0044, acc: 0.9987, val_loss: 0.0550, val_acc: 0.9898
Epoch [40/50], time: 3.41s, loss: 0.0021, acc: 0.9994, val_loss: 0.0613, val_acc: 0.9910
Epoch [41/50], time: 3.73s, loss: 0.0039, acc: 0.9990, val_loss: 0.0633, val_acc: 0.9897
Epoch [42/50], time: 3.38s, loss: 0.0031, acc: 0.9990, val_loss: 0.0790, val_acc: 0.9892
Epoch [43/50], time: 3.68s, loss: 0.0056, acc: 0.9985, val_loss: 0.0547, val_acc: 0.9896
Epoch [44/50], time: 3.55s, loss: 0.0019, acc: 0.9994, val_loss: 0.0529, val_acc: 0.9912
Epoch [45/50], time: 3.45s, loss: 0.0025, acc: 0.9992, val_loss: 0.0633, val_acc: 0.9890
Epoch [46/50], time: 3.17s, loss: 0.0010, acc: 0.9997, val_loss: 0.0567, val_acc: 0.9914
Epoch [47/50], time: 3.44s, loss: 0.0048, acc: 0.9986, val_loss: 0.0812, val_acc: 0.9870
Epoch [48/50], time: 3.72s, loss: 0.0054, acc: 0.9982, val_loss: 0.0593, val_acc: 0.9910
Epoch [49/50], time: 3.76s, loss: 0.0009, acc: 0.9998, val_loss: 0.0547, val_acc: 0.9912
Epoch [50/50], time: 3.50s, loss: 0.0003, acc: 0.9999, val_loss: 0.0524, val_acc: 0.9923
```

　　下面画出训练集的损失曲线和测试集的准确率曲线，具体代码如下，结果如图 5-20 所示。

代码 5-6：训练集的损失曲线和测试集的准确率曲线可视化

```
plt.figure(figsize=(20,7))
plt.subplot(1,2,1)
plt.plot(train_losses)
plt.xlabel("epoch")
plt.ylabel("train loss")
plt.subplot(1,2,2)
plt.plot(val_accs)
plt.xlabel("epoch")
plt.ylabel("test accuracy")
```

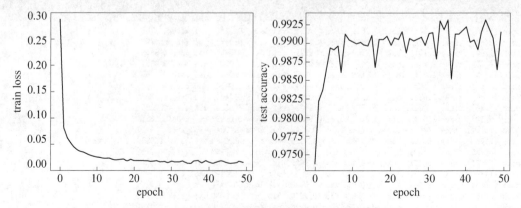

图 5-20　训练集的损失曲线和测试集的准确率曲线

5.5.5　第一层卷积核与特征图的可视化

在 LeNet-5 的网络结构中第一层卷积使用了 6 个卷积核，有 6 个输出通道，这里将第一层的卷积核与输出的 6 个特征图展示出来，具体代码如下。model.conv [0].weight 用于提取第一层卷积核的权重，卷积核的可视化结果如图 5-21 所示。

代码 5-7：第一层卷积核可视化

```
plt.figure(figsize=(10,7))
for i in range(6):
    plt.subplot(1,6,i+1)
    target = model.conv[0].weight.cpu()
    plt.imshow(target.data.numpy()[i,0,...])
```

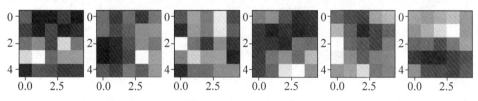

图 5-21　第一层卷积核的可视化

图 5-21 中每个格子都是有着不同数值的方块，它们就是第一层的 6 个卷积核。下面以测试数据集 testset 中第一个批次的第 0 个图（手写数字 2）为例，看一下这张图片经过 6 个卷积核之后输出的特征图是什么样子，具体代码如下，特征图的可视化结果如图 5-22 所示。

代码 5-8：第一层卷积特征图的可视化

```
input_x_1 = testset[1][0].unsqueeze(0)#从 testset 中提取第一个批次的第 0 个图
feature_map1 = model.conv[1](model.conv[0].cpu()(input_x_1))# 提取完成第一层卷
积的特征图
input_x_2 = model.conv[2].cpu()(feature_map1)# 完成第一层池化
feature_map2 = model.conv[4](model.conv[3].cpu()(input_x_2))# 提取完成第二层卷
积的特征图

plt.figure(figsize=(10,7))
for i in range(6):
    plt.subplot(1,6,i+1)
    plt.imshow(feature_map1[0,i,...].data.numpy())
```

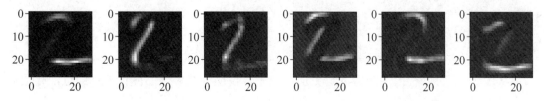

图 5-22　第一层卷积特征图的可视化

　　从图 5-22 中可以看出不同卷积核所关注的局部特征是不一样的,有的更注重模糊化处理,有的更注重边缘特征提取。由此可见,LeNet-5 对不同的样本特征都具有较强的提取能力。

5.5.6　第二层卷积核与特征图的可视化

　　同样地,我们可以对第二层的卷积核和特征图进行可视化,具体代码如下。model.conv[3].weight 用于提取第二层卷积核的权重。第二层一共有 16 个不同的卷积核,卷积核的可视化结果如图 5-23 所示。

代码 5-9:第二层卷积核可视化

```python
plt.figure(figsize=(48,18))
for i in range(6):
    for j in range(16):
        plt.subplot(6,16,i*16+j+1)
        plt.imshow(model.conv[3].weight.data.numpy()[j,i,...])
```

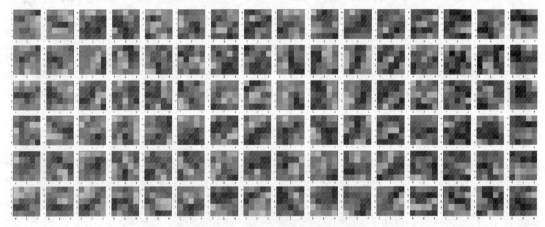

图 5-23　第二层卷积核的可视化

　　图 5-23 中每一列代表一个卷积核,因此一共有 16 列;每个卷积核的深度为 6,因此一共有 6 行,每个卷积核是一个 5×5×6 的张量。下面继续绘制手写数字 2 在第二层卷积层的特征图,具体代码如下,结果如图 5-24 所示。

代码 5-10:第二层卷积特征图的可视化

```python
plt.figure(figsize=(15,10))
for i in range(16):
    plt.subplot(4,4,i+1)
    plt.imshow(feature_map2[0,i,...].data.numpy())
```

　　从图 5-24 可以看出,图像变得更加抽象了,说明一些多余的图像信息经过池化层后被丢掉了。

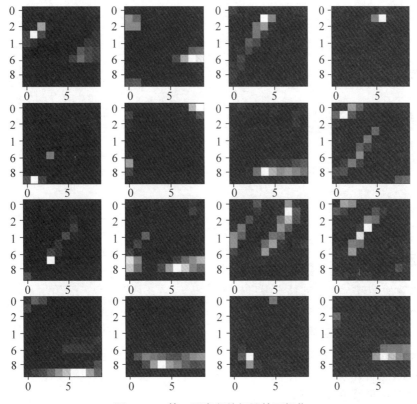

图 5-24　第二层卷积特征图的可视化

5.6　本章小结

本章对卷积和池化的工作原理做了全面介绍，并以 LeNet-5 手写数字识别为例，利用 PyTorch 实现了一个简单的卷积神经网络模型，同时对网络中的卷积核和特征图进行了可视化。具体来看，首先，本章介绍了以下内容：两种常见的卷积方式，分别是 same 卷积和 valid 卷积；卷积中涉及的填充和步长的概念；多通道卷积的操作方法并给出了不同卷积方式下，特征图尺寸的计算公式。其次，本章介绍了两种常见的池化方式，分别是最大池化和平均池化；介绍了多个多通道张量池化的操作方法，并给出了不同池化方式下，特征图尺寸的计算公式。最后，本章以 MNIST 数据集为例，介绍了手写数字识别的经典模型 LeNet-5 并基于 PyTorch 给出了代码示例。

第 6 章

经典 CNN 模型介绍

【学习目标】

通过本章的学习，读者可以掌握：

1. AlexNet 模型原理与实现；
2. VGG 模型原理与实现；
3. Inception V1 模型原理与实现；
4. ResNet 模型原理与实现；
5. 批量归一化原理与实现；
6. 数据增强原理与实现；
7. 迁移学习原理与实现。

导 言

第 5 章介绍了卷积神经网络的基础，并用一个简单的 CNN 模型来完成手写数字识别的任务。本章介绍几个非常经典的 CNN 模型并展示 PyTorch 实现代码。具体地，本章将介绍 AlexNet、VGG、Inception V1 和 ResNet 四种经典的 CNN 模型，详细介绍每个模型的构成，并使用 CIFAR10 数据集展示每个模型的 PyTorch 实现。在训练这些经典的卷积神经网络过程中，我们会采取一些训练技巧，例如批量归一化、数据增强等，还将详细讲解这些技巧的工作原理及其代码实现。由于优秀的 CNN 模型实在太多，且需要具备非常昂贵的硬件资源才能进行训练，对于普通科研工作者来说，学习并训练这些模型十分困难，因此本章还将介绍迁移学习的思想，用于解决上述困难。

6.1 AlexNet 模型原理与实现

AlexNet 由 2012 年 ImageNet 竞赛冠军获得者辛顿与他的学生亚历克斯·克里日夫

斯基（Alex Krizhevsky）所设计[①]，该模型在测试集上的 Top5[②] 错误率为 15.3%，远远优于第 2 名。AlexNet 是 ImageNet 竞赛中出现的第一个卷积神经网络，随后，更多的卷积神经网络被提出，本节介绍 AlexNet 的网络结构及其 PyTorch 代码实现，其他几种较为经典的 CNN 模型将在后续章节详细介绍。

6.1.1　AlexNet 网络结构

原始 AlexNet 模型是在 ImageNet 数据集上训练的，处理的是 1 000 分类问题，它采用 8 层神经网络，其中包含 5 个卷积层和 3 个全连接层（其中有 3 个卷积层后连接着最大池化层），包含 6.3 亿个连接、6 000 万个参数和 65 万个神经元。图 6-1 为 AlexNet 的网络结构[③]，接下来逐层分析。

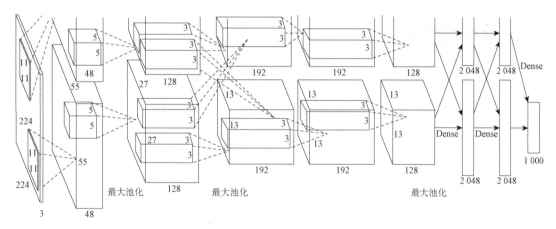

图 6-1　AlexNet 的网络结构

输入层：AlexNet 的输入是一个像素为 227×227×3 的 3 通道彩色图像。[④]

第 1 层：卷积层，96 个卷积核，大小为 11×11，步长为 4，进行 valid 卷积，使用 ReLU 激活函数。输出像素矩阵大小的计算步骤为：227-11=216，216/4=54，54+1=55，输出的像素为 55×55。

第 2 层：池化层，大小为 3×3，步长为 2，进行 valid 最大池化，输出像素矩阵大小的计算步骤为：55-3=52，52/2=26，26+1=27。因此池化之后的像素为 27×27，通道数为 96。

其他层的推导依此类推。

具体的网络结构如下。

输入层：227×227×3 的彩色图像。

---

①　Krizhevsky A，Sutskever I，Hinton G. ImageNet classification with deep convolutional neural networks. International Conference on Neural Information Processing Systems，2012.

②　Top1 指在最后概率向量中，最大值所对应的类别若为正确类别即预测正确，否则预测错误；Top5 指在最后概率向量最大的前 5 名中，只要出现了正确概率即为预测正确，否则预测错误。

③　可以看到图 6-1 分为上下两部分，本质上是因为原始 AlexNet 使用了两块 GPU，但是由于目前的计算机硬件水平已经足够高，如今调用 AlexNet 不再需要做这样的特殊处理，因此这种处理仅需了解即可。

④　论文中图片原始尺寸为 224×224×3，而在实际处理时需要做一些预处理，最终尺寸为 227×227×3。

第 1 层：Conv2D（11×11，96），stride（4），output：96×55×55。

第 2 层：MaxPooling2D（3×3），stride（2），output：96×27×27。

第 3 层：Conv2D（5×5，256），same，output：256×27×27。

第 4 层：MaxPooling2D（3×3），stride（2），output：256×13×13。

第 5 层：Conv2D（3×3，384），same，output：384×13×13。

第 6 层：Conv2D（3×3，384），same，output：384×13×13。

第 7 层：Conv2D（3×3，256），same，output：256×13×13。

第 8 层：MaxPooling2D（3×3），stride（2），output：256×6×6。

输出层：Flatten，Dense（4096），Dropout（0.5），Dense（4096），Dropout（0.5），output 输出的节点根据实际情况决定，例如 ImageNet 竞赛中设置为 1 000，因为是 1 000 分类问题。

6.1.2　AlexNet 创新点

AlexNet 网络结构在整体上类似于 LeNet-5，二者的基本结构均为卷积层+池化层+全连接层，但在细节上有很大不同，AlexNet 更复杂，同时有很多创新点，这些创新点可以概括如下：

（1）成功使用 ReLU 作为 CNN 的激活函数，验证了其效果在较深的网络中超过 Sigmoid 的效果。

（2）训练时使用 Dropout 随机忽略一部分神经元，避免模型过拟合，该操作一般在全连接层使用。

（3）在 CNN 中使用重叠的最大池化（步长小于卷积核的尺寸）。

（4）提出局部响应归一化（local response normalization，LRN）层，即对当前层的输出结果做平滑处理，后来逐渐被批量归一化所代替。

（5）使用 CUDA 加速神经网络的训练，利用了 GPU 强大的计算能力。受限于当时的显存容量，AlexNet 使用两块 GPU 进行训练。

（6）采用了数据增强技术，随机地从 256×256 的图像中截取 224×224 大小的区域（以及水平翻转的镜像），达到增加样本量的目的。有关数据增强的原理将在 6.6 节详细介绍。

6.1.3　案例：AlexNet 用于 CIFAR10 数据集的图片分类

1. 数据准备

首先对数据集进行简单介绍，AlexNet 模型以及本章其他小节介绍的模型使用的均是深度学习中的经典数据集：CIFAR10[①]。该数据集共包含 60 000 张彩色图片，分为 10 类，每类 6 000 张，每张图片的像素值为 3×32×32，图 6-2 展示了每一类随机挑选的图片。整个数据集中 50 000 张图片用于训练，另外 10 000 张图片用于测试。由于图片的像素较

---

① CIFAR10 数据集官网：http://www.cs.toronto.edu/~kriz/cifar.html。

低，有时肉眼也很难识别，因此在深度学习发展的早期，该数据集具备一定的挑战性。

图 6-2 CIFAR10 图片展示

CIFAR10 数据集可以直接通过 PyTorch 下载获得，获取代码如下所示。这里，函数 transforms.Compose 表示图像将要进行的数据变换操作，其输入为一个 list，包含不同的数据变换形式。这里分别使用 transforms.Resize，transforms.ToTensor 代表对读入图片进行变形以及转换成适合 PyTorch 处理的 tensor 形式。函数 torchvision.datasets.CIFAR10 用于下载并读取 CIFAR10 数据。其中，参数 root 代表数据路径，train 代表是否装载训练集，transform 代表数据变换形式，download 代表是否需要下载数据集。如果直接使用该函数下载 CIFAR10 数据集速度较慢，也可以预先从网站上下载数据集，导入 root 所指路径下，再将 download 参数设置为 False，函数就将直接采用用户提前下载好的数据。将获取的数据分别命名为 train_set 和 val_set。

代码 6-1：获取 CIFAR10 数据

```
import torchvision.transforms as transforms
import torchvision
transform = transforms.Compose([
    transforms.Resize((32,32)),# 变形为 AlexNet 所需的输入形状 (32×32)
    transforms.ToTensor(),# 转换为 tensor(注意,此处的 tensor 默认在 CPU 上存储)
])
## 获得训练数据的 Dataset
train_set=torchvision.datasets.CIFAR10(root='data',train=True,transform=
transform, download=True)
## 获得测试数据的 Dataset
val_set = torchvision.datasets.CIFAR10(root='data',
                            train=False,transform=transform)
```

2. 构建数据读取器

　　train_set/val_set 能够逐张读取图片，输出 PyTorch 训练所支持的数据类型（torch. Tensor），但在构建模型以及训练模型之前，还需要进一步对图片数据做一些预处理，使用 DataLoader 将 Dataset 转化为分批次读取的数据读取器。具体操作如下：（1）定义两个不同的 DataLoader，其中，val_loader 为生成的测试数据集，train_loader 为生成的训练数据集。（2）以 val_loader 为例，参数 batch_size 代表每次读入图片的张数，shuffle 代表是否需要打乱数据，num_workers 代表多核计算加速。同样的操作也应用在 train_loader 上。相关代码如下：

代码 6-2：构建数据读取器

```
import torchvision.transforms as transforms
import torchvision
batch_size = 128
train_loader = torch.utils.data.DataLoader(train_set,
          batch_size=batch_size,shuffle=True,num_workers=16)# 训练集打乱
val_loader = torch.utils.data.DataLoader(val_set,
          batch_size=batch_size,shuffle=False,num_workers=16)# 测试集不
打乱
```

　　构建数据读取器后，接下来通过 Python 中的迭代器展示训练集中的图片，以验证代码的正确性。具体代码如下：

代码 6-3：数据读取器图片展示

```
from matplotlib import pyplot as plt
from torchvision.utils import make_grid
images,labels = next(iter(train_loader))# 获取训练集第一个批次中的图片及相应的标签
print(images.shape)
print(labels.shape)
plt.figure(figsize=(12,20))# 设置画布大小
plt.axis('off')# 隐藏坐标轴
plt.imshow(make_grid(images,nrow=8).permute((1,2,0)))# make_grid 函数把多张图片
一起显示,permute 函数调换 channel 维的顺序
plt.show()
```

6.1.4　AlexNet 网络构建及代码实现

有了 LeNet-5 的代码基础，看懂 AlexNet 的代码不是难事。构建 AlexNet 模型的代码如下所示，代码细节不再赘述。需要强调的一点是，本章节所采用的数据集是 CIFAR10（10 分类，像素为 3×32×32），因此需要将原始 AlexNet（见图 6-2）的卷积尺寸以及输出做细微调整。构建 AlexNet 后，为查看具体的模型参数，可以使用 summary() 函数，得到的模型概要表见代码输出部分。

代码 6-4：构建 AlexNet 模型

```
import torch.nn as nn
import torch.nn.functional as F
# 定义 AlexNet 网络
class AlexNet(nn.Module):
    '''
    为定义 AlexNet 模型,需要继承 nn.Module 类,该类需要定义两个函数。
    1. __init__:初始化,这里采用 nn.Sequential 建立卷积神经网络
    2. forward(self,x):定义前馈学习,x 为输入的像素矩阵
    '''
    def __init__(self):
        super(AlexNet,self).__init__()# 直接继承 nn.Module 的 init
        # 构建卷积层
        self.cnn = nn.Sequential(
            nn.Conv2d(3,96,kernel_size = 3,stride = 1,padding = 1),
            nn.ReLU(),
            nn.MaxPool2d(kernel_size = 3,stride = 2),
            nn.Conv2d(96,256,3,1,1),nn.ReLU(),
            nn.MaxPool2d(3,2,),
            nn.Conv2d(256,384,3,1,1),nn.ReLU(),
            nn.Conv2d(384,384,3,1,1),nn.ReLU(),
            nn.Conv2d(384,256,3,1,1),nn.ReLU(),
            nn.MaxPool2d(3,2,))
        # 构建全连接层
        self.fc = nn.Sequential(
            nn.Linear(2304,4096),# 2304 为卷积层的输出维数
            nn.ReLU(),
            nn.Dropout(0.5),
            nn.Linear(4096,4096),
            nn.ReLU(),
            nn.Dropout(0.5),
            nn.Linear(4096,10))
            # 注意这里只进行了线性变换,没有进行 softmax 变换,这是因为随后的损失函数中
包含了 softmax 操作
```

```
    def forward(self,x):
        out = self.cnn(x)
        out = out.view(out.size()[0],-1)# 在卷积操作后,输出仍是 tensor,需要进行
flatten 拉直,再连接全连接层
        return self.fc(out)
# 查看模型具体信息
from torchsummary import summary  # 需要预先下载,在终端输入 pip install torchsummary
IMSIZE = 32
alexnet_model = AlexNet().cuda()
# summary 的第一个参数为模型,第二个参数为输入的尺寸(3 维)
summary(alexnet_model,(3,IMSIZE,IMSIZE))
```

```
----------------------------------------------------------------
        Layer (type)               Output Shape         Param #
================================================================
            Conv2d-1           [-1, 96, 32, 32]           2,688
              ReLU-2           [-1, 96, 32, 32]               0
         MaxPool2d-3           [-1, 96, 15, 15]               0
            Conv2d-4          [-1, 256, 15, 15]         221,440
              ReLU-5          [-1, 256, 15, 15]               0
         MaxPool2d-6            [-1, 256, 7, 7]               0
            Conv2d-7            [-1, 384, 7, 7]         885,120
              ReLU-8            [-1, 384, 7, 7]               0
            Conv2d-9            [-1, 384, 7, 7]       1,327,488
             ReLU-10            [-1, 384, 7, 7]               0
           Conv2d-11            [-1, 256, 7, 7]         884,992
             ReLU-12            [-1, 256, 7, 7]               0
        MaxPool2d-13            [-1, 256, 3, 3]               0
           Linear-14                 [-1, 4096]       9,441,280
             ReLU-15                 [-1, 4096]               0
          Dropout-16                 [-1, 4096]               0
           Linear-17                 [-1, 4096]      16,781,312
             ReLU-18                 [-1, 4096]               0
          Dropout-19                 [-1, 4096]               0
           Linear-20                   [-1, 10]          40,970
================================================================
Total params: 29,585,290
Trainable params: 29,585,290
Non-trainable params: 0
```

下面根据模型概要表复习一下有关神经网络参数个数的计算。

第 1 层卷积核的大小为 3×3,消耗的参数个数为(3×3×3+1)×96=2 688(加 1 的原因是多一个截距项,乘以 96 是因为共有 96 个卷积核)。

第 2～3 层分别为 ReLU 以及最大池化层,不消耗任何参数。

第 4 层的输入为第 3 层池化输出,为 96×15×15 的立体矩阵,在这个基础上做规格大小为 3×3 的卷积,消耗的参数个数为(3×3×96+1)×256=221 440。

再之后的参数个数,读者可以自行计算并与模型概要表中的结果对比。这样的练习对于理解神经网络的结构是非常有帮助的。

6.1.5 模型训练

AlexNet 的模型训练设定和 LeNet-5 类似,因为处理的都是分类问题,损失函数指定为 F.cross_entropy,优化方法为 Adam(学习率指定为 0.001),评价指标为预测精度。作为示例,进行 10 个 epoch 循环。从结果可以看到,模型在进行第 10 个 epoch 时的测试集

精度达到 74.19%。具体代码如下：

代码 6-5：训练、验证 AlexNet 模型

```
# 首先定义几个训练中会用到的函数
# 计算模型预测准确率
def accuracy(outputs,labels):
    preds = torch.max(outputs,dim=1)[1]  # 获取预测类别
    return torch.sum(preds == labels).item()/ len(preds)# 计算准确率
# 模型验证
def validate(model,val_loader):
    val_loss = 0
    val_acc = 0
    model.eval()
    for inputs,labels in val_loader:
        inputs,labels = inputs.to(device),labels.to(device)# 将 tensor 切换到
GPU 存储模式
        outputs = model(inputs)# 计算模型输出
        loss = F.cross_entropy(outputs,labels)# 计算交叉熵损失函数
        val_loss += loss.item()# 用 item 方法提取 tensor 中的数字
        acc = accuracy(outputs,labels)# 计算准确率
        val_acc += acc
    val_loss /= len(val_loader)# 计算平均损失
    val_acc /= len(val_loader)# 计算平均准确率
    return val_loss,val_acc
# 打印训练结果
def print_log(epoch,train_time,train_loss,train_acc,
            val_loss,val_acc,epochs = 10):
    print(f"Epoch [{epoch}/{epochs}],time:{train_time:.2f}s,
        loss:{train_loss:
        .4f},acc:{train_acc:.4f},
        val_loss:{val_loss:.4f},val_acc:{val_acc:.4f}")


# 定义主函数:模型训练
import time
def train(model,optimizer,train_loader,val_loader,epochs=1):
    train_losses = [];train_accs = [];
    val_losses = [];val_accs = [];
    model.train()
    for epoch in range(epochs):
        train_loss = 0
        train_acc = 0
        start = time.time()# 记录本 epoch 开始时间
        for inputs,labels in train_loader:
            inputs,labels = inputs.to(device),labels.to(device)#  将 tensor
```

切换到 GPU 存储模式

```
                optimizer.zero_grad()# 将模型所有参数 tensor 的梯度变为 0(否则之后
计算的梯度会与先前存在的梯度叠加)
                outputs = model(inputs)# 计算模型输出
                loss = F.cross_entropy(outputs,labels)# 计算交叉熵损失函数
                train_loss += loss.item()# 用 item 方法提取 tensor 中的数字
                acc = accuracy(outputs,labels)# 计算准确率
                train_acc += acc
                loss.backward()# 调用 PyTorch 的 autograd 自动求导功能,计算 loss 相
对于模型各参数的导数
                optimizer.step()# 根据模型中各参数相对于 loss 的导数,以及指定的学习
率,更新参数
        end = time.time()# 记录本 epoch 结束时间
        train_time = end - start  # 计算本 epoch 的训练耗时
        train_loss /= len(train_loader)# 计算平均损失
        train_acc /= len(train_loader)# 计算平均准确率
        val_loss,val_acc = validate(model,val_loader)# 计算测试集上的损失函数
和准确率
        train_losses.append(train_loss);train_accs.append(train_acc)
        val_losses.append(val_loss);val_accs.append(val_acc)
        print_log(epoch+1,train_time,train_loss,train_acc,val_loss,val_
acc,epochs = epochs)# 打印训练结果
    return train_losses,train_accs,val_losses,val_accs
# 给定超参数,定义优化器,进行模型训练
lr = 1e-3
epochs = 10
optimizer = torch.optim.Adam(alexnet_model.parameters(),lr=lr)# 设置优化器
history = train(alexnet_model,optimizer,train_loader,val_loader,epochs=epochs)#
实施训练
```

```
Epoch [1/10], time: 12.31s, loss: 1.3000, acc: 0.5277, val_loss: 1.1585, val_acc: 0.5867
Epoch [2/10], time: 12.32s, loss: 1.0891, acc: 0.6120, val_loss: 1.0150, val_acc: 0.6352
Epoch [3/10], time: 12.36s, loss: 0.9424, acc: 0.6666, val_loss: 0.9765, val_acc: 0.6562
Epoch [4/10], time: 12.30s, loss: 0.8335, acc: 0.7043, val_loss: 0.9084, val_acc: 0.6888
Epoch [5/10], time: 12.55s, loss: 0.7565, acc: 0.7375, val_loss: 0.8590, val_acc: 0.7100
Epoch [6/10], time: 12.24s, loss: 0.6837, acc: 0.7609, val_loss: 0.8387, val_acc: 0.7188
Epoch [7/10], time: 12.36s, loss: 0.6198, acc: 0.7855, val_loss: 0.8868, val_acc: 0.7144
Epoch [8/10], time: 12.85s, loss: 0.5665, acc: 0.8019, val_loss: 0.7942, val_acc: 0.7406
Epoch [9/10], time: 11.92s, loss: 0.5182, acc: 0.8195, val_loss: 0.7937, val_acc: 0.7401
Epoch [10/10], time: 12.68s, loss: 0.4667, acc: 0.8366, val_loss: 0.8142, val_acc: 0.7419
```

6.2 VGG 模型原理与实现

VGG 是牛津大学计算机视觉组与 DeepMind 公司共同研发的一种深度卷积神经网络。该网络在 2014 年的 ILSVRC 比赛上获得了分类项目的第 2 名和定位项目的第 1 名。

VGG 是 Visual Geometry Group 的缩写，也是参赛者的组名。

6.2.1　VGG 网络结构

与 AlexNet 相比，VGG 通过使用小卷积核和增加卷积神经网络的深度两个技巧来提升分类识别效果。VGG 共有 6 种网络结构，其中广泛使用的两种结构是 VGG16 和 VGG19，二者没有本质上的区别，仅仅是网络深度有所不同：前者有 16 层，后者有 19 层。

图 6-3 是 VGG 原始论文[①]中的模型概述图，从中可以看出，无论哪种网络结构，VGG 都包含 5 组卷积操作，每组卷积包含一定数量的卷积层，因此 VGG 的主体可以看作一个五阶段的卷积特征提取。每组卷积后都连接一个 2×2 的最大池化层，特征提取后连接 3 个全连接层。尽管从 A 到 E，网络的结构在逐步加深，但是参数个数并没有显著增加，这是因为所有参数中，最后 3 个全连接层的参数占绝大多数比重，而这 3 层在 A～E 这 5 种网络结构中是完全相同的。

Table 1: **ConvNet configurations** (shown in columns). The depth of the configurations increases from the left (A) to the right (E), as more layers are added (the added layers are shown in bold). The convolutional layer parameters are denoted as "conv ⟨receptive field size⟩ - ⟨number of channels⟩". The ReLU activation function is not shown for brevity.

ConvNet Configuration					
A	A-LRN	B	C	D	E
11 weight layers	11 weight layers	13 weight layers	16 weight layers	16 weight layers	19 weight layers
input (224 × 224 RGB image)					
conv3-64	conv3-64 **LRN**	conv3-64 **conv3-64**	conv3-64 conv3-64	conv3-64 conv3-64	conv3-64 conv3-64
maxpool					
conv3-128	conv3-128	conv3-128 **conv3-128**	conv3-128 conv3-128	conv3-128 conv3-128	conv3-128 conv3-128
maxpool					
conv3-256 conv3-256	conv3-256 conv3-256	conv3-256 conv3-256	conv3-256 conv3-256 **conv1-256**	conv3-256 conv3-256 **conv3-256**	conv3-256 conv3-256 conv3-256 **conv3-256**
maxpool					
conv3-512 conv3-512	conv3-512 conv3-512	conv3-512 conv3-512	conv3-512 conv3-512 **conv1-512**	conv3-512 conv3-512 **conv3-512**	conv3-512 conv3-512 conv3-512 **conv3-512**
maxpool					
conv3-512 conv3-512	conv3-512 conv3-512	conv3-512 conv3-512	conv3-512 conv3-512 **conv1-512**	conv3-512 conv3-512 **conv3-512**	conv3-512 conv3-512 conv3-512 **conv3-512**
maxpool					
FC-4096					
FC-4096					
FC-1000					
soft-max					

图 6-3　VGG 原论文中的模型概述图

下面以 VGG16 为例，介绍 VGG 的网络结构。

输入层：3×224×224 的彩色图像。

---

① Simonyan K，Zisserman A. Very deep convolutional networks for large-scale image recognition. https://arxiv.org/abs/1409.1556.

第 1 组卷积层（2 次卷积）：Conv2D（3×3，64），stride（1），same，ReLU，output：64×224×224。

第 1 个池化层：MaxPooling2D（2×2），stride（2），output：64×112×112。

第 2 组卷积层（2 次卷积）：Conv2D（3×3，128），stride（1），same，ReLU，output：128×112×112。

第 2 个池化层：MaxPooling2D（2×2），stride（2），output：128×56×56。

第 3 组卷积层（3 次卷积）：Conv2D（3×3，256），stride（1），same，ReLU，output：256×56×56。

第 3 个池化层：MaxPooling2D（2×2），stride（2），output：256×28×28。

第 4 组卷积层（3 次卷积）：Conv2D（3×3，512），stride（1），same，ReLU，output：512×28×28。

第 4 个池化层：MaxPooling2D（2×2），stride（2），output：512×14×14。

第 5 组卷积层（3 次卷积）：Conv2D（3×3，512），stride（1），same，ReLU，output：512×14×14。

第 5 个池化层：MaxPooling2D（2×2），stride（2），output：512×7×7。

输出层：Flatten，Dense（4096），Dense（4096），output 输出的节点根据实际情况决定。图 6-4 为 VGG16 的网络结构图解。

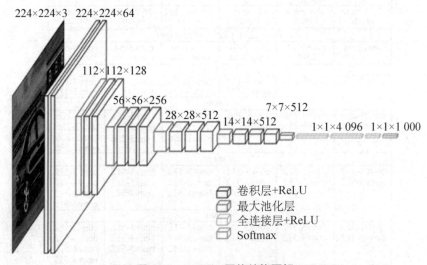

图 6-4　VGG16 网络结构图解

6.2.2　案例：VGG16 用于 CIFAR10 数据集的图片分类

接下来仍然采用 CIFAR10 数据集，本小节利用 VGG16 进行训练，并比较它与 AlexNet 的训练精度。CIFAR10 数据的下载、读取，以及构建适合 PyTorch 操作的数据读取器的过程在 6.1.3 小节已有详细介绍，这里不再赘述。由于本章使用的代码有高度的重复性，因此将重复使用的代码，例如数据下载与读取、数据预处理、计算模型准确率、模型验证、模型训练等自定义函数编写为 util.py 文件，方便每次运行前调用。

6.2.3　VGG 网络构建及代码实现

　　VGG 的网络构建只需按照前面讲解的 VGG 网络结构一一对应实现即可。作为示例，将前几层参数个数的计算过程展示如下。

　　第 1 层：卷积核的大小为 3×3，共 64 个卷积核，因此消耗的参数个数为（3×3×3+1）×64=1 792。

　　第 4 层：卷积核的大小为 3×3，共 64 个卷积核，其中一个卷积核消耗的参数个数为 3×3×64+1=577，总共消耗的参数为 577×64=36 928。

　　第 7 层：最大池化层，不消耗任何参数。

　　再之后的参数个数，读者可以自行计算，并与模型概要表中的结果对比。

　　VGG 网络构建代码如下。构建 VGG 后，仍然通过 summary()函数获取模型的概要表，见下面代码的输出部分。

代码 6-6：构建 VGG 模型

```
class VGG16(nn.Module):
    def __init__(self):
        super(VGG16,self).__init__()
        self.cnn = nn.Sequential(
            nn.Conv2d(3,64,kernel_size = 3,padding = 1),
            nn.BatchNorm2d(64),nn.ReLU(inplace=True),
            nn.Conv2d(64,64,kernel_size = 3,padding = 1),
            nn.BatchNorm2d(64),nn.ReLU(inplace=True),
            nn.MaxPool2d(kernel_size=2,stride=2),

            nn.Conv2d(64,128,kernel_size = 3,padding = 1),
            nn.BatchNorm2d(128),nn.ReLU(inplace=True),
            nn.Conv2d(128,128,kernel_size = 3,padding = 1),
            nn.BatchNorm2d(128),nn.ReLU(inplace=True),
            nn.MaxPool2d(kernel_size=2,stride=2),

            nn.Conv2d(128,256,kernel_size = 3,padding = 1),
            nn.BatchNorm2d(256),nn.ReLU(inplace=True),
            nn.Conv2d(256,256,kernel_size = 3,padding = 1),
            nn.BatchNorm2d(256),nn.ReLU(inplace=True),
            nn.Conv2d(256,256,kernel_size = 3,padding = 1),
            nn.BatchNorm2d(256),nn.ReLU(inplace=True),
            nn.MaxPool2d(kernel_size=2,stride=2),

            nn.Conv2d(256,512,kernel_size = 3,padding = 1),
            nn.BatchNorm2d(512),nn.ReLU(inplace=True),
            nn.Conv2d(512,512,kernel_size = 3,padding = 1),
            nn.BatchNorm2d(512),nn.ReLU(inplace=True),
            nn.Conv2d(512,512,kernel_size = 3,padding = 1),
```

```
            nn.BatchNorm2d(512),nn.ReLU(inplace=True),
            nn.MaxPool2d(kernel_size=2,stride=2),

            nn.Conv2d(512,512,kernel_size = 3,padding = 1),
            nn.BatchNorm2d(512),nn.ReLU(inplace=True),
            nn.Conv2d(512,512,kernel_size = 3,padding = 1),
            nn.BatchNorm2d(512),nn.ReLU(inplace=True),
            nn.Conv2d(512,512,kernel_size = 3,padding = 1),
            nn.BatchNorm2d(512),nn.ReLU(inplace=True),
            nn.MaxPool2d(kernel_size=2,stride=2),
        )
        self.fc = nn.Linear(512,10)

    def forward(self,x):
        out = self.cnn(x)
        out = out.view(out.size(0),-1)
        return self.fc(out)
```

```
# 查看模型具体信息
from torchsummary import summary  # 需要预先下载,在终端输入 pip install torchsummary
IMSIZE = 32
vgg16_model = VGG16().cuda()
summary(vgg16_model,(3,IMSIZE,IMSIZE))
```

```
----------------------------------------------------------------
        Layer (type)          Output Shape          Param #
================================================================
            Conv2d-1       [-1, 64, 32, 32]            1,792
       BatchNorm2d-2       [-1, 64, 32, 32]              128
              ReLU-3       [-1, 64, 32, 32]                0
            Conv2d-4       [-1, 64, 32, 32]           36,928
       BatchNorm2d-5       [-1, 64, 32, 32]              128
              ReLU-6       [-1, 64, 32, 32]                0
         MaxPool2d-7       [-1, 64, 16, 16]                0
            Conv2d-8      [-1, 128, 16, 16]           73,856
       BatchNorm2d-9      [-1, 128, 16, 16]              256
             ReLU-10      [-1, 128, 16, 16]                0
           Conv2d-11      [-1, 128, 16, 16]          147,584
      BatchNorm2d-12      [-1, 128, 16, 16]              256
             ReLU-13      [-1, 128, 16, 16]                0
        MaxPool2d-14        [-1, 128, 8, 8]                0
           Conv2d-15        [-1, 256, 8, 8]          295,168
      BatchNorm2d-16        [-1, 256, 8, 8]              512
             ReLU-17        [-1, 256, 8, 8]                0
           Conv2d-18        [-1, 256, 8, 8]          590,080
      BatchNorm2d-19        [-1, 256, 8, 8]              512
             ReLU-20        [-1, 256, 8, 8]                0
           Conv2d-21        [-1, 256, 8, 8]          590,080
      BatchNorm2d-22        [-1, 256, 8, 8]              512
             ReLU-23        [-1, 256, 8, 8]                0
        MaxPool2d-24        [-1, 256, 4, 4]                0
           Conv2d-25        [-1, 512, 4, 4]        1,180,160
      BatchNorm2d-26        [-1, 512, 4, 4]            1,024
             ReLU-27        [-1, 512, 4, 4]                0
           Conv2d-28        [-1, 512, 4, 4]        2,359,808
      BatchNorm2d-29        [-1, 512, 4, 4]            1,024
             ReLU-30        [-1, 512, 4, 4]                0
           Conv2d-31        [-1, 512, 4, 4]        2,359,808
      BatchNorm2d-32        [-1, 512, 4, 4]            1,024
             ReLU-33        [-1, 512, 4, 4]                0
        MaxPool2d-34        [-1, 512, 2, 2]                0
           Conv2d-35        [-1, 512, 2, 2]        2,359,808
      BatchNorm2d-36        [-1, 512, 2, 2]            1,024
             ReLU-37        [-1, 512, 2, 2]                0
           Conv2d-38        [-1, 512, 2, 2]        2,359,808
      BatchNorm2d-39        [-1, 512, 2, 2]            1,024
             ReLU-40        [-1, 512, 2, 2]                0
           Conv2d-41        [-1, 512, 2, 2]        2,359,808
      BatchNorm2d-42        [-1, 512, 2, 2]            1,024
             ReLU-43        [-1, 512, 2, 2]                0
        MaxPool2d-44        [-1, 512, 1, 1]                0
           Linear-45               [-1, 10]            5,130
================================================================
Total params: 14,728,266
Trainable params: 14,728,266
Non-trainable params: 0
----------------------------------------------------------------
```

6.2.4 模型训练

最后,训练并验证 VGG 模型。由于 6.1.3 小节案例与 6.2.2 小节案例处理的都是 10 分类问题,因此 6.1 节中代码 6-5 给出的训练函数 train()可以直接用于 VGG 模型。只需将其中的 model 修改为在代码 6-6 中构建的 VGG 模型即可。具体代码如下。作为示例,进行 10 个 epoch 循环。从结果可以看到,模型在第 10 个 epoch 的外样本精度达到 74.20%,

和 AlexNet 的表现（74.19%）大体相同。

代码 6-7：训练、验证 VGG 模型

```
## 给定超参数，定义优化器，进行模型训练
lr = 1e-3
epochs = 10
optimizer = torch.optim.Adam(vgg16_model.parameters(), lr=lr) # 设置优化器
history = train(vgg16_model, optimizer, train_loader, val_loader,
epochs= epochs) # 实施训练
```

```
Epoch [1/10], time: 19.34s, loss: 1.4569, acc: 0.4474, val_loss: 1.1688, val_acc: 0.5968
Epoch [2/10], time: 19.31s, loss: 2.3382, acc: 0.1146, val_loss: 2.1072, val_acc: 0.1869
Epoch [3/10], time: 18.77s, loss: 1.9687, acc: 0.2597, val_loss: 1.8299, val_acc: 0.3095
Epoch [4/10], time: 19.29s, loss: 1.6977, acc: 0.3575, val_loss: 1.5513, val_acc: 0.4079
Epoch [5/10], time: 19.43s, loss: 1.3720, acc: 0.4913, val_loss: 1.2012, val_acc: 0.5629
Epoch [6/10], time: 19.27s, loss: 1.1355, acc: 0.5856, val_loss: 1.0222, val_acc: 0.6398
Epoch [7/10], time: 19.32s, loss: 0.9745, acc: 0.6525, val_loss: 0.9901, val_acc: 0.6519
Epoch [8/10], time: 19.42s, loss: 0.8422, acc: 0.7027, val_loss: 0.8752, val_acc: 0.6972
Epoch [9/10], time: 19.38s, loss: 0.7432, acc: 0.7421, val_loss: 0.8047, val_acc: 0.7201
Epoch [10/10], time: 19.35s, loss: 0.6486, acc: 0.7777, val_loss: 0.7862, val_acc: 0.7420
```

6.3　Inception V1 模型原理与实现

Inception 网络结构由谷歌团队提出，因此也被称为 GoogLeNet。该模型共有 4 个版本，从 V1 到 V4。其中 Inception V1 由克里斯汀·塞格德（Christian Szegedy）于 2014 年提出。[①]该网络模型在 2014 年的 ILSVRC 比赛上获得冠军。

6.3.1　Inception V1 网络结构

AlexNet、VGG 等网络结构都是通过增加网络中卷积层的深度（层数）来获得更好的训练效果。而 Inception V1 则是通过增加每层卷积的宽度（通道数）来提升训练效果。在 Inception V1 的基础上，谷歌团队又从神经网络训练性能的角度出发，不断改善网络结构，陆续提出 Inception V2、Inception V3 和 Inception V4。下面重点介绍 Inception V1 的结构。图 6-5 展示了 Inception V1 的基础模块。

从图 6-5 可以看出，Inception V1 的主要特点有两个：一是利用多个不同尺寸的卷积核同时对前一层的输出进行卷积再聚合。图 6-5 中的模块（a）、（b）、（c）就是在同一层上分别使用了 1×1、3×3 和 5×5 三个不同的卷积核。二是使用 1×1 的卷积，该操作能够实现降维（减小深度）从而减少模型的参数消耗。图 6-5 中的模块（1）和（2）都是在 3×3 和 5×5 卷积之前先使用 1×1 的卷积进行降维，模块（3）是在 3×3 的最大池化之后使用了 1×1 卷积。Inception V1 的完整网络结构如图 6-6 所示，一共有 22 层，各层具体结构如下。

① Szegedy C，Liu W，Jia Y，et al. Going Deeper with Convolutions. 2015 IEEE Conference on Computer Vision and Pattern Recognition（CVPR）. IEEE.

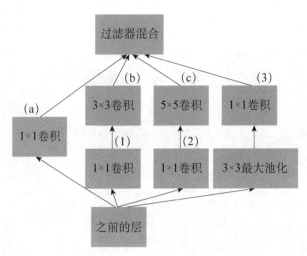

图 6-5　Inception V1 的基础模块

输入层：3×224×224 的彩色图像。

第 1 个卷积层：Conv2D（7×7，64），stride（2），same，ReLU，output：64×112×112。

第 1 个池化层：MaxPooling2D（3×3），stride（2），局部响应归一（为了标准化输出），output：64×56×56。

第 2 个卷积层：Conv2D（3×3，192），same，ReLU，output：192×56×56。

第 2 个池化层：MaxPooling2D（3×3），stride（2），output：192×28×28。

接下来进入 Inception 模块。

第 3 层串联了 2 个 Inception 模块，其中第一个称为 Inception 3a 模块：有以下 4 个分支，采用不同尺寸卷积核进行处理。

（1）Conv2D（1×1，64），output：64×28×28。

（2）Conv2D（1×1，96），output：96×28×28；Conv2D（3×3，128），output：128×28×28。

（3）Conv2D（1×1，16），output：16×28×28；Conv2D（5×5，32），output：32×28×28。

（4）MaxPooling2D（3×3），output：192×28×28；Conv2D（1×1，32），output：32×28×28。

将（1）～（4）的输出并联起来，总的通道数为 64+128+32+32=256，尺寸均为 28，因此最终输出为 256×28×28。

第二个称为 Inception 3b 模块：有以下 4 个分支，采用不同尺寸卷积核进行处理。

（1）Conv2D（1×1，128），output：128×28×28。

（2）Conv2D（1×1，128），output：128×28×28；Conv2D（3×3，192），output：192×28×28。

（3）Conv2D（1×1，32），output：32×28×28；Conv2D（5×5，96），output：96×28×28。

（4）MaxPooling2D（3×3），output：256×28×28；Conv2D（1×1，64），output：64×28×28。

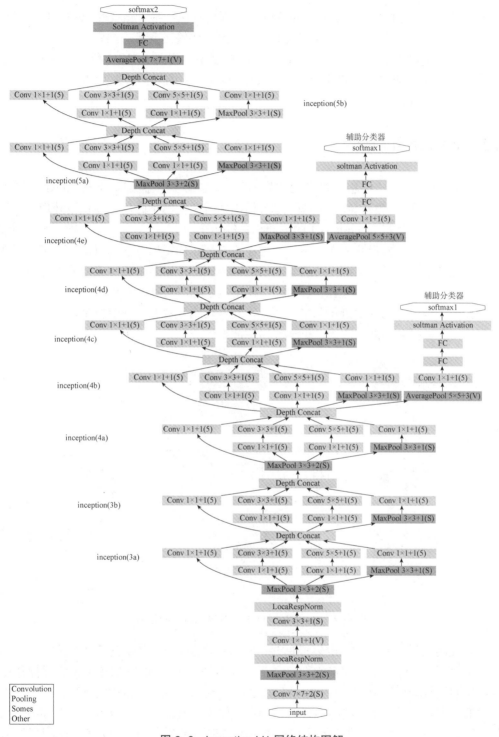

图 6-6　Inception V1 网络结构图解

将（1）～（4）的输出并联起来，总的通道数为 128+192+96+64=480，尺寸均为 28，因此最终输出为 480×28×28。

第 4 层串联了 5 个 Inception 模块（4a、4b、4c、4d、4e），第 5 层为 2 个 Inception 模

块（5a、5b），它们的结构与 Inception 3a 和 3b 都比较像，唯一需要注意的是使用卷积核的个数不同，因此需要特别注意通道数的不同。最后将输出变成二维数组后接上一个输出个数为类别标签数的全连接层。Inception V1 的模型结构相比于 VGG 和 AlexNet 要复杂得多，在具体编写代码时，可以考虑先编写 Inception 模块的代码，然后再拼接各个模块的代码形成完整的 Inception V1 结构。

6.3.2 Inception V1 创新点

InceptionV1 网络结构总体仍是卷积层+池化层的模式，但细节上与 AlexNet 模型、VGG 模型相比有较大的差异，引入了 1×1 卷积并考虑使用不同尺寸卷积核处理上一层输出，然后并联。这里将 InceptionV1 的创新点总结如下。

（1）使用多个不同尺寸的卷积核。通过图 6-7 所示的新旧方法的对比可以发现，在之前小节所介绍的神经网络训练中，对上一层的输入通常使用多个相同尺寸的卷积核进行操作，而在 Inception V1 中，对上一层的输入使用多个不同尺寸的卷积核进行操作。学者们对这种操作可能带来的好处给出了多种解释，其中较为直观的一种解释是，叠加不同尺寸的卷积核，可以提取不同层次的、更丰富的特征。

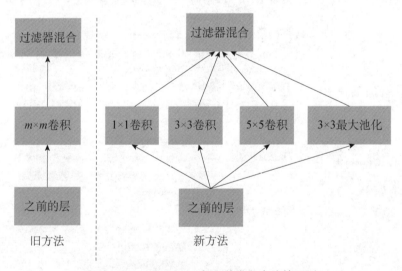

图 6-7　Inception V1 与之前卷积方法的区别

（2）使用大量 1×1 的卷积核。通过图 6-8 所示的新旧方法的对比可以发现，在 3×3、5×5 卷积核之前，以及在最大池化之后，都增加了 1×1 的卷积核。在实际操作中，每次使用通道数较少的 1×1 卷积核，可以大幅减少参数个数，从而实现降维。

我们通过如下示例来更清晰地说明这一点。如图 6-9 所示，假设上一层的输出结果是 192×32×32，中间经过具有 256 个通道的 3×3 的 same 卷积后，输出结果为 256×32×32。两种方法消耗的参数个数分别如下。（1）旧方法消耗的参数个数：如果不考虑截距项，参数个数就变为 192×3×3×256=442 368。（2）新方法消耗的参数个数：此时在原始的 192×32×32 的输入上，先经过具有 96 个通道的 1×1 卷积层，消耗的参数个数为 192×1×1×96=18 432；再经过具有 256 个通道的 3×3 卷积层，消耗的参数个数为 96×3×3×

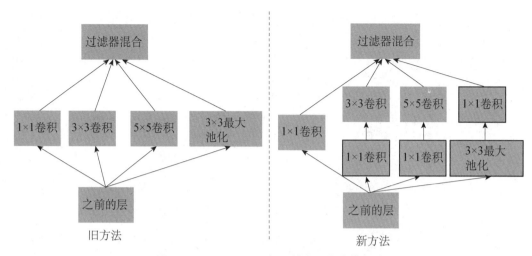

图 6-8　Inception V1 与之前卷积方法的区别

256=221 184，最后输出的数据仍然为 256×32×32，此时需要的参数总个数为 221 184+18 432=239 616。可以看到，新方法整体的参数相比旧方法大约减少了一半，这里参数减少主要源于使用了通道数较少的 1×1 卷积核，通过消耗少量参数实现降维。

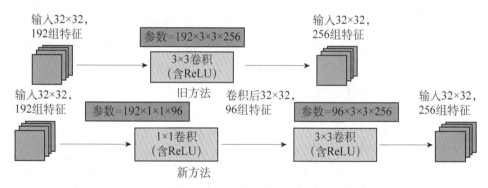

图 6-9　新旧方法消耗参数对比

6.3.3　Inception V1 网络构建及代码实现

接下来采用 Inception V1 训练 CIFAR10 数据集。与前两小节类似，Inception V1 的网络构建只需按照前面讲解的网络结构一一对应实现即可。具体代码如下。这里需要注意的是，为适应 CIFAR10 数据集的像素尺寸（3×32×32），我们对进入 Inception 模块前两层的卷积池化操作进行了适当简化。具体而言，将其简化为一层卷积操作，使用 192 个 3×3 的卷积核进行 same 卷积，并用 ReLU 函数进行激活。构建 Inception V1 后，仍然通过 summary()函数获取模型概要表，如代码 6-9 的输出部分所示。由于 InceptionV1 模型较大，这里只展示最开始与结束的部分结构。读者可以自行计算模型每层参数消耗情况，并与模型概要表中的结果对比。

代码 6-8：构建 InceptionV1 模型中的 Inception 模块

```
# 首先构建 Inception 模块,包含四部分:1×1 卷积、3×3 卷积、5×5 卷积,以及 3×3 最大池化。具
```

体输入、输出通道数待指定。

```python
class Inception_cell(nn.Module):
    def __init__(self,in_planes,n1×1,n3×3red,n3×3,n5×5red,n5×5,pool_planes):
        super(Inception_cell,self).__init__()
        # 第一部分:1×1 卷积
        self.b1 = nn.Sequential(
            nn.Conv2d(in_planes,n1×1,kernel_size=1),
            nn.BatchNorm2d(n1×1),
            nn.ReLU(True),
        )
        # 第二部分:3×3 卷积
        self.b2 = nn.Sequential(
            nn.Conv2d(in_planes,n3×3red,kernel_size=1),
            nn.BatchNorm2d(n3×3red),
            nn.ReLU(True),
            nn.Conv2d(n3×3red,n3×3,kernel_size=3,padding=1),
            nn.BatchNorm2d(n3×3),
            nn.ReLU(True),
        )
        # 第三部分:5×5 卷积
        self.b3 = nn.Sequential(
            nn.Conv2d(in_planes,n5×5red,kernel_size=1),
            nn.BatchNorm2d(n5×5red),
            nn.ReLU(True),
            nn.Conv2d(n5×5red,n5×5,kernel_size=3,padding=1)
            nn.BatchNorm2d(n5×5),
            nn.ReLU(True),
            nn.Conv2d(n5×5,n5×5,kernel_size=3,padding=1),
            nn.BatchNorm2d(n5×5),
            nn.ReLU(True),
        )
        # 第四部分:3×3 最大池化
        self.b4 = nn.Sequential(
            nn.MaxPool2d(3,stride=1,padding=1),
            nn.Conv2d(in_planes,pool_planes,kernel_size=1),
            nn.BatchNorm2d(pool_planes),
            nn.ReLU(True),
        )
    def forward(self,x):
        y1 = self.b1(x)
        y2 = self.b2(x)
        y3 = self.b3(x)
        y4 = self.b4(x)
```

```
        return torch.cat([y1,y2,y3,y4],1)# torch.cat 将 Inception 模块的四个分支拼
接起来
```

代码 6-9：构建 InceptionV1 模型

```
# 接下来构建 InceptionV1 模型主题,包括 Inception 前的卷积部分; Inception  3a,3b,…,5b
模块部分; 全连接层部分。
class GoogLeNet(nn.Module):
  def __init__(self):
     super(GoogLeNet,self).__init__()
      # 进入 Inception 模块前的卷积部分的初始化
     self.pre_layers = nn.Sequential(
        nn.Conv2d(3,192,kernel_size=3,padding=1),
        nn.BatchNorm2d(192),
        nn.ReLU(True),
     )
     # Inception 3a,3b,…,5b 部分的初始化,将在 forward 函数中进行搭建
     self.a3 = Inception_cell(192,64,96,128,16,32,32)
     self.b3 = Inception_cell(256,128,128,192,32,96,64)

     self.maxpool = nn.MaxPool2d(3,stride=2,padding=1)

     self.a4 = Inception_cell(480,192,96,208,16,48,64)
     self.b4 = Inception_cell(512,160,112,224,24,64,64)
     self.c4 = Inception_cell(512,128,128,256,24,64,64)
     self.d4 = Inception_cell(512,112,144,288,32,64,64)
     self.e4 = Inception_cell(528,256,160,320,32,128,128)

     self.a5 = Inception_cell(832,256,160,320,32,128,128)
     self.b5 = Inception_cell(832,384,192,384,48,128,128)
     # nn.AvgPool2d 平均池化操作,参数和 MaxPool2d 的一样
     self.avgpool = nn.AvgPool2d(8,stride=1)
     self.linear = nn.Linear(1024,10)

  def forward(self,x):
     out = self.pre_layers(x)#进入 Inception 模块前的卷积部分
     out = self.a3(out)# 3a 部分
     out = self.b3(out)# 3b 部分
     out = self.maxpool(out)# 最大池化
     out = self.a4(out)# 4a 部分
     out = self.b4(out)# 4b 部分
     out = self.c4(out)# 4c 部分
     out = self.d4(out)# 4d 部分
     out = self.e4(out)# 4e 部分
     out = self.maxpool(out)#最大池化
```

```
        out = self.a5(out)#5a 部分
        out = self.b5(out)#5b 部分
        out = self.avgpool(out)#平均池化
        out = out.view(out.size(0),-1)#拉直
        out = self.linear(out)#全连接层
        return out
```

```
# 查看模型具体信息
from torchsummary import summary  # 需要预先下载,在终端输入 pip install torchsummary
IMSIZE = 32
inceptionv1_model = GoogLeNet().cuda()
summary(inceptionv1_model,(3,IMSIZE,IMSIZE))
```

```
----------------------------------------------------------------
        Layer (type)               Output Shape         Param #
================================================================
            Conv2d-1          [-1, 192, 32, 32]           5,376
       BatchNorm2d-2          [-1, 192, 32, 32]             384
              ReLU-3          [-1, 192, 32, 32]               0
            Conv2d-4           [-1, 64, 32, 32]          12,352
       BatchNorm2d-5           [-1, 64, 32, 32]             128
              ReLU-6           [-1, 64, 32, 32]               0
            Conv2d-7           [-1, 96, 32, 32]          18,528
       BatchNorm2d-8           [-1, 96, 32, 32]             192
              ReLU-9           [-1, 96, 32, 32]               0
           Conv2d-10          [-1, 128, 32, 32]         110,720
      BatchNorm2d-11          [-1, 128, 32, 32]             256
             ReLU-12          [-1, 128, 32, 32]               0
           Conv2d-13           [-1, 16, 32, 32]           3,088
      BatchNorm2d-14           [-1, 16, 32, 32]              32
             ReLU-15           [-1, 16, 32, 32]               0
                              ......
          Conv2d-209           [-1, 128, 8, 8]          106,624
     BatchNorm2d-210           [-1, 128, 8, 8]             256
            ReLU-211           [-1, 128, 8, 8]               0
  Inception_cell-212          [-1, 1024, 8, 8]               0
       AvgPool2d-213          [-1, 1024, 1, 1]               0
          Linear-214                  [-1, 10]          10,250
================================================================
Total params: 6,166,250
Trainable params: 6,166,250
Non-trainable params: 0
----------------------------------------------------------------
```

6.3.4 模型训练

最后，训练并验证 InceptionV1 模型。代码 6-5 给出的训练函数 train()可直接用于 InceptionV1 模型，只需将其中的 model 修改为在代码 6-8 中构建的 InceptionV1 模型即可。具体代码如下。作为示例，进行 10 个 epoch 循环。从结果可以看到，模型在第 10 个 epoch 的外样本精度达到83.12%，结果比 AlexNet 模型和 VGG 模型要好一些。

代码 6-10：训练、验证 InceptionV1 模型

```
# 给定超参数,定义优化器,进行模型训练
lr = 1e-4
epochs = 10
```

```
optimizer = torch.optim.Adam(inceptionv1_model.parameters(),lr=lr)# 设置优化器
history = train(inceptionv1_model,optimizer,train_loader,val_loader,epochs=
epochs)# 实施训练
```

```
Epoch [1/10], time: 148.37s, loss: 1.1088, acc: 0.6047, val_loss: 0.8446, val_acc: 0.7070
Epoch [2/10], time: 148.31s, loss: 0.8680, acc: 0.6971, val_loss: 0.6589, val_acc: 0.7702
Epoch [3/10], time: 150.29s, loss: 0.6255, acc: 0.7820, val_loss: 0.6281, val_acc: 0.7862
Epoch [4/10], time: 148.49s, loss: 0.5199, acc: 0.8208, val_loss: 0.6501, val_acc: 0.7812
Epoch [5/10], time: 148.00s, loss: 0.4274, acc: 0.8541, val_loss: 0.5534, val_acc: 0.8237
Epoch [6/10], time: 146.82s, loss: 0.3603, acc: 0.8750, val_loss: 0.4887, val_acc: 0.8339
Epoch [7/10], time: 146.80s, loss: 0.2962, acc: 0.8978, val_loss: 0.5017, val_acc: 0.8379
Epoch [8/10], time: 147.28s, loss: 0.2529, acc: 0.9120, val_loss: 0.4592, val_acc: 0.8522
Epoch [9/10], time: 151.23s, loss: 0.2046, acc: 0.9291, val_loss: 0.6014, val_acc: 0.8335
Epoch [10/10], time: 148.25s, loss: 0.1731, acc: 0.9393, val_loss: 0.5765, val_acc: 0.8312
```

6.4　ResNet 模型原理与实现

ResNet（residual neural network）网络结构由微软研究院何恺明等人提出，该网络结构在 2015 年的 ILSVRC 比赛上获得冠军[①]，其 Top5 错误率仅为 3.57%。不仅如此，在 ImageNet Detection、ImageNet Localization、COCO Detection 等多项竞赛中，该模型也都获得过冠军。截止到本书写作期间，其研究已有超过 10 万次的引用。有评价认为，ResNet 是过去几年计算机视觉和深度学习领域最具开创性的工作，对此后深度学习在学界和业界的发展具有重要影响。

6.4.1　ResNet 网络结构

随着深度学习的发展，学者们开始尝试建立更深的深度模型。但他们随即发现，更深的网络结构意味着前馈学习以及反向传播梯度过程中将涉及更多的链式法则乘积，因此容易发生梯度消失或梯度爆炸的问题，使网络出现退化。而 ResNet 的提出很好地避免了这些问题。与前三节所介绍的经典卷积神经网络模型相比，ResNet 具有一个独特的结构——残差学习模块。下面对该模块加以介绍。

1. ResNet 的残差学习模块

ResNet 声名鹊起的一个重要原因是，它创新性地提出了残差学习的思想。图 6-10 为 ResNet 的一个残差学习模块的图解，该模块包含多个卷积层（即图中的层权重），多个卷积层对这个残差学习模块的输入数据 X 进行 $f(X)$ 的变化，同时原始输入信息 X 跳过多个卷积层直接传导到后面的层中，最终将 $f(X)+X$ 的整体作为输入，并用激活函数激活，从而得到这个残差学习模块的输出结果。所以 $f(X)$ 本质上是输出结果和输入结果之间的差值，即残差。ResNet 学习的就是 $f(X)$，因此 ResNet 又称残差网络。

---

① He K，Zhang X，Ren S，Sun J. Deep Residual Learning for Image Recognition. 2016 IEEE Conference on Computer Vision and Pattern Recognition（CVPR）.

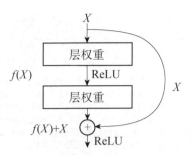

图 6-10　残差学习模块的图解

2. 残差学习模块的优势

传统的卷积神经网络或者全连接网络，在信息传递时，或多或少会存在信息丢失、损耗等问题。另外，当网络模型的深度较深时，容易出现梯度消失或梯度爆炸的情况，使得网络无法训练。ResNet 通过提出残差学习的思想，在一定程度上解决了这个问题。在经典的卷积、池化操作的同时加上恒等变换的方法（即将输入信息 X "绕道" 传导到输出），极大地保护了信息的完整性。整个网络只需要学习输入、输出和残差部分即 $f(X)$，因此简化了学习的目标和难度。以图 6-11 为例，最左边是 19 层的 VGG，中间是 34 层的普通神经网络，最右边是 34 层的 ResNet。将三者对比可以发现，ResNet 与其他两个网络结构最大的区别是有很多的旁路将输入直接连接到后面的层，这种结构也称为 shortcuts，每一个 shortcuts 连线中间包含的是一个残差学习模块。

3. ResNet 中常用的残差学习模块

图 6-12 所示为 ResNet 网络结构中常用的两种残差学习模块，左边是由两个 3×3 卷积网络串联在一起作为一个残差学习模块，右边是以 1×1、3×3、1×1 三个卷积网络串联在一起作为一个残差学习模块。ResNet 的不同版本大都是以这两种学习模块堆叠在一起实现的。比较常见的 ResNet 有 18 层、34 层、50 层、101 层和 152 层。表 6-1 列出了 ResNet 不同层数的具体网络结构。

4. ResNet 网络结构详解

下面以 34 层的 ResNet 为例，对照表 6-1，详解其网络结构。

输入层：3×224×224 的彩色图像。

（1）conv1 层：Conv2D（7×7，64），stride（2），same，ReLU，output：64×112×112。

（2）conv2_x 层：MaxPooling2D（3×3），stride（2），output：64×56×56。随后接 3 个残差学习模块，每个模块都由两个卷积层组成：Conv2D（3×3，64），same。

（3）conv3_x 层：由 4 个残差学习模块组成。注意 conv2_3 的 output 为 56×56，因此在 conv3_1 的某一卷积层，需要将步长调整为 2，从而使得 conv3_4 的 output 维度降低到 28×28。

（4）conv4_x 层：由 6 个残差学习模块组成。同 conv3_x 层，在 conv4_1 的某一卷积层，需要将步长调整为 2，从而使得 conv4_6 的 output 维度降低到 14×14。

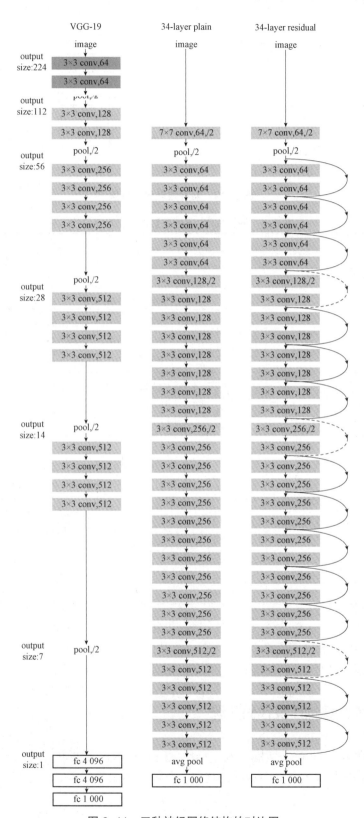

图 6-11　三种神经网络结构的对比图

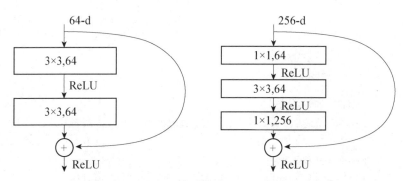

图 6-12 两种残差学习模块

表 6-1 原论文[①]中不同层数的 ResNet 结构

layer name	output size	18-layer	34-layer	50-layer	101-layer	152-layer
conv1	112×112	7×7,64,stride2				
conv2_x	56×56	3×3max pool,stride2				
		$\begin{bmatrix}3\times3,64\\3\times3,64\end{bmatrix}\times2$	$\begin{bmatrix}3\times3,64\\3\times3,64\end{bmatrix}\times3$	$\begin{bmatrix}1\times1,64\\3\times3,64\\1\times1,256\end{bmatrix}\times3$	$\begin{bmatrix}1\times1,64\\3\times3,64\\1\times1,256\end{bmatrix}\times3$	$\begin{bmatrix}1\times1,64\\3\times3,64\\1\times1,256\end{bmatrix}\times3$
conv3_x	28×28	$\begin{bmatrix}3\times3,128\\3\times3,128\end{bmatrix}\times2$	$\begin{bmatrix}3\times3,128\\3\times3,128\end{bmatrix}\times4$	$\begin{bmatrix}1\times1,128\\3\times3,128\\1\times1,512\end{bmatrix}\times4$	$\begin{bmatrix}1\times1,128\\3\times3,128\\1\times1,512\end{bmatrix}\times4$	$\begin{bmatrix}1\times1,128\\3\times3,128\\1\times1,512\end{bmatrix}\times8$
conv4_x	14×14	$\begin{bmatrix}3\times3,256\\3\times3,256\end{bmatrix}\times2$	$\begin{bmatrix}3\times3,256\\3\times3,256\end{bmatrix}\times6$	$\begin{bmatrix}1\times1,256\\3\times3,256\\1\times1,1024\end{bmatrix}\times6$	$\begin{bmatrix}1\times1,256\\3\times3,256\\1\times1,1024\end{bmatrix}\times23$	$\begin{bmatrix}1\times1,256\\3\times3,256\\1\times1,1024\end{bmatrix}\times36$
conv5_x	7×7	$\begin{bmatrix}3\times3,512\\3\times3,512\end{bmatrix}\times2$	$\begin{bmatrix}3\times3,512\\3\times3,512\end{bmatrix}\times3$	$\begin{bmatrix}1\times1,512\\3\times3,512\\1\times1,2048\end{bmatrix}\times3$	$\begin{bmatrix}1\times1,512\\3\times3,512\\1\times1,2048\end{bmatrix}\times3$	$\begin{bmatrix}1\times1,512\\3\times3,512\\1\times1,2048\end{bmatrix}\times3$
	1×1	average pool,1000-d fc,softmax				
FLOPs		1.8×10^9	3.6×10^9	3.8×10^9	7.6×10^9	11.3×10^9

（5）conv5_x 层：由 3 个残差学习模块组成。同 conv3_x 层和 conv4_x 层，在 conv5_1 的某一卷积层，需要将步长调整为 2，从而使得 output 维度降低到 7×7。

（6）最后接一个全连接层，输出的节点根据真实的应用案例决定。

6.4.2 ResNet 网络构建及代码实现

接下来采用 ResNet 解决实际案例，仍然采用 CIFAR10 数据集。这里我们逐步介绍代码实现过程。首先构建残差学习模块的代码，具体代码如下：

① He K，Zhang X，Ren S，Sun J. Deep Residual Learning for Image Recognition. 2016 IEEE Conference on Computer Vision and Pattern Recognition（CVPR）.

代码 6-11：残差学习模块的代码（一个 block）

```
class BasicBlock(nn.Module):
    def __init__(self,in_planes,planes,stride=1):
        '''
        构建一个 ResNet 的残差学习模块
        Input:
        in_planes -- 输入的通道数
        planes -- 输出的通道数
        stride -- 调节卷积中的 stride 参数,用于保证 tensor 的维度匹配

        Output:
        model
        '''
        super(BasicBlock,self).__init__()
        # 残差学习模块主要包含以下两部分
        #(1)Conv2D(3×3,planes),same,【stride(1)或 stride(2)】 BN
        #(2)Conv2D(3×3,planes),same,BN
        self.conv1 = nn.Conv2d(
            in_planes,planes,kernel_size=3,stride=stride,padding=1,bias=False)
        self.bn1 = nn.BatchNorm2d(planes)
        self.conv2 = nn.Conv2d(planes,planes,kernel_size=3,
                        stride=1,padding=1,bias=False)
        self.bn2 = nn.BatchNorm2d(planes)
        # 当 stride 为 2 时,增加一个 1×1 卷积实现维度匹配
        self.shortcut = nn.Sequential()
        if stride != 1:
            self.shortcut = nn.Sequential(
                nn.Conv2d(in_planes,planes,
                        kernel_size=1,stride=stride,bias=False),
                nn.BatchNorm2d(planes))
    def forward(self,x):
        # 将初始化构建的模块在 forward 函数中进行搭建
        out = F.relu(self.bn1(self.conv1(x)))# Conv2D,BN,ReLU
        out = self.bn2(self.conv2(out))# Conv2D,BN
        out += self.shortcut(x)# x + f(x)
        out = F.relu(out)#RelU
        return out
```

从代码 6-11 可以看出，这里将 2 个 3×3 卷积网络串联在一起作为一个残差学习模块。随后，根据 stride 的不同，决定是否要使用 1×1 卷积修改通道数。需要注意的是，从前馈函数 forward 中可以看出，ResNet 的每一个残差学习模块，最后一个卷积层都没有激活函数，即第二行的 out 不使用 F.relu()。而第三行的操作，正是将 x 与 $f(x)$ 进行加和。再经过一次 ReLU 变换后，就完成了残差学习模块的一个 block。

训练 ResNet34 的完整代码示例如下。需要注意的是，与 Inception 类似，为适应 CIFAR10 的输入尺寸，对残差模块前的卷积网络结构做了适当简化调整。具体而言，在进入残差学习模块前搭建的网络为：Conv2D（3×3，64），same，BN，ReLU。构建 ResNet34 后，仍然通过 summary() 函数获取模型概要表，如代码 6-13 输出部分所示。这里只展示最开始与结束的部分。读者可以自行计算模型每层参数消耗情况，并与模型概要表中的结果对比。

代码 6-12：构建 ResNet34 模型

```
class ResNet(nn.Module):
    def __init__(self,block,num_blocks,num_classes=10):
        super(ResNet,self).__init__()
        self.in_planes = 64
        # 进入残差学习模块前的卷积层
        self.previous = nn.Sequential(nn.Conv2d(3,64,kernel_size=3,
                        stride=1,padding=1,bias=False),nn.BatchNorm2d(64),
                            nn.ReLU(True))
        # 进入残差学习模块,ResNet34 共有 4 个 conv_*x 层,每层结构类似
        self.layer1 = self._make_layer(block,64,num_blocks[0],stride=1)
        self.layer2 = self._make_layer(block,128,num_blocks[1],stride=2)
        self.layer3 = self._make_layer(block,256,num_blocks[2],stride=2)
        self.layer4 = self._make_layer(block,512,num_blocks[3],stride=2)
        # 全连接层部分
        self.linear = nn.Linear(512,num_classes)

    def _make_layer(self,block,planes,num_blocks,stride):
        '''
        conv_*x 层均由基本的残差学习模块堆叠,该函数循环模块 num_blocks 次
        Input:
        block - 残差模块
        planes -- 输出的通道数
        num_blocks -- 循环模块 num_blocks 次
        stride -- conv_*x 层第一个卷积层的 stride
        '''
        strides = [stride] + [1]*(num_blocks-1)#将每个卷积层设定的 stride 拼成一个
list,注意除了第一个 stride 可能为 2,其余均为 1
        layers = [] # 建立一个储存模块的 layer list
        for stride in strides:
            layers.append(block(self.in_planes,planes,stride))# 堆叠残差学习模块
            self.in_planes = planes
        return nn.Sequential(*layers)#将 layer 中的元素顺序输入 nn.Sequential,构建
一个 conv_*x 层


    def forward(self,x):
```

```
out = self.previous(x)# 残差学习模块前的卷积层
out = self.layer1(out)# conv_2x
out = self.layer2(out)# conv_3x
out = self.layer3(out)# conv_4x
out = self.layer4(out)# conv_5x
out = F.avg_pool2d(out,4)# 做一次平均池化
out = out.view(out.size(0),-1)# 拉直
out = self.linear(out)# 全连接层
return out
```

```
        Layer (type)        Output Shape        Param #
================================================================
         Conv2d-1         [-1, 64, 32, 32]          1,728
    BatchNorm2d-2         [-1, 64, 32, 32]            128
           ReLU-3         [-1, 64, 32, 32]              0
         Conv2d-4         [-1, 64, 32, 32]         36,864
    BatchNorm2d-5         [-1, 64, 32, 32]            128
         Conv2d-6         [-1, 64, 32, 32]         36,864
    BatchNorm2d-7         [-1, 64, 32, 32]            128
     BasicBlock-8         [-1, 64, 32, 32]              0
         Conv2d-9         [-1, 64, 32, 32]         36,864
   BatchNorm2d-10         [-1, 64, 32, 32]            128
        Conv2d-11         [-1, 64, 32, 32]         36,864
                              ......
   BatchNorm2d-81         [-1, 512, 4, 4]           1,024
        Conv2d-82         [-1, 512, 4, 4]       2,359,296
   BatchNorm2d-83         [-1, 512, 4, 4]           1,024
    BasicBlock-84         [-1, 512, 4, 4]               0
        Conv2d-85         [-1, 512, 4, 4]       2,359,296
   BatchNorm2d-86         [-1, 512, 4, 4]           1,024
        Conv2d-87         [-1, 512, 4, 4]       2,359,296
   BatchNorm2d-88         [-1, 512, 4, 4]           1,024
    BasicBlock-89         [-1, 512, 4, 4]               0
       Linear-90                  [-1, 10]           5,130
================================================================
Total params: 21,282,122
Trainable params: 21,282,122
Non-trainable params: 0
```

6.4.3 模型训练

最后，训练并验证 ResNet34 模型。同样，代码 6-5 给出的训练函数 train()可以直接用于 ResNet34 模型。只需将其中的 model 修改为在代码 6-12 中构建的 ResNet34 模型即可。具体代码如下。作为示例，进行 10 个 epoch 循环。从结果可以看到，模型在第 10 个 epoch 的外样本精度达到 80.40%。

代码 6-13：训练、验证 ResNet34 模型

```
# 给定超参数,定义优化器,进行模型训练
lr = 1e-4
epochs = 10
optimizer = torch.optim.Adam(resnet34_model.parameters(),lr=lr)# 设置优化器
history = train(resnet34_model,optimizer,train_loader,val_loader,epochs=
epochs)# 实施训练
```

```
Epoch [1/10], time: 69.07s, loss: 1.2828, acc: 0.5358, val_loss: 1.0078, val_acc: 0.6403
Epoch [2/10], time: 69.33s, loss: 0.9292, acc: 0.6754, val_loss: 0.7960, val_acc: 0.7217
Epoch [3/10], time: 69.48s, loss: 0.6761, acc: 0.7650, val_loss: 0.6844, val_acc: 0.7666
Epoch [4/10], time: 68.98s, loss: 0.5334, acc: 0.8158, val_loss: 0.6141, val_acc: 0.7905
Epoch [5/10], time: 68.88s, loss: 0.3982, acc: 0.8609, val_loss: 0.5910, val_acc: 0.8031
Epoch [6/10], time: 68.95s, loss: 0.2889, acc: 0.9001, val_loss: 0.6098, val_acc: 0.8124
Epoch [7/10], time: 69.21s, loss: 0.1976, acc: 0.9317, val_loss: 0.6734, val_acc: 0.8027
Epoch [8/10], time: 69.95s, loss: 0.1397, acc: 0.9514, val_loss: 0.6507, val_acc: 0.8201
Epoch [9/10], time: 69.14s, loss: 0.1009, acc: 0.9649, val_loss: 0.7361, val_acc: 0.8155
Epoch [10/10], time: 69.18s, loss: 0.0902, acc: 0.9690, val_loss: 0.8027, val_acc: 0.8040
```

6.5　批量归一化

6.1～6.4 节介绍了 4 个经典卷积神经网络模型，并用 CIFAR10 数据进行了模型实现。接下来，我们将介绍 2 种卷积神经网络中常用的技巧，实际经验表明，这些技巧的应用在很多情况下能够对模型的精度产生非常显著的改善效果。

读者可能会注意到，在 6.2～6.4 节的神经网络构建中，卷积 Conv2d 和非线性变换 ReLU 之间，还增加了 nn.BatchNorm2d 操作。本节将介绍这一技巧：批量归一化（batch normalization），它有时也简称为 BN 操作。批量归一化由谷歌研究员于 2015 年提出[①]，同时这个方法也被应用在 GoogLeNet（即 6.3 节所介绍的 Inception V1）中。经验表明，在某些数据集上，批量归一化的作用非常大，对预测精度有一定的改善。

6.5.1　批量归一化的提出动机

由于卷积神经网络涉及的参数量通常都非常庞大（例如 VGG16 有约 1 500 万个参数），而计算资源（CPU 内存/GPU 显存）却十分有限。因此在训练的过程中，每一步的迭代无法使用全部数据进行优化。实际操作中，人们通常退而求其次，将所有数据切分成多个子样本，分批次读入子样本。每一步迭代仅对读入的子样本做前向计算、反向传播，并更新参数。这样的优化方法也称为 mini-batch 梯度下降算法。每次读入的子样本称作 batch，也称为批次，而每个 batch 的样本量则称为 batch size。这里给出一个 mini-batch 梯度下降算法的例子加以说明：例如对一组数据进行随机排序之后，总样本量为 1 万，如果定义 batch size=200，那么 1 万个随机排序后的数据被以 200 为基本规格的 batch 切割成了50 份，这就是 50 个 batch。在做数据模型优化时，首先读入第一个 batch，在这个 batch 上计算梯度方向，接着参数按这个方向做一定的更新迭代，再计算下一个 batch。当 50 个 batch 全部做完之后，所有的样本都被遍历了一遍，这称为一个 epoch 循环。batch 和 epoch 的详细图解如图 6-13 所示。实际操作中，batch size 取值越小，则每个 epoch 参数更新的次数越多，但梯度的随机性也越大。反之 batch size 取值越大，则每个 epoch 参数更新的次数越少，梯度的随机性越小。

---

　　① Ioffe S，Szegedy C. Batch normalization：accelerating deep network training by reducing internal covariate shift// International conference on machine learning. PMLR，2015.

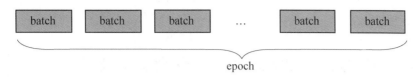

图 6-13　batch 和 epoch 的详细图解

分批次读入数据训练的做法使得训练一个庞大的神经网络变得可行。但这也会带来问题：由于每一次训练仅仅使用了一小部分样本，具有一定的随机性，由此得到的分布特征与全数据存在差异（例如，子样本的均值、协方差可能与全样本存在明显的区别）。因此，由该子样本计算出的梯度也可能与全样本存在明显差异，BN 算法的提出者称其是内部协方差偏移问题。为了解决该问题，一个最基本的想法是，将数据进行适当的标准化。这就是批量归一化提出的动机。

6.5.2　批量归一化的主要思想

我们以卷积神经网络的任意一层为例（假设为第 1 层），介绍批量归一化的核心思想。回顾卷积神经网络的计算流程，定义第 1 层的输出为 a_l，假设当前层的权重参数为 W，偏置项为 b，激活函数（例如 ReLU 变换）为 f，通过激活函数前的输出为 z_l（即 $z_l = Wa_{l-1} + b$），则有 $a_l = f(z_l) = f(Wa_{l-1} + b)$。

因此，为使得模型稳定、batch 间的变异性较小，就需要不同 batch 输出的 z_l 分布一致。具体而言，一般通过标准化将 z_l 的每一维都变换为标准正态分布：

$$\widehat{z_l} = \frac{z_l - \mu_B}{\sqrt{\sigma_B^2 + \epsilon}}$$

其中，$\mu_B = \frac{1}{m}\sum_{i=1}^{m} z_{l,i}$；$\sigma_B^2 = \frac{1}{m}\sum_{i=1}^{m}(z_{l,i} - \mu_B)^2$；$m$ 代表当前参数下的 batch size；$z_{l,i}$ 为对应 batch 中的第 i 个样本。这样的标准化操作在传统数据处理中非常普遍。但需要注意，由正态分布的性质可知，标准化后的 z_l 取值将以很高的概率接近 0。如果模型使用的激活函数为 Sigmoid 类型函数（其本身是一个非线性变换，但在 0 附近非常接近线性变换），标准化的操作会削弱非线性变换的效果。为解决这个问题，需要进一步通过平移、放缩来改变 z_l 的取值。即

$$y_l = \gamma\widehat{z_l} + \beta \equiv BN_{\gamma,\beta}(z_l)$$

其中，β、γ 分别表示平移和放缩的参数。最终，带有批量归一化操作的神经网络计算流程为：

$$a_l = f\{y_l\} = f\{BN_{\gamma,\beta}(Wa_{l-1})\}$$

注意，由于批量归一化过程中已经包含平移操作，因此不再需要偏置项 b。

值得一提的是，批量归一化所作出的变换中，μ_B 和 σ_B^2 是直接通过样本计算得到的，无须训练；而 β 和 γ 是待训练的参数，需要根据具体的模型结构和数据，让模型按照给定的优化算法和目标函数进行优化。而在 PyTorch 中，会对输出层的每一个通道进行批量归一化操作。例如在 nn.Conv2d（3, 100, kernel_size=3）后增加批量归一化操作，会额外增

加 100×2 个参数。

6.5.3 案例：带有批量归一化的模型用于猫狗数据集图片分类

1. 数据准备与构建数据读取器

从本节到 6.7 节，我们将采用一个非常有趣的案例数据即猫狗数据集进行模型训练。首先对数据集进行简单介绍。猫狗数据集的核心任务是对猫狗图片进行分类。数据的训练集和测试集分别存储在本地目录./data/CatDog/train/和./data/CatDog/validation/下。每个目录下有两个类别，分别是 cats 和 dogs，如图 6-14 所示。

```
%ls /database/datasets/Classics/CatDog
%ls /database/datasets/Classics/CatDog/train
%ls /database/datasets/Classics/CatDog/validation

train/   validation/
cats/    dogs/
cats/    dogs/
```

图 6-14　猫狗数据存放目录

猫狗数据集的处理与 CIFAR10 数据集非常类似，具体代码如下，不再赘述。但需要注意的是，猫狗数据集是用户存储在硬盘的图片文件，而非 PyTorch 内置的数据集。因此需要采用 torchvision.datasets.ImageFolder 方法读入图片。方法中的参数 root 代表数据路径，transform 代表数据变换形式。该方法返回 dataset，与处理 CIFAR10 的方法 torchvision.datasets.CIFAR10 返回的类型相似，可以直接作为 torch.utils.data.DataLoader 的输入参数。

代码 6-14：获取猫狗数据并转换成 Data Loader

```python
batch_size = 32 # 指定 batch_size
data_dir = '/database/datasets/Classics/CatDog' # 指定图片路径
# 将读入的图片 Resize 后,转换成 tensor
transform = transforms.Compose([
    transforms.Resize((224,224)),
    transforms.ToTensor(),
])
# 准备 dataset,使用 torchvision.datasets.ImageFolder 读入图片,指定变换形式
train_set = torchvision.datasets.ImageFolder(root=os.path.join(data_dir,'train'),
                                    transform=transform)
val_set=torchvision.datasets.ImageFolder(root=os.path.join(data_dir,
'validation'),transform=transform)
# 准备 data loader
train_loader = torch.utils.data.DataLoader(train_set,
        batch_size=batch_size,shuffle=True,num_workers=12)# 打乱训练集
val_loader = torch.utils.data.DataLoader(val_set,
        batch_size=batch_size,shuffle=False,num_workers=12)
```

2. 数据展示

与 6.1.3 小节类似，构建数据读取器后，接下来通过 Python 中的迭代器展示训练集中的图片，以验证代码的正确性。具体代码已在代码 6-3 中给出。此处仅做数据展示，见图 6-15。

图 6-15　数据展示

3. 带有批量归一化的宽模型构建及代码实现

6.1～6.4 节中介绍了 4 种经典的 CNN 卷积网络模型，在这一小节，我们考虑自行构建模型来训练猫狗数据集[①]。首先考虑构建一种宽模型。之所以称为宽模型，是因为它使用了很多个卷积核，即它的卷积通道较深。具体而言，在卷积操作中，使用 100 个大小为 2×2 的卷积核进行 valid 卷积。随后进行规格大小为 16×16 的最大池化。具体代码如下：

代码 6-15：宽模型

```
class WideModel(nn.Module):
    def __init__(self):
        super(WideModel,self).__init__()# 直接继承 nn.Module 的 init
        # 构建卷积层
        self.cnn = nn.Sequential(
            nn.Conv2d(3,100,kernel_size = 2),
            nn.BatchNorm2d(100),# 逐层 batch_size,与 nn.Conv2d 的第二个维度保持一致
            nn.ReLU(),
            nn.MaxPool2d(kernel_size = 16))
        # 构建全连接层
        self.fc = nn.Sequential(
            nn.Linear(4900,2)
        )
    def forward(self,x):
        out = self.cnn(x)
```

① 通过扫本书封底二维码可获得该数据集。

```
    out = out.view(out.size()[0],-1)#  在卷积操作后,输出仍是 tensor,需要进行
flatten 拉直,再连接全连接层
    out = self.fc(out)
    return out
```

训练:

```
Epoch [1/10], time: 11.77s, loss: 0.7171, acc: 0.6582, val_loss: 0.6097, val_acc: 0.6893
Epoch [2/10], time: 12.81s, loss: 0.5407, acc: 0.7347, val_loss: 0.5532, val_acc: 0.7255
Epoch [3/10], time: 12.03s, loss: 0.5033, acc: 0.7585, val_loss: 0.5196, val_acc: 0.7539
Epoch [4/10], time: 12.64s, loss: 0.4797, acc: 0.7734, val_loss: 0.5321, val_acc: 0.7493
Epoch [5/10], time: 12.13s, loss: 0.4656, acc: 0.7824, val_loss: 0.4736, val_acc: 0.7781
Epoch [6/10], time: 14.24s, loss: 0.4567, acc: 0.7912, val_loss: 0.4858, val_acc: 0.7755
Epoch [7/10], time: 11.66s, loss: 0.4639, acc: 0.7829, val_loss: 0.4805, val_acc: 0.7667
Epoch [8/10], time: 12.64s, loss: 0.4453, acc: 0.7953, val_loss: 0.4693, val_acc: 0.7807
Epoch [9/10], time: 12.77s, loss: 0.4402, acc: 0.7977, val_loss: 0.5981, val_acc: 0.7099
Epoch [10/10], time: 12.59s, loss: 0.4341, acc: 0.8018, val_loss: 0.4607, val_acc: 0.7822
```

Layer (type)	Output Shape	Param #
Conv2d-1	[-1, 100, 127, 127]	1,300
BatchNorm2d-2	[-1, 100, 127, 127]	200
ReLU-3	[-1, 100, 127, 127]	0
MaxPool2d-4	[-1, 100, 7, 7]	0
Linear-5	[-1, 2]	9,802

```
Total params: 11,302
Trainable params: 11,302
Non-trainable params: 0

Input size (MB): 0.19
Forward/backward pass size (MB): 36.95
Params size (MB): 0.04
Estimated Total Size (MB): 37.18
```

下面对比宽模型概要表来复习有关参数个数的计算。卷积后,图像变为 127×127 的规格,每一个卷积核消耗 $2 \times 2 \times 3 + 1 = 13$ 个参数,因为一共有 100 个卷积核,所以参数总个数是 1 300。批量归一化的输出维度为 100,因此这一层参数为 $100 \times 2 = 200$。池化操作时,127/16=7.9,所以输出是 $7 \times 7 \times 100 = 4\ 900$ 的张量。将它拉直成一个长度为 4 900 的向量,构造全连接层,最后输出到两个节点。此时消耗的参数个数是 $4\ 900 \times 2 + 2 = 9\ 802$。总的参数个数为 9 802+1 300+200=11 302。

接下来,采用与前述小节相同的损失函数、优化方法和评价指标,将学习率调整为 0.001,训练 10 个 epoch。从结果可以看到在第 10 个 epoch 的外样本精度达到 78.22%。

4. 带有批量归一化的深模型构建及代码实现

代码 6-15 中,我们构建了带有批量归一化的宽模型。与之相对,接下来考虑构建带有批量归一化的深模型。深模型中,卷积核的个数减少,但是模型的层数增加。例如,在每一层卷积后都进行一个规格大小为 2×2 的最大池化操作,那么像素大小会变成原来的一半,因为输入的像素是 128,它是 2 的 7 次方,这决定了深度模型最多只能做 7 层。

具体而言,搭建 7 层模块,每层结构相同:重复一个卷积和池化的基本操作,其中卷积层进行规格大小为 2×2 的 same 卷积,共 20 个卷积核。池化层进行规格大小为 2×2 的最大池化。经过 7 层之后,输出就变成 1×1 的张量。将张量拉直,输出到两个节点上。具体代码如下:

代码 6-16：深模型

```
class DeepModel(nn.Module):
    def __init__(self):
        super(DeepModel,self).__init__()# 直接继承 nn.Module 的 init
        # 构建卷积层
        layers = []
        # 建立 7 层模块,每层结构相同
        for i in range(7):
            in_planes = 3 if i==0 else 20 #除了第一层输入为 3,其余输入为 20(卷积个数)
            layers += [nn.Conv2d(in_planes,20,kernel_size = 2,padding = 1),
                                      nn.BatchNorm2d(20),# BN
                                      nn.ReLU(),# 非线性变换
                                      nn.MaxPool2d(kernel_size = 2)] #池化
        self.cnn = nn.Sequential(*layers)# 将 7 层通过 nn.Sequential 连接起来
        # 构建全连接层
        self.fc = nn.Sequential(nn.Linear(20,2))

    def forward(self,x):
        out = self.cnn(x)
        out = out.view(out.size()[0],-1)# 在卷积操作后,输出仍是 tensor,需要进行
flatten 拉直,再连接全连接层
        out = self.fc(out)
        return out
```

Layer (type)	Output Shape	Param #
Conv2d-1	[-1, 20, 129, 129]	260
BatchNorm2d-2	[-1, 20, 129, 129]	40
ReLU-3	[-1, 20, 129, 129]	0
MaxPool2d-4	[-1, 20, 64, 64]	0
Conv2d-5	[-1, 20, 65, 65]	1,620
BatchNorm2d-6	[-1, 20, 65, 65]	40
ReLU-7	[-1, 20, 65, 65]	0
MaxPool2d-8	[-1, 20, 32, 32]	0
Conv2d-9	[-1, 20, 33, 33]	1,620
BatchNorm2d-10	[-1, 20, 33, 33]	40
ReLU-11	[-1, 20, 33, 33]	0
MaxPool2d-12	[-1, 20, 16, 16]	0
Conv2d-13	[-1, 20, 17, 17]	1,620
BatchNorm2d-14	[-1, 20, 17, 17]	40
ReLU-15	[-1, 20, 17, 17]	0
MaxPool2d-16	[-1, 20, 8, 8]	0
Conv2d-17	[-1, 20, 9, 9]	1,620
BatchNorm2d-18	[-1, 20, 9, 9]	40
ReLU-19	[-1, 20, 9, 9]	0
MaxPool2d-20	[-1, 20, 4, 4]	0
Conv2d-21	[-1, 20, 5, 5]	1,620
BatchNorm2d-22	[-1, 20, 5, 5]	40
ReLU-23	[-1, 20, 5, 5]	0
MaxPool2d-24	[-1, 20, 2, 2]	0
Conv2d-25	[-1, 20, 3, 3]	1,620
BatchNorm2d-26	[-1, 20, 3, 3]	40
ReLU-27	[-1, 20, 3, 3]	0
MaxPool2d-28	[-1, 20, 1, 1]	0
Linear-29	[-1, 2]	42

```
Total params: 10,302
Trainable params: 10,302
Non-trainable params: 0

Input size (MB): 0.19
Forward/backward pass size (MB): 11.07
Params size (MB): 0.04
Estimated Total Size (MB): 11.30
```

从深模型概要表可以看到最后需要训练的参数总个数是 10 302，比前一个宽模型稍少，但在一个可比的范围内，这样二者的预测精度也可以保证大概可比。

采用与宽模型相同的优化方式，运行 10 个 epoch，结果显示在第 10 个 epoch 的外样本精度达到 83.16%，优于宽模型，训练输出结果如下。也许实际操作中，深模型确实会提高模型的拟合能力。但其理论依据我们并不是非常清楚，这仍然是一个值得研究的理论课题。

```
Epoch [1/10], time: 13.11s, loss: 0.5978, acc: 0.6674, val_loss: 0.5174, val_acc: 0.7455
Epoch [2/10], time: 12.81s, loss: 0.5347, acc: 0.7222, val_loss: 0.5217, val_acc: 0.7498
Epoch [3/10], time: 11.77s, loss: 0.4718, acc: 0.7755, val_loss: 0.4421, val_acc: 0.7908
Epoch [4/10], time: 12.50s, loss: 0.4386, acc: 0.7946, val_loss: 0.5881, val_acc: 0.7243
Epoch [5/10], time: 11.93s, loss: 0.4074, acc: 0.8140, val_loss: 0.4495, val_acc: 0.7892
Epoch [6/10], time: 14.25s, loss: 0.3826, acc: 0.8261, val_loss: 0.4195, val_acc: 0.8084
Epoch [7/10], time: 13.03s, loss: 0.3674, acc: 0.8369, val_loss: 0.4435, val_acc: 0.7862
Epoch [8/10], time: 12.25s, loss: 0.3502, acc: 0.8478, val_loss: 0.4211, val_acc: 0.8091
Epoch [9/10], time: 14.27s, loss: 0.3299, acc: 0.8592, val_loss: 0.3915, val_acc: 0.8279
Epoch [10/10], time: 11.44s, loss: 0.3196, acc: 0.8593, val_loss: 0.3847, val_acc: 0.8316
```

6.6 数据增强

本节将介绍另一个常用的技巧数据增强（data augmentation）的核心思想及其实现过程。data augmentation 有时候也被译成数据增广，它通过对数据施加各种变换来达到增加样本量或者增加样本多样性的目的。

6.6.1 数据增强的核心思想

首先通过一个具体的例子直观地展示什么是数据增强。图 6-16 中左边是猫狗数据集中一张小猫的图片，右边是它的各种变形，本质上左边和右边是同一个目标。右边的 9 张图像分别对左图做了如下形式的变换。

（1）第 1 行第 1 张图像是将原图片放大。

（2）第 1 行第 2 张图像是将原图片变小。

（3）第 1 行第 3 张图像是将原图片向右旋转。

（4）第 2 行第 1 张图像横纵轴被拉伸了，类似于将一个正方形拉成平行四边形，这个操作叫 shear，它是一个拉伸尺度变换的操作。

（5）第 2 行第 2 张图像是将原图片垂直向下平移。

（6）第 2 行第 3 张图像是将原图片垂直向上平移。

（7）第 3 行第 1 张图像是将原图片水平向右平移。

（8）第 3 行第 2 张图像是将原图片水平向左平移。

（9）第 3 行第 3 张图像是把原图片左右翻转，这是在水平方向上的 flip（翻转变换）。

可以看到，无论怎么变换，我们都认为它就是那张小猫图片，用肉眼来看，这是同一个目标。这是人的肉眼和大脑在处理图像时非常了不起的地方。但是在计算机的视野里，

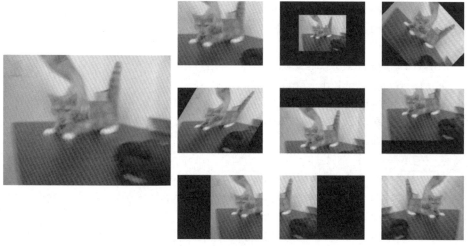

图 6-16　"变形"的小猫

图像就是一个立体矩阵，原来的图像被拉伸、变换或旋转，对计算机而言都是一个全新的矩阵。从这个层面，计算机对图像数据用矩阵形式表达是不充分的。因此从某种意义上，在把一张图像变成矩阵的过程中，是有信息损失的，而这些损失的信息很宝贵，有可能帮助我们把模型做得更好。所以为了弥补这个缺陷，需要进行数据增强操作。简单地说，就是要基于图像数据进行各种合理的变换，将变换后的图像作为新的样本，和旧的样本充分混合在一起，形成一个理论上更大的训练数据集，让模型可以训练得更加准确。

6.6.2　案例：带有数据增强的模型用于猫狗数据集图片分类

1. 代码实现

数据增强技巧是由矩阵对图像的表达不充分而产生的。如果未来的某一天找到了一种对图像数据更好的数学上的表达方式，那么这些技巧是不必存在的。但是在没有更好办法的情况下，只能采用这个技巧。本小节仍然使用猫狗数据集，下面介绍 PyTorch 实现数据增强的代码，演示加入数据增强后的模型效果。

数据增强实现的函数为 transforms.Compose。注意训练集需要数据增强，而测试集无须数据增强。在本小节中我们使用 Random HorizontalFlip 和 RandomCrop 两种操作：（1）RandomHorizontalFlip 表示允许水平方向的翻转；（2）RandomCrop 表示随机裁剪，参数 size 代表剪切后的图片尺寸，参数 padding 代表裁剪前首先在图片外补 0。具体代码如下：

代码 6-17：数据增强

```
batch_size = 10 # 指定 batch_size
IMSIZE = 128 # 指定 IMSIZE
data_dir = '/database/datasets/Classics/CatDog' # 指定图片路径
# 测试集无须数据增强,将读入的图片 Resize 后,转换成 tensor
val_transform = transforms.Compose([
```

```
        transforms.Resize((IMSIZE,IMSIZE)),
        transforms.ToTensor(),])
# 训练集进行数据增强
train_transform = transforms.Compose([
        transforms.RandomHorizontalFlip(),#水平翻转
        transforms.RandomCrop(IMSIZE,padding=8),#随机裁剪
        transforms.Resize((IMSIZE,IMSIZE)),# Resize 成规定尺寸
        transforms.ToTensor(),])

# 准备 dataset,使用 torchvision.datasets.ImageFolder 读入图片,指定变换形式
train_set = torchvision.datasets.ImageFolder(root=os.path.join(data_dir,
'train'),transform=train_transform)
val_set = torchvision.datasets.ImageFolder(root=os.path.join(data_dir,
 'validation'),transform=val_transform)
# 准备 dataloader
train_loader = torch.utils.data.DataLoader(train_set,batch_size=batch_size,
 shuffle=True,num_workers=12)# 进行打乱
val_loader = torch.utils.data.DataLoader(val_set,
                    batch_size=batch_size,shuffle=False,num_workers=12)
```

展示训练集在数据增强下的输出，具体代码已在代码 6-3 中给出。可以发现，旋转和平移变换会造成一个现象，就是图像中的某些位置没有像素存在，因为那个地方没有内容。这时候 PyTorch 会补上 0，因此图像边缘是黑色的，显然这些都是没有意义的。图片展示结果如图 6-17 所示。

图 6-17　图片展示结果

2. 数据增强原理

当 transforms.Compose 被定义好后，PyTorch 就将以此为规则对读入的数据进行数据变换。注意到每一条规则前都带有 Random（例如 RandomAffine），这代表每一次的数据变换具有一定的随机性。以 RandomAffine（degrees=20）为例，该代码表示每张图片将被顺时针/逆时针旋转，旋转的最大角度为 20 度，但每张图片实际旋转的角度是随机的。因

此对于同一张图片，在第 1 个 epoch 和第 2 个 epoch 经过数据变换后的输出是有区别的。这就实现了数据增强。接下来我们通过代码进行验证。首先需要将 train_loader 中的 shuffle 参数修改成 False，保证图片的顺序没有被打乱，然后展示第一个 batch 两次输出的结果。具体代码如下：

代码 6-18：数据增强

```
train_loader = torch.utils.data.DataLoader(train_set,batch_size=batch_size,
                                           shuffle=False,num_workers=12)
from matplotlib import pyplot as plt
from torchvision.utils import make_grid
# 获取训练集第一个批次中的图片及相应的标签
images,labels = next(iter(train_loader))
print(images.shape)
print(labels.shape)
plt.figure(figsize=(12,6))# 设置画布大小
plt.axis('off')# 隐藏坐标轴
plt.imshow(make_grid(images,nrow=5).permute((1,2,0)))# make_grid 函数把多张图片
一起显示,permute 函数调换 channel 维的顺序
```

再次获取第一个批次中的图片并展示，即重复运行代码 6-18，结果如图 6-18 所示。

图 6-18　再次进行图片展示的结果

对比两次输出，生成的图片对应同一批原图片，但是经过了不同的变形处理，这表明数据增强是通过随机性来实现的。

3. 深模型实现及结果展示

采用 6.5 节中使用的深模型进行训练，除数据处理以外，其余代码与代码 6-16 相同，训练 10 个 epoch，结果如下。模型训练的结果表明，第 10 个 epoch 精度达到 84%，这就是数据增强带来的效果。

```
Epoch [1/10], time: 12.56s, loss: 0.6032, acc: 0.6700, val_loss: 0.5419, val_acc: 0.7287
Epoch [2/10], time: 12.85s, loss: 0.5760, acc: 0.6988, val_loss: 0.5346, val_acc: 0.7331
Epoch [3/10], time: 12.93s, loss: 0.5181, acc: 0.7437, val_loss: 0.4830, val_acc: 0.7683
Epoch [4/10], time: 12.28s, loss: 0.4838, acc: 0.7646, val_loss: 0.4496, val_acc: 0.7951
Epoch [5/10], time: 12.32s, loss: 0.4496, acc: 0.7893, val_loss: 0.4204, val_acc: 0.8105
Epoch [6/10], time: 12.62s, loss: 0.4249, acc: 0.8051, val_loss: 0.3989, val_acc: 0.8193
Epoch [7/10], time: 12.63s, loss: 0.4076, acc: 0.8161, val_loss: 0.3804, val_acc: 0.8292
Epoch [8/10], time: 12.44s, loss: 0.3758, acc: 0.8320, val_loss: 0.3708, val_acc: 0.8366
Epoch [9/10], time: 12.47s, loss: 0.3735, acc: 0.8324, val_loss: 0.4491, val_acc: 0.7904
Epoch [10/10], time: 12.63s, loss: 0.3651, acc: 0.8342, val_loss: 0.3622, val_acc: 0.8400
```

6.7　迁移学习

通过本章前几节的学习，相信大家已经掌握了很多深度学习经典模型的相关知识及代码实现流程，这些都是前人智慧的结晶。这些经典模型，不仅能够用来解决原始问题，还能够帮助我们在不同（但相关）的领域解决相关问题，这就是本节要介绍的迁移学习。本节首先介绍迁移学习的由来，接着介绍迁移学习原理，最后给出两个案例，讲解如何在 PyTorch 框架下运用迁移学习解决相关问题。

6.7.1　迁移学习的由来

深度学习的技术日新月异，但也存在一些现实的困难。

（1）经典的网络模型太多，很难全部学会。例如，有 LeNet、AlexNet、VGG16、InceptionV1+V2+V3、ResNet+ResNext、DenseNet、MobileNet 等，而且今后可能还会出现更多大放异彩的新模型。这些模型是科研工作者的智慧结晶，有非常多值得学习的地方。在传统的统计学模型中，大量的模型都可以规范成线性回归或逻辑回归问题。这说明统计学理论在模型方法上具有非常强的规范和抽象作用，学习者能够先认真学习关键的基础理论知识，而后融会贯通，理解相关内容。但是深度学习在这方面很不一样，它更像一个工程。例如，前面我们学了很多基础的技巧，如卷积、池化、批量归一化等。所有这些技巧都不能称为模型，它们需要拼接在一起，才会成为一个模型。拼接的方式无穷多，其中一部分拼接出来的模型经数据上广泛验证后，结果发现还是非常不错的。

（2）计算成本太高。这里既包括硬件，也包括数据集。在硬件方面，绝大多数普通人都只有能力接触到 CPU，接触不到 GPU，TPU 就更难了。计算硬件资源对绝大多数学习者来说是非常昂贵的。在如此昂贵的硬件资源上，训练一个特别大的数据集，如

ImageNet，资源消耗是非常大的，绝大多数人都做不到。根据本书作者的了解，在很多非常好的大学中，也只有计算机专业的学生才有机会接触 GPU 这样的计算资源。

基于以上两个现实困难，有没有巧妙的办法，让我们能站在前人的肩膀上，借助他们过去研究积淀下来的力量，往前走一步？这就产生了对迁移学习的最原始的需求。

6.7.2　迁移学习原理

在一般的深度学习（乃至机器学习）中，我们会将数据集划分为训练集和测试集（例如，本章所使用的 CIFAR10 数据集和猫狗数据集），CNN 模型在训练集上训练，在测试集上展示预测精度。这种操作的一个前提是，我们假设训练集和测试集上的数据具有相同的分布。以猫狗数据集为例，相同的分布代表在训练集和测试集中，猫狗的比例应该大体相同，猫狗的品种、体态、毛色等也应该大体相同。这样训练集和测试集中图片的特征才会相似，模型在训练集中学习的特征才能够很好地运用到测试集中。而迁移学习则允许训练集和测试集分布不同（甚至允许领域不同），即将某个领域或任务上学习到的知识/模型应用到不同（但相关）的领域或任务中。

迁移学习（transfer learning）是指将某个领域或任务上学习到的知识或模式应用到不同但相关的领域或任务中。下面通过一个简单的例子以及利用猫狗分类问题来介绍什么是迁移学习。如图 6-19 所示，假设现在有两个任务 A、B。其中，任务 B 为目标任务：猫狗分类，任务 A 是前人的研究（例如，ImageNet 分类）。

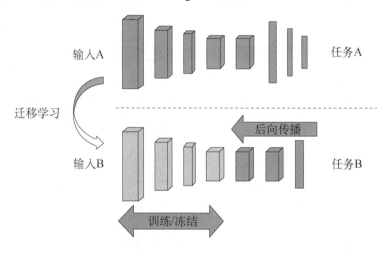

图 6-19　迁移学习原理

任务 A 和任务 B 的主要区别如下：

（1）任务 A 可能是个非常大的任务，例如，在 ImageNet 数据集上训练出的 ResNet。任务 A 对数据、计算资源和时间的要求都非常高，其提取图片特征的能力和预测精度也会比较高。

（2）任务 B 为目标任务。这个任务通常没有那么大，以猫狗数据集为例，样本量只有几万张图片。样本量小带来的好处是计算量小，但相对的，其样本量无法支撑一个巨大的 CNN 网络（容易过拟合），因此预测精度会受到限制。

这时候，一个自然的想法是能否把在任务 A 上训练好的模型结构和权重直接应用到任务 B 上。这就有点像果树嫁接。答案当然是可以，但是需要注意以下两个问题：

（1）输入。输入相对来说比较简单，无论哪个任务，它的输入都是图片，只要保证两个任务中输入图片的像素尺寸相同即可。

（2）输出。注意，任务 A 的输出可能是为了区分 1 000 类，但是任务 B 只分为两类。如何解决输出不同的问题呢？最简单的办法就是把任务 A 整个模型中的输出（例如，整个全连接层）替换成任务 B 想要的形式。以猫狗分类为例，只需要最终输出两个节点。

在迁移过程中，原始模型的架构以及卷积层的权重都没有发生变化。这就是迁移学习的基本原理：站在前人的肩膀上，用别人的模型、参数。不过在具体训练阶段，是否需要更新原始模型的权重则取决于所采取的迁移学习方式，迁移学习方式可以分为两种：预训练模式和固定值模式。

预训练模式指将迁移而来的权重视为新任务的初始权重，但是权重在随后的训练过程中会因被优化（例如，梯度下降）而改变。显然，预训练模式既保留了迁移来的知识，又能够保证足够的灵活性，更加适应新任务。在有些文献中也会将这种模式称为微调（fine-tuning）。

与预训练模式不同，固定值模式是指对迁移而来的模型和卷积层权重都保持固定的数值，不随着训练而改变。优化仅针对迁移模块后连接的分类层（例如，全连接层）。由于此时可训练的参数大大减少，因此固定值模式的灵活性较预训练模式要差，但也正因为如此，其训练速度要快于预训练模式。

6.7.3　经典案例：迁移学习如何精准定位贫困地区

本小节中，我们将介绍 2016 年发表在《科学》（Science）上的一篇文章[①]作为迁移学习的经典案例。该文章运用迁移学习对非洲地区贫困情况进行了更加准确的预测。接下来介绍其背景和实现方式。

世界银行于 2015 年 10 月初宣布，世界总体贫困线（即维持一般生活所需收入的最低标准）调整为 1.9 美元/人·天。按照该基准，非洲地区仍然有很多贫困国家，且贫富差距还在增加，来自联合国的资金援助可能并未给予真正需要的国家。因此，如何精准定位待救助的贫困地区成为一个非常重要的问题。有研究者提出，夜光遥感数据能够帮助定位贫困地区。夜光遥感数据具体指，在夜晚，遥感卫星能够捕捉地球的可见光辐射源头，形成地球可见光影像（即夜光遥感影像）。大量研究发现，夜光数据具有反映人类社会活动的能力，夜光总量与地区生产总值的相关性达到 0.8~0.9。但该方法存在明显缺陷：一个地区的夜光总量低，除了由贫困原因造成，还有可能由于地理位置原因造成（例如撒哈拉沙漠、无人区等），因此用夜光遥感数据定位贫困程度是不准确的。

随着遥感技术的发展，又有研究者指出，卫星遥感数据可以为定位贫困提供重要帮助：由于贫困区的街道通常更混乱，因此一个区域的卫星遥感图像可以大致反映该区域的

[①]　Jean N，Burke M，Xie M，et al. Combining satellite imagery and machine learning to predict poverty. Science，2016.

贫困情况。但卫星遥感数据的方法也存在明显缺陷：为了构建模型训练贫困数据，首先需要获得大量非洲贫困地区的遥感图像，并进行贫困程度标注。但实际中这样的标注数据非常稀缺（仅有 600 多个）。这么稀少的数据集，难以训练一个规模庞大的卷积神经网络。为此，需要对遥感数据进行人工标注，这又会带来巨大的时间和人力成本。

　　而本节所讲的迁移学习，则可以很好地解决这个问题。具体而言，依次完成以下两个任务：（1）首先训练一个经典 CNN 模型，用遥感图像预测夜光亮度（该经典 CNN 模型采用预训练模式迁移）。（2）随后，将 CNN 模型迁移到目标任务中，运用遥感图像预测贫困程度。注意在任务（1）中，夜光亮度数据非常容易获得，因此可以获得大量训练数据，在得到良好预测精度的同时，模型也能够很好地学习如何从遥感数据中提取图像（如建筑物、道路等）的特征。因此训练后的模型具备从遥感图像中提取有效特征的能力。随后采用固定值模式迁移，就能实现仅用少量标注数据便很好地完成预测某区域的贫困程度的任务。该方法的最终预测结果与真实情况的相关性高达 75%，比传统方法提高了约 13 个百分点。

6.7.4　PyTorch 案例：迁移学习用于猫狗数据集图片分类

　　本小节具体介绍如何使用 PyTorch 实现迁移学习。仍然采用猫狗数据集进行模型训练，数据准备过程不再赘述。准备好数据后，就要准备待迁移模型。

　　PyTorch 在 torchvision.models 下内置了非常多的经典 CNN 模型，可以通过 dir（torchvision.models）查看所有支持的网络。值得一提的是，绝大部分网络都是训练的 ImageNet 数据，因此原始模型处理的是千分类问题。另外，不同经典网络的原始图片输入尺寸不同，进行迁移学习时，可以提前查看官方文档上的图片输入，再决定实际数据的输入尺寸。这里我们选择使用 ResNet34 进行迁移。详细代码如下。具体而言，只需要使用方法 torchvision.models.resnet34 就能导入模型，参数 pretrained 代表是否导入原模型在 ImageNet 上预训练的权重。随后我们将全连接层（即 .fc）修改为二分类问题，这里采用 resnet_model.fc.in_features 自动获得原模型在全连接层的原始输入。

代码 6-19：导入 PyTorch 自带的迁移模型

```
import torchvision
resnet_model = torchvision.models.resnet34(pretrained=True)
resnet_model.fc = nn.Linear(resnet_model.fc.in_features,2)
```

　　需要注意的是，在建立模型的过程中，默认所有参数都参与训练优化，因此，代码 6-19 的迁移学习，采用的是预训练模式。我们将在随后给出固定值模式的代码。

　　预训练模式的训练过程和预测都与前几小节讲述的方法相同，这里不再赘述，详见代码如下。输出部分展示了部分模型概要表，可以看到模型结构和 6.4 节中的 ResNet34 基本相同，除了最后一层改为二分类问题。模型训练 5 个 epoch，结果显示精度能够达到 96.76%，由此可见迁移学习能力强大。

代码 6-20：训练和预测

```
resnet_model = resnet_model.cuda()
```

```
summary(resnet_model,(3,IMSIZE,IMSIZE))
lr = 1e-4
optimizer = torch.optim.Adam(resnet_model.parameters(),lr=lr)
epochs = 5
history = train(resnet_model,
                optimizer,train_loader,
                val_loader,epochs=epochs)# 实施训练
```

```
----------------------------------------------------------------
        Layer (type)         Output Shape         Param #
================================================================
           Conv2d-1      [-1, 64, 64, 64]           9,408
      BatchNorm2d-2      [-1, 64, 64, 64]             128
             ReLU-3      [-1, 64, 64, 64]               0
        MaxPool2d-4      [-1, 64, 32, 32]               0
           Conv2d-5      [-1, 64, 32, 32]          36,864
      BatchNorm2d-6      [-1, 64, 32, 32]             128
             ReLU-7      [-1, 64, 32, 32]               0
           Conv2d-8      [-1, 64, 32, 32]          36,864
      BatchNorm2d-9      [-1, 64, 32, 32]             128

                          ......

        Conv2d-119      [-1, 512, 4, 4]        2,359,296
   BatchNorm2d-120      [-1, 512, 4, 4]            1,024
          ReLU-121      [-1, 512, 4, 4]                0
    BasicBlock-122      [-1, 512, 4, 4]                0
AdaptiveAvgPool2d-123     [-1, 512, 1, 1]               0
        Linear-124              [-1, 2]            1,026
================================================================
Total params: 21,285,698
Trainable params: 21,285,698
Non-trainable params: 0
----------------------------------------------------------------
```

```
Epoch [1/5], time: 37.19s, loss: 0.1235, acc: 0.9509, val_loss: 0.0720, val_acc: 0.9721
Epoch [2/5], time: 25.48s, loss: 0.1124, acc: 0.9560, val_loss: 0.0811, val_acc: 0.9673
Epoch [3/5], time: 25.38s, loss: 0.0753, acc: 0.9711, val_loss: 0.0822, val_acc: 0.9647
Epoch [4/5], time: 25.51s, loss: 0.0687, acc: 0.9721, val_loss: 0.0649, val_acc: 0.9724
Epoch [5/5], time: 25.47s, loss: 0.0591, acc: 0.9768, val_loss: 0.0870, val_acc: 0.9676
```

接下来介绍固定值模式的迁移学习代码，为此，我们需要将全连接层前的权重全部冻结，使其不参与训练。PyTorch 实现该操作的逻辑是：（1）将不需要训练的权重的 tensor 的 require_grad 属性改为 False。（2）仅将需要训练的参数传入 optimizer 中。具体代码如下。训练 5 个 epoch，结果显示精度达到 97.27%，和预训练模式精度接近。这说明对于猫狗数据集，固定值模式已经足以训练一个预测效果卓越的模型。读者也可以尝试不同的经典模型，以及修改输入图片尺寸，看是否能够获得更好的预测精度。

代码 6-21：导入 PyTorch 自带的迁移模型

```
import torchvision
resnet_model2 = torchvision.models.resnet34(pretrained=True)
for para in resnet_model2.parameters():
    para.required_grad = False #指定原模型中的 required_grad 为 False
# 新建立层的属性 required_grad 默认为 True
resnet_model2.fc = nn.Linear(resnet_model2.fc.in_features,2)
lr = 1e-4
# filter 函数将模型中属性 requires_grad = True 的参数选出来
```

```
params_train = filter(lambda p:p.requires_grad,
                        resnet_model2.parameters())
optimizer = torch.optim.Adam(params_train,lr=lr)#仅仅将待训练的参数放入优化器中
epochs = 5
history = train(resnet_model2,
                optimizer,train_loader,
                    val_loader,epochs=epochs)# 实施训练
```

```
Epoch [1/5], time: 23.86s, loss: 0.1311, acc: 0.9480, val_loss: 0.0664, val_acc: 0.9750
Epoch [2/5], time: 23.69s, loss: 0.1323, acc: 0.9467, val_loss: 0.0795, val_acc: 0.9682
Epoch [3/5], time: 23.71s, loss: 0.0745, acc: 0.9699, val_loss: 0.0693, val_acc: 0.9716
Epoch [4/5], time: 23.65s, loss: 0.0619, acc: 0.9762, val_loss: 0.1226, val_acc: 0.9500
Epoch [5/5], time: 23.66s, loss: 0.0568, acc: 0.9778, val_loss: 0.0803, val_acc: 0.9727
```

6.8　本章小结

本章介绍了四种经典的 CNN 模型的原理与结构，分别为 AlexNet、VGG、GoogleNet 和 ResNet，并以经典的公开数据集 CIFAR10 进行了训练，对比了四种模型的效果。本章还介绍了深度学习训练中常用的技巧，批量归一化、数据增强和迁移学习。相信这些内容可以帮助读者掌握经典 CNN 模型的 PyTorch 实现，以及深度学习的一些技巧。

第 7 章

序列模型

【学习目标】

通过本章的学习，读者可以掌握：

1. Word2Vec 的原理与应用；
2. RNN 与 LSTM 模型的工作原理；
3. 如何训练一个 RNN 模型用于机器作诗；
4. 如何训练一个 LSTM 模型用于乐曲生成；
5. 编码–解码模型的原理；
6. 如何训练一个端到端的机器翻译模型。

导 言

通过前面几章的学习，我们已经看到了深度学习模型在图像识别领域展现出的非凡能力，然而，除了图像，生活中我们还会遇到很多其他以非结构化数据形式存储的内容，例如文字、音乐、视频等。非结构化数据具有一个共同的特点，那就是它们都有一定的顺序，文字是字符的序列，音乐是音符的序列，视频是每一帧画面的序列，所有这些序列都可以用自然语言处理（NLP）技术来分析。近年来，NLP 在机器作诗、机器作曲、机器翻译等领域取得了很大进步，相关模型与应用层出不穷。本章我们带领大家走进序列模型的世界，介绍基本的序列模型和相关应用。

作为序列模型的基础，本章首先介绍词向量技术。序列处理的第一步即用词向量技术将广义语言中的基本单位转化为计算机能理解的向量。读者将学到当前比较流行的词向量技术——Word2Vec 的工作原理及其实现方式。其次介绍序列模型领域两个强大的模型：循环神经网络（RNN）和长短期记忆模型（LSTM），我们将详细介绍它们的工作原理，并通过两个具体的案例，即基于 RNN 模型的机器作诗和基于 LSTM 模型的自动乐曲生成，介绍实现这两个模型的 PyTorch 代码。最后介绍基于编码–解码模型的机器翻译技术。

7.1 词向量

词向量（word embedding）也叫词嵌入，是深度学习中一种流行的用于表示文本数据的方法，由于深度学习模型并不能理解文本（或者序列当中的其他字符），因此需要将文本转换为数值的表示形式。具体地，该技术是指把一个维数是所有词的数量的高维空间（即对应 one-hot 编码的向量）嵌入一个维数低得多的连续数值向量空间，使得每个单词或词组是映射到实数域上的向量。本节介绍词向量的原理及 PyTorch 代码实现。

7.1.1 词汇表征与语义相关性

在自然语言处理中，词语是最小的分析单位，通过词可以组成句子、段落以及最后的文档。但是计算机并不认识这些词语，我们需要将词语进行数学上的表征，也就是转换成计算机能识别的数值形式。其中最简单的一种转换方式就是我们熟知的 one-hot 编码方式，另一种就是本节即将介绍的词向量技术。

假设现在有这样一个自然语言处理任务，根据一句话中的其他词语预测横线部分的内容："I want a bottle of orange_____"。此时模型的输入就是上下文的单词，而输出就是横线部分的目标单词，这里需要构建一个深度学习模型来学习输入到输出的映射关系。那么首先需要做的就是把每一个单词用 one-hot 编码进行表征，假设有一个包含 1 万个单词的词表，其中"I"在词表的第 567 位，那么"I"这个单词的 one-hot 表示就是一个长度为 1 万维的向量，其中只在第 567 的位置上是 1，其余都是 0，其他单词的表征方式依此类推。可以看到，one-hot 的表征方式最后会形成一个超大的稀疏矩阵。该方法存在两个缺点：一是会产生维数灾难，对于百万级、千万级的词表简直无法想象；二是不能很好地获取词语与词语之间的相似性。例如，假设我们已经学习了"I want a bottle of orange juice"，但如果换成了"I want a bottle of apple_____"，可能模型就无法猜出 juice 这个词，因为 one-hot 的表征方法并没有告诉模型 apple 和 orange 是两个在语义上都很相似的词（它们都是水果）。

在语义相似性的衡量下，把两个语义相关的词语位置互换，相应的句子仍然是通顺的自然语言，或者说能够继续保持原语句的语法结构特点。所以，语义上的相关性对于训练一个机器人、一个基于自然语言的对话系统是非常有帮助的。所谓语义相关性，就是把在语义上相似的词聚在一起。从几何的角度，就是把一类语义相似的词，如猫、狗、大象划归到一起；把另一类语义相似的词，比如苹果、橘子、桃子，也聚在一起。这是两类不同的词，它们之间应该有较大的距离。总的来说，我们希望通过距离的远近来区分词语间语义相关性的大小，因而自然语言在处理文本时的一个基础目标就是，把一个个抽象的词或句子映射到一个欧式空间中，因为欧式空间有距离的概念。词语映射到二维欧氏空间的图示见图 7-1。

图 7-1 给出了一个二维欧式空间中的图示。有了距离这个概念之后，可以发现苹果和橘子的距离是很近的，而苹果和猫的距离是很远的。我们可以通过欧式空间中的距离远近比较好地量化不同词语间的语义相关性大小。然而，最原始的数据形式只是一个个不同的

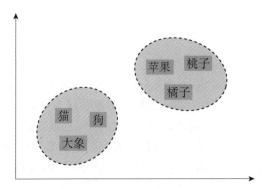

图 7-1　词语映射到二维欧氏空间的图示

词语、短句或者说是数字编码。所以在数学上想要达到这样的目标，就需要建立一个映射关系，将词语或者短句映射到带有距离的欧式空间当中，可以想象，由于词语和短句数量众多，欧式空间的维度一定会很高。

通过构建一种映射关系，将词语或短句映射到能够度量距离的高维欧式空间中的目标或者方法，称为词嵌入，即把一个个单词（word）嵌入（embed）到高维欧式空间中，或者说将一个个词（word）映射为高维欧式空间中的一个个向量（vector）。那么如何进行词嵌入？这就需要通过神经网络进行训练，训练得到的网络权重的向量就是我们最终需要的，也就是我们所说的词向量，接下来介绍的 Word2Vec 就是其中典型的技术。

7.1.2　Word2Vec 原理概述

下面通过一个具体的例子介绍词嵌入的理论原理，为此需要先了解词嵌入在数学上是如何表达的。

1. 举例：词嵌入的数学表达

假设现在有 3 个词，分别是苹果、橘子和桃子，词嵌入就是通过大量的文本数据学习，找到每一个词语与高维空间的映射关系，表示该词语在抽象空间中的位置，即该词语的坐标或者说对应的向量。如图 7-2 所示，这个向量的维度可以任意设置。例如，苹果映射到高维空间中的位置是 V_1，它的前三维的坐标分别是 4.2、3.5、5.1（后面还有很多维度，这里略去）。这样就为苹果找到了一个在高维空间中的位置，同样也为橘子找到了一个位置 V_2，为桃子也找到了它的位置 V_3。

这里只关心苹果和橘子的相对距离、苹果和桃子的相对距离、橘子和桃子的相对距离。如果对这三个坐标，V_1、V_2、V_3 做相同大小和方向的平移，就会发现所有的相对距离是保持不变的。这说明抽象空间中词语的位置是不可识别的。由此带来的问题是，任给一组真实的文本数据，可以有无限多种空间坐标的设定方法，呈现出同样的相似关系。将来编程实现词嵌入时，有可能对同一组数据，使用不同的随机数种子或者起点，每次的结果、具体的位置是各不相同的，但是它们之间的相对距离是稳定的。

因此，需要知道理论上为每个词语在虚拟空间中确定位置的标准是什么，即优化的目标函数是什么。给定这个标准后，才能在 Python 上实现代码。接下来就从词嵌入的理论原理上理解确定位置的具体标准。

图 7-2　词嵌入图示

2. 理论原理概述

词嵌入的理论基础由托马斯·米克罗夫（Tomas Mikolov）等人在 2013 年 ICLR 大会上提交的一篇论文中提出，主要有两种建模框架，一种是根据上下文来预测中间词的连续词袋（continuous bag-of-words，CBOW）模型，一种是根据中间词来预测上下文的跳字（skip-gram）模型。两种模型结构除了在输入、输出上不同之外，没有太大区别。下面举一个例子来阐述 CBOW 的核心原理。

例如，有一个短句"我很想要一个冰墩墩"，可以分成 5 个词：我、很、想要、一个、冰墩墩。首先要对每一个词根记录一个空间中的位置，例如，把"我"记为 X_1，"很"记为 X_2，"一个"记为 X_3，"冰墩墩"记为 X_4。需要注意的是，$X_1 \sim X_4$ 都是维度很高的向量，具体是多少维暂时不确定，但 $X_1 \sim X_4$ 非常依赖于对虚拟空间维数的设定。大家会发现这里没有设定"想要"这个词，这是因为它要作为因变量 Y，是一个离散的分类变量。

接下来的问题是，我们如何才能知道关于"我""很""一个""冰墩墩"即 $X_1 \sim X_4$ 在虚拟空间中的位置设定是合理的。这背后的假设是，如果 X_1、X_2、X_3、X_4 能够合理地预测 Y，也就是说，如果能够基于一段文本的上下文，例如，上文 X_1、X_2，下文 X_3、X_4，很好地预测中间的 Y，那么在虚拟空间中表达的距离关系和真实世界中看到的文本的逻辑顺序应该在很大程度上是相似的、自洽的、不矛盾的。

所以位置 $X_1 \sim X_4$ 的确定，最简单直接的做法就是做一个超高维的多分类逻辑回归。之所以是超高维，是因为 $X_1 \sim X_4$ 的维度很高，多分类是因为因变量 Y 既可以是"想要"，也可以是"很"，还可以是"一个"或者"冰墩墩"，所以它的类别很多。如果这个逻辑回归的结果足够好，那么找出来的位置就是我们能看到的最好的位置。这就是词嵌入最基本的理论原理，如图 7-3 所示。

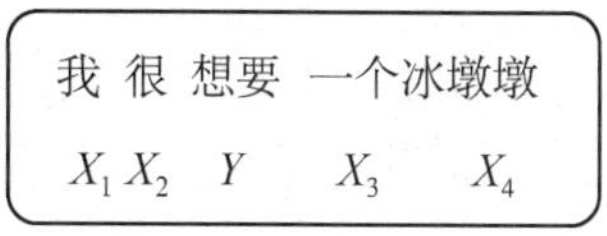

```
我 很 想要 一个冰墩墩
X₁ X₂  Y   X₃  X₄
```

图 7-3　词嵌入基本原理

当然随着技术的发展、版本的改进，后面讲到更复杂的模型时，词嵌入优化的目标函数可能已经不是这个了，但是我们仍然可以将这个重要的方法和文献作为起点，去理解词嵌入是如何建立词到向量的关系，以及这个向量又是如何确定下来的。

7.1.3　Word2Vec 代码实现

本小节我们将通过一个公开的语料库来训练 Word2Vec 词向量，使用的数据集为 IMDB 影评数据集，该数据集收集了 25 000 条 IMDB 网站上的英文影评文本及评论的情感正负向标签，读者可通过扫本书封底二维码获得该数据集。

1. 数据读入与展示

数据读入与展示的代码如下：

代码 7-1：数据读入与展示

```python
import numpy as np
import json
# 数据路径及词典路径
path = './dataset/imdb.npz'
dict_path = './dataset/imdb_word_index.json'
# 读入原始数据(这里的原始数据实际上已经是编码成数字后的形式)
with np.load(path,allow_pickle=True)as f:
    x_train,labels_train = f['x_train'],f['y_train']
    x_test,labels_test = f['x_test'],f['y_test']


# 读取词语-数字编码字典
with open(dict_path)as f:
    word_index = json.load(f)
# 将其反转成数字编码-词语
reverse_word_index = dict([(value,key)for(key,value)
                           in word_index.items()])
# 将原始的数字编码还原成英文单词
decoded_review = [' '.join([reverse_word_index.get(i,'?')
                  for i in line])for line in x_train]
#展示部分影评数据
decoded_review[0:5]
```

["bromwell high is a cartoon comedy it ran at the same time as some other programs about school life such as teachers my 35 years in the teaching profession lead me to believe that bromwell high's satire is much closer to reality than is teachers the scramble to survive financially the insightful students who can see right through their pathetic teachers' pomp the pettiness of the whole situation all remind me of the schools i knew and their students when i saw the episode in which a student repeatedly tried to burn down the school i immediately recalled at high a classic line inspector i'm here to sack one of your teachers student welcome to bromwell high i expect that many adults of my age think that bromwell high is far fetched what a pity that it isn't",

2. 数据分词

数据分词代码如下：

代码 7-2：进行分词

```
train_data = []
for line in decoded_review:
    line_fenci = list(line.split(' '))
    train_data.append(line_fenci)
```

这里都是英文，只需以空格进行分割即可，如果是中文文本数据，则不能只简单地使用 "split"，还需进行分词，通常使用 jieba 分词库，通过函数 jieba.lcut（line）进行处理。

3. 分词结果展示

展示分词结果的代码如下：

代码 7-3：展示分词结果

```
print(train_data[30])
print(train_data[31])
print(train_data[32])
```

```
['sure', 'titanic', 'was', 'a', 'good', 'movie', 'the', 'first', 'time', 'you', 'see', 'it', 'but', 'you', 'really',
'should', 'see', 'it', 'a', 'second', 'time', 'and', 'your', 'opinion', 'of', 'the', 'film', 'will', 'definetly', 'ch
ange', 'the', 'first', 'time', 'you', 'see', 'the', 'movie', 'you', 'see', 'the', 'underlying', 'love', 'story', 'an
```

4. 调用词向量函数训练

调用词向量函数训练的代码如下：

代码 7-4：使用 gensim 中的 Word2Vec

```
from gensim.models import Word2Vec
# 训练 Word2Vec 模型，size 为词向量的维度，词频小于 min_count 的词将不被考虑
model = Word2Vec(train_data,vector_size=100,min_count=1)
```

5. 训练结果展示

展示训练结果的代码如下：

代码 7-5：查看词向量的长度

```
print(len(model.wv['awful']))
# 展示 'awful' 这一单词的词向量
model.wv['awful']
```

```
100

array([ 7.9890817e-01, -3.6642823e-01,  2.2436981e+00, -2.2303290e+00,
       -2.5785741e-01,  1.5111975e-01,  2.2230121e-01, -1.9100289e+00,
        8.7018293e-01,  1.2755274e+00,  6.0314560e-01,  6.2045270e-01,
       -1.2645748e+00, -5.2295476e-01, -1.6124412e+00, -3.0754371e-02,
       -1.6192421e-01, -2.7678129e-01,  6.7568481e-01,  1.0758549e+00,
        2.2673059e+00, -9.8075444e-01, -9.7237360e-01, -9.4436818e-01,
       -4.1111767e-01,  2.8679440e+00,  3.6583200e-01,  1.0501347e-01,
       -6.5901351e-01, -1.2978818e+00,  2.3379610e+00,  1.6751361e+00,
        3.4674284e-01, -1.2935615e+00, -7.3914301e-01,  1.0494307e+00,
       -2.2569137e+00,  4.1813803e-01,  1.2836440e+00, -2.0089943e+00,
        3.6306843e-01,  7.2163939e-01, -2.7318418e-01, -9.6448123e-01,
       -9.3855780e-01, -1.1826379e-01,  4.2441604e-01,  1.6036592e-01,
        3.0454352e-02,  2.6732862e-01,  1.0775748e-01, -2.0830293e+00,
```

```
     -5.7903516e-01,  8.5138446e-01, -5.4504985e-01, -2.6679492e-01,
     -7.4632293e-01, -8.1638181e-01, -1.5211103e+00, -2.7747602e+00,
     -1.1558501e+00, -5.0747776e-01, -2.4377488e-01,  7.2284204e-01,
     -3.7932521e-01,  7.9472548e-01, -7.7608305e-01, -4.4797450e-01,
     -1.2513549e+00, -1.1672403e+00,  2.1172568e-01,  1.3993009e+00,
      2.4002101e+00,  1.9550591e+00,  3.4493783e+00,  1.8373743e-01,
     -1.4685805e+00, -1.2519299e+00,  9.6585590e-01, -1.0135698e+00,
      1.7479883e+00,  5.5707848e-01,  3.3256900e-01,  2.1910770e+00,
     -1.6581769e+00, -2.1051502e-01,  1.1829153e+00, -4.4299647e-01,
     -1.6471974e+00, -5.9961402e-01, -7.5664330e-01,  6.5166414e-01,
     -9.9184680e-01,  9.3768984e-01, -2.4017334e+00, -7.3985243e-03,
      7.5600117e-01,  1.7933654e+00, -3.4442500e-03, -7.9286498e-01],
     dtype=float32)
```

6. 词语相似性结果展示

展示词语相似性结果的代码如下：

代码 7-6：分别查看 good 与 bad，good 与 movie 两组词的相似性

```
print(model.wv.similarity('good','bad'))
print(model.wv.similarity('good','movie'))
# 查看与 "awful" 相关性大小排名前 5 的词语
for key in model.wv.similar_by_word('awful',topn =5):
    print(key)
```

```
0.751922
0.34513757
('terrible', 0.8349848389625549)
('horrible', 0.8189505338668823)
('awesome', 0.7661592364311218)
('amazing', 0.7634776830673218)
('dreadful', 0.740246593952179)
```

这里值得一提的是，从结果中我们可以体会到语义相关的含义，即 good 一词虽然可能在影评中经常与 movie 共同出现，但是二者的语义相关性不强，而 good 和 bad 虽然是一对反义词，但二者词性相同，均为表明电影好坏的形容词，因此是语义更为相关的词。同理，与 awful 语义相关性强的词语也有类似特点。这有助于我们进一步理解语义相关的含义，并不要求词语是语义情感色彩的相关，也并不一定是近义词，更多的是一种语义功能的相关。

7. 词语 "星空图" 可视化展示

为了更加直观地展示词语在 Word2Vec 处理后的嵌入结果，我们绘制了词语 "星空图" 来进行可视化。选取 bad、director 和 zombie 三个词语，它们分别属于带有情感倾向的形容词、负责影视作品创作的人称名词和影视作品中的虚拟角色名词；以这三种不同类型的词语为例，分别绘制它们本身以及与其相关性最强的 6 个词语在映射空间中的位置。绘制星空图的代码如下：

代码 7-7：绘制星空图

```
# 获得所有词语的列表
word_list = [reverse_word_index[i] for i in range(1,88585)]
```

```
# 通过模型获得所有词语的词向量构成的矩阵
X = model.wv[word_list]

# 原始的词向量维度过高,为可视化展示,需要降维,这里使用 PCA
from sklearn.decomposition import PCA
from sklearn.preprocessing import StandardScaler

X_scaler = StandardScaler()# 标准化
X = X_scaler.fit_transform(X)
# PCA
pca = PCA(n_components=2)# 降为 2 维
pca.fit(X)
X_reduced = pca.transform(X)

# 导入绘图包
import matplotlib.pyplot as plt
# 首先对每个词语都绘制一个点
fig = plt.figure(figsize =(30,15))
ax = fig.gca()
ax.set_facecolor('black')
ax.plot(X_reduced[:,0],X_reduced[:,1],'.',markersize=1,
        alpha=0.1,color='white')
ax.set_xlim([-33,30])
ax.set_ylim([-17,40])

#选择几个特殊的词,不仅画出它们的位置,而且也把与其距离近(即相关性强)的词语画出来
words = ['bad','director','zombie']
all_words = []
for w in words:
    # 获取与指定词相关性最强的 6 个词语
    lst = model.wv.similar_by_word(w,topn =6)
    wds = [i[0] for i in lst]
    wds.append(w)
    all_words.append(wds)

# 对每组词语分别指定颜色进行绘制
colors = ['red','yellow','cyan','green','orange']
for num,wds in enumerate(all_words):
    for w in wds:
        ind = word_index[w]
        xy = X_reduced[ind]
        plt.plot(xy[0],xy[1],'.',alpha = 1,color = colors[num])
        # 将文本也标记在图上
        plt.text(xy[0],xy[1],w,fontsize=20,alpha = 1,color=colors[num])
```

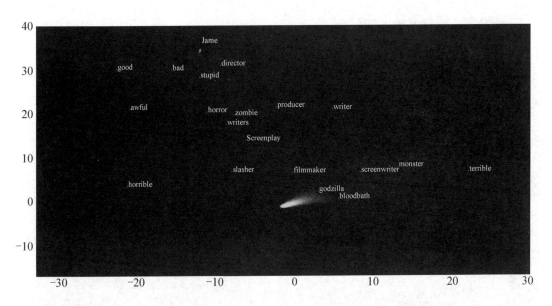

该星空图可以看成把高维空间降维到了二维空间进行的展示，值得注意的是，在二维空间看起来靠得很近的点未必在高维空间靠得近，因此我们不能简单地按照二维空间的距离远近来判断词语之间的相似度，而是要根据图中所展示的颜色[①]来判断。同一个颜色的词语被认为是相似的词，其语义相关性强。可以看到，与 bad 比较相似的词有 good、awful、stupid、horrible 等；与 director 相似的词有 producer、writer、filmmaker 等；与 zombie 相似的词有 monster、godzilla 等。

7.2 RNN 模型

RNN（recurrent neural network，循环神经网络）最早是由迈克尔·乔丹（Michael I. Jordan）在 1986 年提出的神经网络模型（后由杰弗里·埃尔曼（Jeffrey L. Elman）改进为现在的版本），在 NLP 中得到了广泛的应用。与我们前几章学习的前馈神经网络、卷积神经网络不同的是，它的连接存在大量的循环，使得历史信息在传递的过程中能够沉淀下来。

7.2.1　RNN 的源起：序列预测问题

以机器作诗为例，机器要想自动作诗，首先要学习我国古代的文人墨客是如何作诗的。下面就以孟浩然的《春晓》为例，讲解诗歌的形成与回归分析之间的关系。以第一句"春眠不觉晓"为例，第一个字"春"，我们可以认为是孟浩然基于当时作诗的情景随意想到的，也可以理解为是一种先验概率。而有了第一个字"春"，孟浩然需要继续思考下一个词语，这实际上就可以看作是一个回归分析的问题，即我们以"春"作为 X，通过回归模型预测下一个字是什么的可能性最大。在这里，每个人都有不同的模型，而孟浩然认为

---

① 本书是双色印刷，无法显示彩色效果。建议读者自己运行代码获得彩图，观看彩图效果。

给定 X 是"春"时，Y 应该是"眠"，不过下一个词也有可能是"天"，只不过在孟浩然文学造诣水平的模型中，"眠"的可能性要比"天"更大。即

$$P(Y = "眠" | X = "春") > P(Y = "天" | X = "春")$$

这里使用条件概率描述孟浩然的思考过程，而值得注意的是，条件概率就是逻辑回归的建模对象，这也就是为什么我们说作诗实际上就是一个回归问题。类似地，孟浩然继续作诗的过程，可以看作一个不断做回归分析的过程，比如在给定 X 是"春眠不觉"之后，孟浩然通过自己的模型会自然而然地想到，或者说预测出下一个词，即 Y 应当是"晓"最为合适。这里我们首先考虑一种最简单的情形，即每次只考虑前三个词语的逻辑回归模型（见图 7-4）。

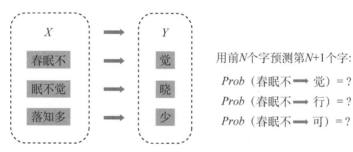

图 7-4 简单逻辑回归示意图

作为一个实际的逻辑回归问题，读者可能会关心"春"这个句首词是如何预测的，它的前面没有可以用作 X 的字。在前面的描述中，我们将"春"字的产生认为是一种先验概率信息在起作用，在具体的工程实现时，可以考虑引入一个无意义的词"A"，那么在预测句首字时，我们的输入就是"AAA"，这样的输入当然是无意义的，它不包含任何信息，但是可以保证程序的正常运行。实际上，在模型的训练过程中，每一个可能的句首字都会和"AAA"构成一条训练样本。因此，使用训练好的模型对"AAA"进行预测时，输出各句首字的概率与样本中句首字的词频有关，这实际上是一种先验概率信息的体现。以上就是基于逻辑回归模型作诗的具体原理。

然而，一个优秀的诗人在作诗的时候，可能要考虑的因素不像上面所说的那么简单，比如有时候不仅要考虑当前的句子，还要考虑更靠前的句子，甚至要考虑平仄关系等特殊格式规定。也就是说，我们在进行预测时，前面词语的个数是不固定的，可能很长也可能很短。另外，我们需要模型有记忆性，一些出现较早的词语，在预测比较靠后的词语时仍然需要被考虑。对 X 的考虑越充分，构建的模型越复杂，预测出的 Y 的效果可能就会越好。

从以上分析不难看出，对于逻辑回归或者普通的前馈神经网络模型，虽然可以解决序列预测问题，但依然存在两个缺点：一是模型要求输入的特征矩阵 X 的长度必须是固定的；二是这种输入没有记忆性。因此，一个更好的应用于机器作诗的序列模型应同时兼顾两个方面的改进。

7.2.2 RNN 模型原理

RNN 模型的"记忆能力"是由其神经节点之间存在的大量循环带来的。图 7-5 展示

的是一个具有单隐层的 RNN 模型。其中，粗线条曲线就是同层间的循环连接，用于不断保留和传递历史信息，帮助整个序列合理精确地向前推进。除此之外，RNN 与一般的前馈神经网络几乎相同。

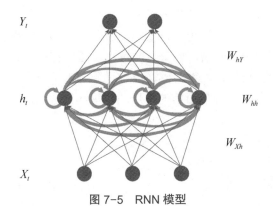

图 7-5   RNN 模型

注：$h_t = \sigma(W_{Xh}X_t + W_{hh}h_{t-1})$；$Y_t = \sigma(W_{hY}h_t)$。

如图 7-5 所示，图中最右侧的变量 W_{hY}、W_{hh} 和 W_{Xh} 都是神经网络的权重参数，需要在模型的训练阶段进行学习；输入 X、隐藏状态 h（代表一个不可见的状态）和输出 Y 都是神经网络的变量，它们会随着输入数据和模型训练阶段的不同而改变。

在网络运行的时候，信息还是从输入层的节点输入，沿着第一层连接将信息传入中间的隐藏层。在 RNN 网络中，隐藏层节点当前时刻的输出不仅与由输入层传来的信号有关，还与上一时刻的隐藏层节点的输出有关，所以，隐藏层的输出由这两项共同决定。最后，与一般的前馈神经网络一样，隐藏层节点会将输出传递给输出层节点。另外，隐藏层和输出层的最后一步运算都要经过激活函数的非线性映射。

图 7-5 注中的公式是 RNN 运算的数学表达式。RNN 与众不同的一点是 $W_{hh}h_{t-1}$。可以看到 t 时刻的输出 Y_t 依赖于 t 时刻的状态 h_t，而 h_t 既是 $t-1$ 时刻状态 h_{t-1} 的延续，也包含了来自 t 时刻的输入 X_t 的信息，RNN 由此具备了记忆能力。

下面，我们就以机器作诗中"预测下一个字符"的任务为例来说明 RNN 的运行原理。图 7-6（a）～（c）展示的是一个具备两个隐藏层单元的 RNN 在诗歌序列上的运行情况。其中，每幅图下方的一列字符表示不同时刻 RNN 的输入字符，上方的一列字符是与当前输入字符对应的下一时刻的字符，可将其视为神经网络预测的"标准答案"。

该 RNN 网络从左到右每次读入一个字符，并依次输出可能的预测字符；将预测字符与原序列中的下一个字符匹配对应，可得由交叉熵来衡量的误差。在每个周期运行后，RNN 会更新所有的权重，并如此周而复始地运行。最后，RNN 在接收完最后一个字符后会停止运行。此时，可以将所有步骤的误差汇总，得到总误差。

需要注意的是，虽然 RNN 在每一时刻都只读入一个字符，但鉴于 RNN 的同层连接和长期记忆性，多步之前的输入字符依然会对当前的字符产生影响。所以，RNN 的输入相当于是整个序列，而不仅仅是当前的一个字符。

当 RNN 含有多个隐藏层时，在每一个周期，RNN 都需要先从下而上将信号逐层向上传递完毕，才算完成一步运行，如图 7-7 所示。

眠 不 觉 晓 处 处 闻 啼 鸟 夜 来 风 雨 声 花 落 知 多 少

眠/风/天

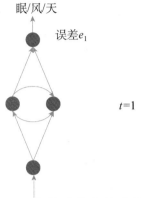

误差e_1

$t=1$

春 眠 不 觉 晓 处 处 闻 啼 鸟 夜 来 风 雨 声 花 落 知 多 少
（a）$t=1$ 时刻网络的运行

眠 不 觉 晓 处 处 闻 啼 鸟 夜 来 风 雨 声 花 落 知 多 少

不/梦/春

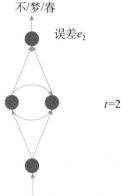

误差e_2

$t=2$

春 眠 不 觉 晓 处 处 闻 啼 鸟 夜 来 风 雨 声 花 落 知 多 少
（b）$t=2$ 时刻网络的运行

眠 不 觉 晓 处 处 闻 啼 鸟 夜 来 风 雨 声 花 落 知 多 少

多/晓/春

$t=n$

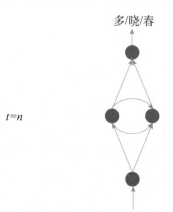

春 眠 不 觉 晓 处 处 闻 啼 鸟 夜 来 风 雨 声 花 落 知 多 少
（c）$t=n$ 时刻网络的运行，n 为序列长度

图 7-6　RNN 的运行

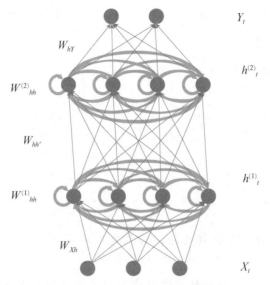

图 7-7　两个隐藏层的 RNN 结构图

7.2.3　RNN 模型实例：机器作诗

本小节使用诗歌数据集 poems_clean.txt 来演示 RNN 模型作诗，该数据集收集了古代文人墨客的优美诗句，可通过扫本书封底二维码获得该数据集。

1. 数据读入与展示

读入数据，数据集的每行代表一首诗，对数据集进行逐行操作：应用.split()函数以"："为分隔符切分字符串，切分后的第一部分为题目，第二部分为内容；再通过 replace()函数去掉诗歌中的空格。最后得到没有空格、冒号和标题的诗歌内容字符串。展示 poems 的第一个元素，可以看到它是一个列表。相关代码如下：

代码 7-8

```
#导入程序所需要的包
#PyTorch 需要的包
import torch
import torch.utils.data as DataSet
import torch.nn as nn
import torch.optim
from torch.autograd import Variable
# from torchsummary import summary  # 需要预先下载,在终端输入 pip install torchsummary


#计算需要的包
import string
import numpy as np
import time
```

```
# 读入并展示数据
f = open('./dataset/poems_clean.txt',"r",encoding='utf-8')
poems = []
for line in f.readlines():
    title,poem = line.split(':')
    poem = poem.replace(' ','')
    poem = poem.replace('\n','')
    if len(poem)>0:
        poems.append(list(poem))

print(poems[0][:])
```

['寒', '随', '穷', '律', '变', '春', '逐', '鸟', '声', '开', '初', '风', '飘', '带', '柳', '晚', '雪', '间', '花', '梅', '碧', '林', '青', '旧', '竹', '绿', '沼', '翠', '新', '苔', '芝', '田', '初', '雁', '去', '绮', '树', '巧', '莺', '来']

2. 数据预处理：从原始数据到字符编码

由于 PyTorch 不能处理非数值型的向量或矩阵，所以需要把涉及的汉字用整数编码来代替。我们可以把字符的编码简单理解为"学号"，即假设一个班级里有很多同学，每位同学都有自己的名字，为方便管理，老师就给每位同学分配了一个学号。此处也是相同的道理，我们通过字符编码字典 word2idx 建立字符和编码之间的对应关系。相关代码如下：

代码 7-9

```
# 创建字符编码字典
word2idx = {}
i = 1
for poem in poems:
    for word in poem:
        if word2idx.get(word)== None:
            word2idx[word] = i
            i += 1

# 对诗歌进行编码,从原始数据到矩阵
poems_digit = []
for poem in poems:
    poem_digit = []
    for word in poem:
        poem_digit.append(word2idx[word])
    poems_digit.append(poem_digit)

print("原始诗歌")
print(poems[3829])
print("\n 编码后的结果")
print(poems_digit[3829][:])
```

原始诗歌
['春', '眠', '不', '觉', '晓', '处', '处', '闻', '啼', '鸟', '夜', '来', '风', '雨', '声', '花', '落', '知', '多', '少']

编码后的结果
[6, 2420, 57, 2468, 451, 198, 198, 747, 376, 8, 228, 39, 12, 270, 9, 19, 319, 67, 510, 1941]

3. 拆分 X、Y 变量并处理长短不一问题

接下来，需要把 poems_digit 矩阵拆分成 X 和 Y。在 RNN 的预测中，每次预测下一个字都需要当期输入的 X，所以我们需要明确模型的 X 和 Y。由于 RNN 模型具有记忆性，因此通常会采取一种"错位预测"的方式，即每次都是当前的一个字作为 X，下一个字作为预测的 Y。本案例中，我们假设诗歌的最大长度为 50 个字符，那么只需要把 poems_digit 最后一列去掉，前 49 列就是 X，把第一列去掉，后 49 列就是每一个 X 对应的 Y。相关代码如下：

代码 7-10

```
# 拆分X、Y 变量并处理长短不一问题
# 设置诗歌最大长度为 50 个字符
maxlen = 50
X = []
Y = []
for poem_digit in poems_digit:
    y=poem_digit[1:]+[0]*(maxlen - len(poem_digit))
    Y.append(y)
    # 将最后一个字符之前的部分作为 X，并补齐字符
    x = poem_digit[:-1] + [0]*(maxlen - len(poem_digit))
    X.append(x)

print("原始诗歌")
print(poems[3829])
print("变量 X")
print(X[3829])
print("变量 Y")
print(Y[3829])
```

原始诗歌
['春', '眠', '不', '觉', '晓', '处', '处', '闻', '啼', '鸟', '夜', '来', '风', '雨', '声', '花', '落', '知', '多', '少']
变量X
[6, 2420, 57, 2468, 451, 198, 198, 747, 376, 8, 228, 39, 12, 270, 9, 19, 319, 67, 51 0, 0, 0, 0, 0, 0, 0, 0, 0, 0, 0, 0, 0, 0, 0, 0, 0, 0, 0, 0, 0, 0, 0, 0, 0, 0, 0, 0, 0]
变量Y
[2420, 57, 2468, 451, 198, 198, 747, 376, 8, 228, 39, 12, 270, 9, 19, 319, 67, 510, 1941, 0, 0, 0, 0, 0, 0, 0, 0, 0, 0, 0, 0, 0, 0, 0, 0, 0, 0, 0, 0, 0, 0, 0, 0, 0, 0, 0, 0, 0, 0]

4. 划分训练集和测试集

在 PyTorch 框架下，我们需要手动把数据集划分成训练集和测试集用于模型训练。首先打乱数据集的原有顺序，按照 1：4 的比例对数据集进行切分，随后利用 PyTorch 的 TensorDataset 和 DataLoader 将数据转化为 RNN 模型可读取的格式，具体代码如下：

代码 7-11

```
# 划分训练集和测试集

#将所有数据的顺序打乱重排
idx = np.random.permutation(range(len(X)))
X = [X[i] for i in idx]
Y = [Y[i] for i in idx]

#切分出 20% 的数据放入测试集
validX = X[:len(X)// 5]
trainX = X[len(X)// 5:]
validY = Y[:len(Y)// 5]
trainY = Y[len(Y)// 5:]

#一批包含 64 个数据记录
batch_size = 64
#形成训练集
train_ds   =   DataSet.TensorDataset(torch.IntTensor(np.array(trainX,dtype =
int)),torch.IntTensor(np.array(trainY,dtype = int)))
#形成数据加载器
train_loader = DataSet.DataLoader(train_ds,batch_size = batch_size,shuffle =
True,num_workers = 4)

#测试数据
valid_ds   =   DataSet.TensorDataset(torch.IntTensor(np.array(validX,dtype   =
int)),torch.IntTensor(np.array(validY,dtype = int)))
valid_loader = DataSet.DataLoader(valid_ds,batch_size = batch_size,shuffle =
True,num_workers = 4)
```

5. 构建 RNN 模型

实现一个简单的 RNN 模型，其构架主要包含 3 层：输入层、隐藏层和输出层。构建
RNN 模型的代码如下：

代码 7-12

```
class SimpleRNN(nn.Module):
    def    __init__(self,output_size,word_num,embedding_size,hidden_size,num_
layers=1):
        #定义
        super(SimpleRNN,self).__init__()

        #一个 embedding 层
        self.embedding = nn.Embedding(word_num,embedding_size)
```

```python
        #PyTorch 的 RNN 层,batch_first 标识可以让输入的张量的第一个维度表示 batch 指标
        self.rnn = nn.RNN(embedding_size,hidden_size,num_layers,batch_first =
True)

        #输出的全连接层
        self.fc = nn.Linear(hidden_size,output_size)

        self.num_layers = num_layers
        self.hidden_size = hidden_size
        self.output_size = output_size

def forward(self, x, hidden):
        # 运算过程
        # 先进行 embedding 层的计算
        x = self.embedding(x)
        # 从输入到隐含层的计算
        # x 的尺寸为:batch_size,num_step,hidden_size
        output, hidden = self.rnn(x, hidden)
        # output 的尺寸为:batch_size,maxlen-1, hidden_size
        # 最后一层全连接网络 此处返回每个时间步的数值
        output = self.fc(output)
        output = output.view(-1,output.shape[-1])#为便于后续处理,此处进行展平
        # output 的尺寸为:batch_size*(maxlen-1),output_size
        return output, hidden

    def initHidden(self,batch_size):
        #对隐藏单元初始化
        #尺寸是 layer_size,batch_size,hidden_size
        return Variable(torch.zeros(self.num_layers,batch_size,self.hidden_size))

# 获取文本数据集中包含的字符数量
vocab_size = len(word2idx.keys())+1

#给定超参数
lr = 1e-3
epochs = 200

#生成一个简单的 RNN,输入 size 为 49(50-1),输出 size 为 vocab_size(字符总数)
rnn = SimpleRNN(output_size = vocab_size,word_num = vocab_size,embedding_size
= 64,hidden_size = 128)
rnn = rnn.cuda()
criterion = torch.nn.CrossEntropyLoss()#交叉熵损失函数
optimizer = torch.optim.Adam(rnn.parameters(),lr = lr)#Adam 优化算法
```

```
#查看模型具体信息
print(rnn)
```

```
  SimpleRNN(
    (embedding): Embedding(5546, 64)
    (rnn): RNN(64, 128, batch_first=True)
    (fc): Linear(in_features=128, out_features=5546, bias=True)
  )
```

6. 模型训练

定义几个训练中会用到的函数，主要用于计算精度和损失以及调用模型进行训练与预测。相关代码如下：

代码 7-13

```python
def accuracy(pre,label):
    #得到每一行(每一个样本)输出值最大元素的下标
    pre = torch.max(pre.data,1)[1]
    #将下标与 label 比较,计算正确的数量
    rights = pre.eq(label.data).sum()
    #计算正确预测所占的百分比
    acc = rights.data/len(label)
    return acc.float()


# 模型验证
def validate(model, val_loader):
    # 在校验集上运行一遍并计算损失和准确率
    val_loss = 0
    val_acc = 0
    model.eval()
    for batch, data in enumerate(val_loader):
        init_hidden = model.initHidden(len(data[0]))
        init_hidden = init_hidden.cuda()
        x, y = Variable(data[0]), Variable(data[1])
        x, y = x.cuda(), y.cuda()
        outputs, hidden = model(x, init_hidden)
        y = y.long()
        y = y.view(y.shape[0]*y.shape[1]) #此处修改:展平,对应 x 的维度
        loss = criterion(outputs, y)
        val_loss += loss.data.cpu().numpy()
        val_acc += accuracy(outputs, y)
    val_loss /= len(val_loader)  # 计算平均损失
    val_acc /= len(val_loader)  # 计算平均准确率
    return val_loss, val_acc
```

```python
# 打印训练结果
def print_log(epoch,train_time,train_loss,train_acc,val_loss,val_acc,epochs
= 10):
    print(f"Epoch [{epoch}/{epochs}],time:{train_time:.2f}s,loss:{train_loss:
.4f},acc:{train_acc:.4f},val_loss:{val_loss:.4f},val_acc:{val_acc:.4f}")


# 定义主函数:模型训练
def train(model,optimizer,train_loader,val_loader,epochs=1):
    train_losses = []
    train_accs = []
    val_losses = []
    val_accs = []

    for epoch in range(epochs):
        train_loss = 0
        train_acc = 0
        start = time.time()# 记录本 epoch 开始时间
        for batch,data in enumerate(train_loader):
            #batch 为数字,表示已经进行了几个 batch
            #data 为一个二元组,存储了一个样本的输入和标签
            model.train()#标志当前 RNN 处于训练阶段
            init_hidden = model.initHidden(len(data[0]))#初始化隐藏层单元
            init_hidden = init_hidden.cuda()
            optimizer.zero_grad()
            x,y = Variable(data[0]),Variable(data[1])#从数据中提取输入和输出对
            x,y = x.cuda(),y.cuda()
            outputs,hidden = model(x,init_hidden)#输入 RNN,产生输出
            y = y.long()
            y = y.view(y.shape[0]*y.shape[1])#此处修改:展开,对应 x 的维度
            loss = criterion(outputs,y)#带入损失函数并产生 loss
            train_loss += loss.data.cpu().numpy()#记录 loss
            train_acc += accuracy(outputs,y)#记录 acc
            loss.backward()#反向传播
            optimizer.step()#梯度更新

        end = time.time()# 记录本 epoch 结束时间
        train_time = end - start  # 计算本 epoch 的训练耗时
        train_loss /= len(train_loader)# 计算平均损失
        train_acc /= len(train_loader)# 计算平均准确率
        val_loss,val_acc = validate(model,val_loader)# 计算测试集上的损失函数和准
确率
        train_losses.append(train_loss)
```

```
        train_accs.append(train_acc)
        val_losses.append(val_loss)
        val_accs.append(val_acc)
        print_log(epoch+1,train_time,train_loss,train_acc,val_loss,val_acc,
epochs = epochs)# 打印训练结果
    return train_losses,train_accs,val_losses,val_accs
```

```
#模型训练
history = train(rnn,optimizer,train_loader,valid_loader,epochs=epochs)# 实施
训练
```

```
Epoch [7/50], time: 4.27s, loss: 4.0024, acc: 0.3881, val_loss: 4.0985, val_acc: 0.3889
Epoch [8/50], time: 4.23s, loss: 3.9449, acc: 0.3911, val_loss: 4.0683, val_acc: 0.3909
Epoch [9/50], time: 4.25s, loss: 3.8973, acc: 0.3936, val_loss: 4.0450, val_acc: 0.3932
Epoch [10/50], time: 4.33s, loss: 3.8560, acc: 0.3960, val_loss: 4.0219, val_acc: 0.3951
Epoch [11/50], time: 4.21s, loss: 3.8162, acc: 0.3985, val_loss: 4.0065, val_acc: 0.3959
Epoch [12/50], time: 4.27s, loss: 3.7801, acc: 0.4006, val_loss: 3.9844, val_acc: 0.3979
Epoch [13/50], time: 4.28s, loss: 3.7465, acc: 0.4028, val_loss: 3.9732, val_acc: 0.3987
Epoch [14/50], time: 4.33s, loss: 3.7174, acc: 0.4045, val_loss: 3.9611, val_acc: 0.3999
Epoch [15/50], time: 4.42s, loss: 3.6913, acc: 0.4060, val_loss: 3.9493, val_acc: 0.4010
Epoch [16/50], time: 4.71s, loss: 3.6697, acc: 0.4071, val_loss: 3.9432, val_acc: 0.4016
Epoch [17/50], time: 4.28s, loss: 3.6462, acc: 0.4084, val_loss: 3.9409, val_acc: 0.4012
Epoch [18/50], time: 4.44s, loss: 3.6271, acc: 0.4098, val_loss: 3.9324, val_acc: 0.4027
```

7. 做一首藏头诗

诗歌的创作其实是生成一个字符串来表达想写的诗歌内容。以藏头诗为例,如果是一首五言绝句,每句话的第一个字分别是"深""度""学""习",则最初的字符串应该是"深****度****学****习****",其中"*"代表未知字符,需要调用 RNN 模型来创作,具体代码如下:

代码 7-14

```
# 初始化藏头诗字符串
poem_incomplete = '深****度****学****习****'
poem_index = [] #用于记录诗歌创作过程中字符和整数的对应关系
poem_text = '' #记录诗歌的创作过程,循环结束后应是一首完整的诗
for i in range(len(poem_incomplete)):
    #对 poem_incomplete 的每个字符做循环
    current_word = poem_incomplete[i]

    if current_word != '*':
        #若当前的字符不是"*",使用 word2idx 字典将其变为一个整数
        index = word2idx[current_word]

    else:
        #若当前的字符是"*",需要用 RNN 模型对其进行预测
        x = poem_index + [0]*(maxlen -1 - len(poem_index)) #将当前字符与之前的字符
```

拼接形成新的输入序列

```
        init_hidden = rnn.initHidden(1)
        init_hidden = init_hidden.cuda()
        x = torch.IntTensor(np.array([x],dtype = int))
        x = Variable(x)
        x = x.cuda()
        pre,hidden = rnn(x,init_hidden)
        pre = pre.cpu()
        index = torch.argmax(pre)#提取最大概率的字符所在的位置,记录其编号
        current_word = [k for k,v in word2idx.items()if v == index][0] #提取上
述编号所对应的字符

    poem_index.append(index)
    poem_text = poem_text + current_word #将 current_word 加到 poem_text 中

print(poem_text[0:5])
print(poem_text[5:10])
print(poem_text[10:15])
print(poem_text[15:20])
```

```
深去君心桥
度徊此头灵
学微皮下动
习工谁花香
```

7.3 LSTM 模型

7.2 节介绍的 RNN 模型虽然能够处理序列的记忆问题，但它也有自己的缺点，那就是对于序列间的长期依赖关系捕捉能力有限，这就引出了本节要学习的长短期记忆（long short term memory，LSTM）模型。

7.3.1 RNN 模型的改进：增加长期状态变量

RNN 模型无法处理长距离依赖关系的短板是由其算法造成的。RNN 模型首先要捕捉的一定是最近的相关关系，而为了捕捉最近的相关关系，就需要在一定程度上降低对长期相关关系的依赖。如图 7-8 所示，RNN 模型擅长处理的是短期相关性，而非长期相关性。在一个 RNN 模型中，如果从前到后的距离很长，那么最前方的 X_0 对后方遥远输出的影响就会很小。

实际上，RNN 模型中的隐藏状态变量 h 是从过去叠加衰减到现在的，h 在每一步迭代中都在更新衰减，过去的信息不停地被剔除；等到 h 从遥远的过去一直更新到现在时，它所包含的远方的信息已经很少了。即便有衰减，h 也或多或少保留了来自遥远过去的信息，任何状态下的 h 都是历史信息与当前信息的组合。如果给历史信息分配较大的权重，

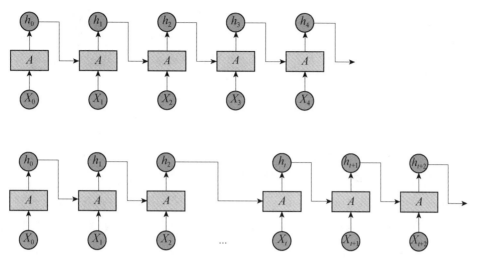

图 7-8 RNN 模型处理长短期相关性

当前信息就会无处容纳；反之亦然。这说明，只用一种状态变量 h 是无法很好地兼顾历史信息和当前信息的。

于是有学者想到，可以通过创造两种状态变量来对 RNN 模型加以改进，即增加长期状态变量，如图 7-9 所示。图 7-9 中有两种状态变量 h 和 c ，h 描述较近的历史状态，c 描述较远的状态。所以 c 更加稳定，它的更新迭代和衰减速度都比 h 要慢一些。有了 h 和 c 这两种状态变量，就可以更好地兼顾当前信息和历史信息。

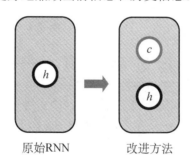

原始RNN　　　　改进方法

图 7-9 基于 RNN 的改进

7.3.2 LSTM 模型简介

LSTM 模型的核心就是同时兼顾长期记忆性和短期记忆性。图 7-10 展示了 RNN 模型和 LSTM 模型的内部结构对比。与 RNN 模型相比，LSTM 除了从上一时刻要继承一个短期状态 h_{t-1} 之外，还要继承一个长期状态 c_{t-1}，然后与当前的外部输入 X_t 结合在一起，经过复杂的非线性变换后输出下一时刻的短期状态 h_t 和下一时刻的长期状态 c_t，其中，h_t 对下一时刻所有的文本表现负责。

LSTM 模型内部涉及一个非线性变换，下面介绍这个非线性变换的核心思想。

（1）长期状态变量的继承更新。LSTM 模型的非线性变换是以当前的长期状态 c_t 为核心的，而 c_t 来源于两部分，一部分是对历史的继承，另一部分是对当前信息的更新和反

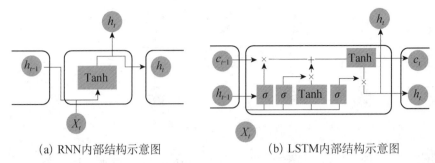

(a) RNN内部结构示意图　　　　　(b) LSTM内部结构示意图

图 7-10　RNN 模型与 LSTM 模型内部结构对比

馈。当前的长期状态 c_t 是从 c_{t-1} 继承而来的，继承得越多，记忆性就越好；继承得越少，就越容易遗忘历史而对当前输入更加敏感。控制 c_t 从 c_{t-1} 继承多少的就是遗忘门（见图 7-11），它是一个取值范围为 0～1 的变量。

如图 7-11 所示，遗忘门的非线性变换有两个输入，一个是从前一时刻继承的短期状态 h_{t-1}，另一个是从当前环境中读入的新信息 X_t，对由这二者合并而得的新向量做线性变换，加上截距项，再经 Sigmoid 非线性变换就变成了一个范围为 0～1 的数字：遗忘门 f_t。遗忘门越接近 1， c_t 从 c_{t-1} 继承得越多；而若 c_t 从 c_{t-1} 继承得少，对应的遗忘门就趋近 0。因此，遗忘门用来控制当前长期状态对历史的依赖。

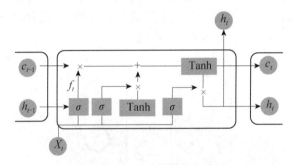

图 7-11　LSTM 模型的遗忘门

注：$f_t = \sigma(W_f \cdot [h_{t-1}, X_t] + b_f)$。

（2）长期状态变量的吸收更新。除了遗忘门， c_t 更新的另一部分来自对当前新输入的反馈。设当前的各种输入信息综合在一起形成了一个新的状态变量 $\tilde{c}_t$，它是对 c_t 的一个状态更新，可以为 c_t 的更新提供信息。控制 c_t 从 $\tilde{c}_t$ 吸收多少的就是输入门（见图 7-12），它是一个取值范围为 0～1 的变量。

如图 7-12 所示，输入门的非线性变换也有两个输入，一个是前一时刻的短期状态 h_{t-1}，另一个是从当前时刻读入的新信息 X_t，将这二者合并后对新向量依次做线性变换和 Tanh 变换就得到了新变量 $\tilde{c}_t$， $\tilde{c}_t$ 是对当前长期状态的一种更新。而当前状态 c_t 最终从 $\tilde{c}_t$ 吸收的比例则由输入门 i_t 控制。与遗忘门类似，输入门 i_t 是一个取值范围为 0～1 的数字。输入门越接近 1， c_t 从 $\tilde{c}_t$ 吸收得越多，即此时 c_t 对当前输入十分敏感；而若输入门趋近 0，就说明 c_t 对当前输入并不敏感、更多地依赖历史信息。

（3）长期状态变量的输出更新。在当前长期状态变量 c_t 的状态确定之后，就需要决定把多少长期沉淀的信息输出到当前的短期状态 h_t，控制这一过程的变量就是输出门。

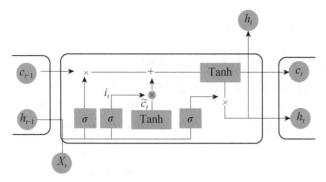

图 7-12　LSTM 模型的输入门

注：$i_t = \sigma(W_i \cdot [h_{t-1}, X_t] + b_i)$；$\tilde{c}_t = \tanh(W_c \cdot [h_{t-1}, X_t] + b_C)$。

　　如图 7-13 所示，输出门的核心是基于当前长期状态 c_t 输出当前短期状态 h_t。输出门在数学上仍然是一个非线性变换，依赖于输入 h_{t-1} 和 X_t，将二者合并并对新向量做一个基于 W_o 和 b_o 的线性变换得到一个数字，再对这个数字做 Sigmoid 变换就得到了一个取值范围为 0～1 的数字：输出门 o_t。输出门的值越大，当前输出的短期状态 h_t 和 c_t 就越相似；反之，二者不会十分相似，但 h_t 依然对我们可见的文本序列的表现负责。

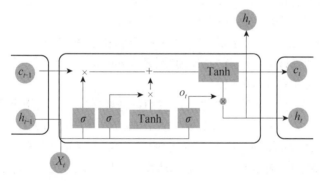

图 7-13　LSTM 模型的输出门

注：$o_t = \sigma(W_o \cdot [h_{t-1}, X_t] + b_o)$；$h_t = o_t \cdot \tanh(c_t)$。

　　以上就是 LSTM 模型非线性变换的核心思想，图 7-14 展示了这三个门控之间的关系。

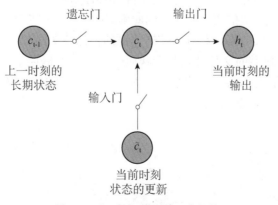

图 7-14　LSTM 模型的三个门控

7.3.3　LSTM 模型实例：自动乐曲生成

在了解 LSTM 的工作原理之后，本小节给出一个实际案例：自动乐曲生成。我们的思路是：首先，将一个 MIDI 音乐文件拆解为序列。其次，用这个序列对 LSTM 网络进行训练。最后，使用训练好的网络持续不断地输出新序列，即为机器自动生成的乐曲。总体来说，该案例可以概括为四个步骤：数据准备、模型构建、模型训练、乐曲生成。

在这一案例中，我们使用一个古典音乐数据集，该数据集中存储了贝多芬、肖邦、李斯特等音乐家的乐曲作品，每首乐曲都是一个 MIDI 格式的文件并以作曲家及编号命名。相关数据集可通过扫本书封底二维码获得。

1. MIDI 文件的读取与解析

大多数人对 MP3、wav 等音乐文件格式较为熟悉，实际上这些格式的音乐因为经过加工而失去了很多编曲信息，如具体的乐器、音符等等。本案例采用的是在计算机编曲中常用的、保留了乐曲很多原始信息的 MIDI 格式的音乐文件。

MIDI 格式音乐文件的特征是它存储了音乐所使用的乐器、具体的音乐序列（或者说音轨）及序列中每个时间点的音符信息。具体而言，每首乐曲往往都由多个音乐序列（或者说音轨）组成，是 MIDI 文件中的 part（各个 part 在播放时是一起并行播放的）。每个 part 都会有一个指定的使用的乐器，存储在每个 part 的基本信息中；而每个 part 又由 element 组成。可以将 element 理解为按时间顺序排列的音符（包括和弦）序列，主要通过由数字和字母组合的音高符号来记录。

在对 MIDI 文件有了一定的了解之后，我们首先要做的，是对数据集中的乐曲进行解析和预处理。在这里，我们采用 MIDI 格式的古典音乐数据集。MIDI 格式的文件可以很轻松地通过 Python 的 music21 包解析为对应的音符名称序列，作为训练用的数据。由于数据集中的乐曲大多为古典音乐，大部分乐曲都只使用了钢琴这一种乐器，所以在此只提取每首乐曲的 piano part。另外，为了避免完整的乐曲序列后续导致内存溢出，我们对乐曲进行了适当的分段处理。

由于对每首乐曲解析时都需要逐个音符遍历，所以处理时间较长。为了节省时间，我们可以将处理好的变量保存下来，方便下次直接调用，避免再次处理数据耗费大量时间。由于数据预处理并不是本节的重点内容，因此本书并未在正文中对代码进行展示，感兴趣的读者可通过扫本书封底二维码获得 LSTM 作曲的预处理文件 LSTM_preprocess.py。接下来，我们直接从预处理后的文件开始进行代码介绍。本书提供了预处理后的数据，包括 musicians（音乐家列表）、seqs（乐曲序列）和 namelist（每首乐曲依次是由哪个音乐家创作的）三个数据集。相关代码如下：

代码 7-15

```
# 导入相关模块
import os
import glob
import time
import subprocess
```

```
import pickle
import numpy as np
from pickle import dump,load
from music21 import converter,instrument,note,chord,stream

import torch
import torch.utils.data as DataSet
import torch.nn as nn
import torch.optim
from torch.autograd import Variable
import torch.nn.functional as F

# 读取作曲任务所需序列数据
musicians = load(open('./dataset/LSTM/musicians','rb'))
namelist = load(open('./dataset/LSTM/namelist','rb'))
seqs = load(open('./dataset/LSTM/seqs','rb'))
```

2. 数据集准备

经过上面的解析，我们得到了每首乐曲用由数字和字母组合的音高符号来代表的音符序列。与之前 RNN 机器作诗的案例类似，这种形式的序列可以作为 LSTM 能够处理的原始数据。但是在真正输入模型之前，还需要像处理诗歌序列那样进行一些预处理，即需要构建音符的音高符号与数字的映射字典，将音乐序列转为对应的整数序列。相关代码如下：

代码 7-16

```
def seq_encode(seqs):
    seq2idx = {}
    seqs_digit = []

    i = 1
    for seq in seqs:
        for s in seq:
            if seq2idx.get(s)== None:
                seq2idx[s] = i
                i += 1

    for seq in seqs:
        seq_digit = []
        for s in seq:
            seq_digit.append(seq2idx[s])
        seqs_digit.append(seq_digit)
    return seq2idx,seqs_digit

seq2idx,seqs_digit = seq_encode(seqs)
```

```
print("原始序列")
print(seqs[123][1:100])
print("\n 编码后的结果")
print(seqs_digit[123][1:100])
```

原始序列
['G#4', 'G4', 'F4', 'D4', 'E-4', 'D4', 'B3', 'G3', 'G#3', 'G3', 'F3', 'D3', 'E-3', 'D3', 'B2', 'G2', 'G#2', 'G2', 'F
2', 'D2', 'E-2', 'D2', 'C2', 'G1', 'C2', 'G1', '3.5.8', 'C2', 'G1', 'C2', '7', 'G1', '2.5.7', 'B1', 'G#4', 'G4', 'F
4', 'D4', 'E-4', 'D4', 'B3', 'G3', 'G#3', 'G3', 'F3', 'D3', 'E-3', 'D3', 'B2', 'G2', 'G#2', 'G2', 'F2', 'D2', 'E-2',
'D2', 'C2', 'G1', 'C2', 'G1', 'C2', 'G1', '3.5.8', 'C2', 'G1', 'C2', '7', 'G1', '2.5.7', 'B1', 'G#6', 'G#5', 'G6', 'G5', 'F6', 'F
5', 'D6', 'D5', 'E-6', 'E-5', 'D6', 'D5', 'B5', 'B4', 'G5', 'G4', 'G#5', 'G#4', 'G5', 'G4', 'F5', 'F4', 'D5', 'D4',
'E-5', 'E-4', 'D5', 'D4', 'B4', 'B3', 'G4']

编码后的结果
[49, 11, 23, 15, 26, 15, 42, 73, 58, 73, 72, 39, 71, 39, 40, 84, 108, 84, 48, 29, 154, 29, 176, 218, 176, 218, 265, 1
76, 218, 176, 139, 218, 200, 144, 49, 11, 23, 15, 26, 15, 42, 73, 58, 73, 72, 39, 71, 39, 40, 84, 108, 84, 48, 29, 15
4, 29, 176, 218, 176, 218, 265, 176, 218, 176, 139, 218, 200, 144, 146, 86, 161, 1, 54, 47, 46, 2, 165, 4, 46, 2, 16
2, 3, 1, 11, 86, 49, 1, 11, 47, 23, 2, 15, 4, 26, 2, 15, 3, 42, 11]

考虑到不同音乐家的作曲风格可能存在差异,且我们在后面的模型中会引入乐曲所属的音乐家因素,所以在这里也需要对音乐家序列进行相关的数字编码及后续的转为 one-hot 向量的操作。相关代码如下:

代码 7-17

```
# 定义音乐家姓名编码函数
def musician_encode(namelist):
    # 创建音乐家编码字典
    name2idx = {}
    i = 0
    for name in namelist:
        if name2idx.get(name)== None:
            name2idx[name] = i
            i += 1


    # 对音乐家列表进行编码
    namelist_digit = []
    for name in namelist:
        namelist_digit.append(name2idx[name])
    return name2idx,namelist_digit

name2idx,namelist_digit = musician_encode(namelist)
print("原始序列")
print(namelist[25:45])
print("\n 编码后的结果")
print(namelist_digit[25:45])
```

原始序列
['albeniz', 'albeniz', 'beethoven', 'beethoven', 'beethoven', 'beethoven', 'beethoven', 'beethoven', 'beethoven', 'be
ethoven', 'beethoven', 'beethoven', 'beethoven', 'beethoven', 'beethoven', 'beethoven', 'beethoven', 'beethoven', 'be
ethoven', 'beethoven']

编码后的结果
[0, 0, 1, 1, 1, 1, 1, 1, 1, 1, 1, 1, 1, 1, 1, 1, 1, 1, 1, 1]

下面,进一步将音乐家姓名编码转为 one-hot 形式。相关代码如下:

代码 7-18

```
# 将音乐家姓名编码转为 one-hot 形式
namelist_digit = F.one_hot(torch.tensor(namelist_digit))
namelist_digit.shape
```

torch.Size([614, 9])

与作诗模型类似，我们在预测每一个音符时，实际上是利用已有的音符序列作为输入，在这里，我们把每首乐曲的最后一个音符作为 Y，把最后一个音符之前的内容作为 X。LSTM 模型要求输入序列的长度是一致的，将乐曲的最大长度设置为 1 000，则去掉最后一个音符 Y 之后 X 的最大长度为 999，对于长度不足的样本，需要用 0 补齐。相关代码如下：

代码 7-19

```
# 定义一个函数, 用于生成训练函数的输入与输出
def generate_XY(seqs_digit,namelist,max_len):
    X = []
    Y = []
    i = -1
    for seq_digit in seqs_digit:
        i += 1
        if len(seq_digit)< 1:
            continue

        # 将每首乐曲的最后一个音符作为 Y
        Y.append(seq_digit[-1])
        # 将最后一个音符之前的部分作为 X, 并补齐字符
        x = seq_digit[:-1] + [0]*(max_len - len(seq_digit))
        l = namelist_digit[i].tolist()
        X.append(x+l)
    # 将所有数据的顺序打乱重排
    idx = np.random.permutation(range(len(X)))
    X = [X[i] for i in idx]
    Y = [Y[i] for i in idx]
    return X,Y

X,Y = generate_XY(seqs_digit,namelist,1000)
print("原始乐曲(部分):")
print(seqs[123][1:50])
print("变量 X(音符序列):")
print(X[123][0:999])
print("变量 X(作曲家):")
print(X[123][-9:])
print("变量 Y:")
```

```
print(Y[123])
```

原始乐曲（部分）：
['G#4', 'G4', 'F4', 'D4', 'E-4', 'D4', 'B3', 'G3', 'G#3', 'G3', 'F3', 'D3', 'E-3', 'D3', 'B2', 'G2', 'G#2', 'G2', 'F
2', 'D2', 'E-2', 'D2', 'C2', 'G1', 'C2', 'G1', '3.5.8', 'C2', 'G1', 'C2', '7', 'G1', '2.5.7', 'B1', 'G#4', 'G4', 'F
4', 'D4', 'E-4', 'D4', 'B3', 'G3', 'G#3', 'G3', 'F3', 'D3', 'E-3', 'D3', 'B2']
变量x（音符序列）：
[37, 32, 140, 32, 6, 32, 78, 61, 37, 32, 22, 34, 31, 141, 31, 141, 31, 141, 31, 141, 31, 141, 114, 92, 111, 120, 38,
4, 100, 138, 98, 62, 76, 97, 98, 138, 120, 95, 139, 95, 130, 120, 95, 94, 76, 97, 98, 138, 97, 120, 95, 139, 95, 97,
94, 76, 82, 108, 58, 75, 108, 82, 108, 75, 108, 82, 108, 75, 58, 75, 108, 82, 108, 75, 58, 75, 108, 82, 111,
108, 75, 58, 75, 108, 82, 47, 108, 75, 42, 47, 75, 108, 82, 47, 108, 75, 42, 75, 108, 82, 7, 70, 75, 67, 75, 70, 82,
70, 39, 67, 111, 39, 70, 2, 82, 25, 70, 39, 67, 5, 39, 70, 82, 25, 108, 66, 28, 86, 66, 108, 6, 82, 6, 144, 3, 40, 6,
49, 26, 6, 7, 3, 67, 40, 13, 144, 49, 111, 133, 40, 24, 58, 40, 154, 111, 82, 108, 58, 111, 75, 108, 82, 3, 47, 82, 1
08, 28, 25, 72, 108, 3, 82, 3, 7, 82, 70, 28, 6, 74, 70, 49, 82, 13, 82, 70, 67, 111, 39, 70, 2, 82, 25, 82, 70, 67,
5, 39, 70, 82, 13, 82, 70, 67, 24, 39, 70, 15, 82, 28, 82, 70, 67, 41, 39, 70, 82, 28, 82, 108, 28, 110, 72, 108, 82,
45, 82, 108, 41, 5, 4, 71, 108, 9, 82, 78, 82, 108, 56, 93, 75, 108, 82, 141, 82, 108, 58, 134, 43, 108, 45, 82, 78,
82, 108, 28, 110, 72, 108, 82, 45, 82, 108, 41, 32, 71, 108, 82, 78, 82, 108, 56, 93, 75, 108, 82, 13, 26, 82, 108, 5
8, 134, 43, 108, 45, 82, 78, 82, 108, 58, 75, 108, 82, 108, 75, 58, 75, 108, 82, 280, 77, 75, 28, 74, 75, 77, 91, 23
4, 75, 28, 74, 75, 77, 13, 105, 344, 82, 108, 75, 58, 28, 23, 107, 110, 0, 0, 0, 0, 0, 0, 0, 0, 0, 0, 0, 0, 0, 0, 0,
0, 0, 0, 0, 0, 0, 0, 0, 0, 0, 0, 0, 0, 0, 0, 0, 0, 0, 0, 0, 0, 0, 0, 0, 0, 0, 0, 0, 0, 0, 0, 0, 0, 0, 0, 0, 0, 0, 0,
0, 0, 0, 0, 0, 0, 0, 0, 0, 0, 0, 0, 0, 0, 0, 0, 0, 0, 0, 0, 0, 0, 0, 0, 0, 0, 0, 0, 0, 0, 0, 0, 0, 0, 0, 0, 0, 0, 0,
0, 0, 0, 0, 0, 0, 0, 0, 0, 0, 0, 0, 0, 0, 0, 0, 0, 0, 0, 0, 0, 0, 0, 0, 0, 0, 0, 0, 0, 0, 0, 0, 0, 0, 0, 0, 0, 0, 0,
0, 0, 0, 0, 0, 0, 0, 0, 0, 0, 0, 0, 0, 0, 0, 0, 0, 0, 0, 0, 0, 0, 0, 0, 0, 0, 0, 0, 0, 0, 0, 0, 0, 0, 0, 0, 0, 0, 0,
0, 0, 0, 0, 0, 0, 0, 0, 0, 0, 0, 0, 0, 0, 0, 0, 0, 0, 0, 0, 0, 0, 0, 0, 0, 0, 0, 0, 0, 0, 0, 0, 0, 0, 0, 0, 0, 0, 0,
0, 0, 0, 0, 0, 0, 0, 0, 0, 0, 0, 0, 0, 0, 0, 0, 0, 0, 0, 0, 0, 0, 0, 0, 0, 0, 0, 0, 0, 0, 0, 0, 0, 0, 0, 0, 0, 0, 0,
0, 0, 0, 0, 0, 0, 0, 0, 0, 0, 0, 0, 0, 0, 0, 0, 0, 0, 0, 0, 0, 0, 0, 0, 0, 0, 0, 0, 0, 0, 0, 0, 0, 0, 0, 0, 0, 0, 0,
0, 0, 0, 0, 0, 0, 0, 0, 0, 0, 0, 0, 0, 0, 0, 0, 0, 0, 0, 0, 0, 0, 0, 0, 0, 0, 0, 0, 0, 0, 0, 0, 0, 0, 0, 0, 0, 0, 0,
0, 0, 0, 0, 0, 0, 0, 0, 0, 0, 0, 0, 0, 0, 0, 0, 0, 0, 0, 0, 0, 0, 0, 0, 0, 0, 0, 0, 0, 0, 0, 0, 0, 0, 0, 0, 0, 0, 0]
变量x（作曲家）：
[0, 0, 1, 0, 0, 0, 0, 0, 0]
变量Y：
82

与 RNN 模型作诗不同的是，在 LSTM 作曲的问题里，我们不再分配测试集。这是因为对于作曲，我们对外样本预测精度并没有太高的要求，模型训练的精度达到一个不算低的水平即可，因为若精度为 1，则说明模型能够准确预测每个音乐家的每首乐曲，这对于生成新音乐的意义并不大，而且也很难达到。另外，我们也不希望精度太低，因为这可能意味着模型并未学到任何一首音乐家乐曲的规律。因此，我们就只需要将数据重新排列，代入模型训练即可。相关代码如下：

代码 7-20

```
# 设定 batch size
batch_size = 64
# 创建 Tensor 形式的数据集
ds = DataSet.TensorDataset(torch.IntTensor(np.array(X,dtype=int)),torch.
IntTensor(np.array(Y,dtype=int)))
# 形成数据集加载器
loader = DataSet.DataLoader(ds,batch_size=batch_size,shuffle=True,num_workers=1)
```

3. 构建 LSTM 模型

我们在这里使用一个简单的 LSTM 模型，并对隐藏状态进行条件初始化。考虑到不同音乐家的乐曲风格存在差异，这里尝试用乐曲所属音乐家的序号（one-hot 向量化）经 embedding 层变换后的向量对 LSTM 的隐藏层进行初始化，以帮助模型适应不同音乐家在乐曲风格上可能存在的差异。相关代码如下：

代码 7-21

```
'''# 定义一个 LSTM 模型类
class LSTMNetwork(nn.Module):
    def __init__(self,input_size,output_size,word_num,embedding_size,hidden_
size,num_layers=1):
        super(LSTMNetwork,self).__init__()
        # 一个 embedding 层
        self.embedding = nn.Embedding(word_num,embedding_size)
        # PyTorch 的 LSTM 层,batch_first 标识可以让输入的张量的第一个维度表示 batch 指标
        self.lstm = nn.LSTM(embedding_size,hidden_size,num_layers,batch_first
= True)
        # 输出的全连接层
        self.fc = nn.Linear(hidden_size,output_size)
        self.num_layers = num_layers
        self.hidden_size = hidden_size
        self.input_size = input_size
        self.output_size = output_size
        self.embedding_size = embedding_size

    # 定义前向计算流程
    def forward(self,x2,hidden):
        # 先进行 embedding 层的计算
        x = self.embedding(x2)
        # 读入隐藏层的初始信息
        hh = hidden#[0]
        # 从输入到隐藏层的计算
        # x 的尺寸为:batch_size,num_step,hidden_size
        output,hidden = self.lstm(x,hh)
        # 从 output 中去除最后一个时间步的数值(output 中包含了所有时间步的结果)
        output = output[:,-1,...]
        # 最后一层全连接网络
        output = self.fc(output)
        # output 的尺寸为:batch_size,output_size
        return output

    # 对隐藏单元初始化
    def initHidden(self,x1,x1_size,batch_size):
        x = self.embedding(x1).cuda()
        # 初始化的隐藏元和记忆元,通常它们的维度是一样的
        h1 = Variable(torch.zeros(self.num_layers,batch_size,self.hidden_
size)).cuda()
        c1 = Variable(torch.zeros(self.num_layers,batch_size,self.hidden_
```

```
size)).cuda()
        # 这里我们要对后面的 LSTM 模型的隐藏状态进行条件初始化
        # 需要借助一个 LSTM 来获得其在对应音乐家特征向量输入下输出的隐藏状态
        _,out = self.lstm(x,(h1,c1))
        return out


# 获取数据集包含的音符数量
seq_size = len(seq2idx.keys())+1
# 设定学习率和训练轮数
lr = 1e-2
epochs = 200
# 序列最大长度
max_len = 1000
# 生成一个简单的 LSTM,输入 size 为 999,输出 size 为 seq_size(字符总数)
lstm  =  LSTMNetwork(input_size=max_len-1,output_size=seq_size,word_num=seq_
size,embedding_size=256,hidden_size=128)
# 转为 GPU 下的模型
lstm = lstm.cuda()
#交叉熵损失函数
criterion = torch.nn.CrossEntropyLoss()
#Adam 优化算法
optimizer = torch.optim.Adam(lstm.parameters(),lr=lr)
#查看模型具体信息
print(lstm)
```

```
LSTMNetwork(
  (embedding): Embedding(456, 256)
  (lstm): LSTM(256, 128, batch_first=True)
  (fc): Linear(in_features=128, out_features=456, bias=True)
)
```

4. 模型训练

这一部分进行模型训练。首先定义几个训练中会用到的函数，主要用于计算精度和损失，调用模型进行训练。相关代码如下：

代码 7-22

```
# 定义预测准确率的函数
def accuracy(pre,label):
    #得到每一行(每一个样本)输出值最大元素的下标
    pre = torch.max(pre.data,1)[1]
    #将下标与 label 比较,计算正确的数量
    rights = pre.eq(label.data).sum()
    #计算正确预测所占的百分比
    acc = rights.data / len(label)
    return acc.float()
```

```python
# 定义一个 Tensor 分割函数
def split_x1_x2(x):
    x = x.tolist()
    x1 = [x[i][0:999] for i in range(len(x))]
    x2 = [x[i][-9:] for i in range(len(x))]
    x1 = torch.IntTensor(np.array(x1,dtype = int))
    x2 = torch.IntTensor(np.array(x2,dtype = int))
    return Variable(x1).cuda(),Variable(x2).cuda()


# 打印训练结果
def print_log(epoch,train_time,train_loss,train_acc,epochs=10):
    print(f"Epoch [{epoch}/{epochs}],time:{train_time:.2f}s,loss:{train_loss:
.4f},acc:{train_acc:.4f}")


# 定义模型训练函数
def train(model,optimizer,train_loader,epochs=1):
    train_losses = []
    train_accs = {}
    val_losses = []
    val_accs = []

    for epoch in range(epochs):
        train_loss = 0
        train_acc = 0
        model.train()
        # 记录当前 epoch 开始时间
        start = time.time()
        for batch,data in enumerate(train_loader):
            # batch 为数字,表示已经进行了几个 batch
            # data 为一个二元组,存储了一个样本的输入和标签
            x,y = Variable(data[0]),Variable(data[1])
            x,y = x.cuda(),y.cuda()
            x1,x2 = split_x1_x2(x)
            init_hidden = model.initHidden(x2,9,len(data[0]))
            optimizer.zero_grad()
            outputs = model(x1,init_hidden)
            y = y.long()
            # 计算当前损失
            loss = criterion(outputs,y)
            train_loss += loss.data.cpu().numpy()
            train_acc += accuracy(outputs,y)
            loss.backward()
            optimizer.step()
```

```
        # 记录当前 epoch 结束时间
        end = time.time()
        # 计算当前 epoch 的训练耗时
        train_time = end - start
        # 计算平均损失
        train_loss /= len(train_loader)
        # 计算平均准确率
        train_acc /= len(train_loader)
        train_losses.append(train_loss)
        train_accs.append(train_acc)
        # 打印训练过程信息
        print_log(epoch+1,train_time,train_loss,train_acc,epochs=epochs)

    return train_losses,train_accs

# 模型训练
history = train(lstm,optimizer,loader,epochs=epochs)
```

```
Epoch [1/200], time: 1.18s, loss: 5.6977, acc: 0.0156
Epoch [2/200], time: 1.11s, loss: 4.3232, acc: 0.1266
Epoch [3/200], time: 1.07s, loss: 3.4815, acc: 0.2866
Epoch [4/200], time: 1.09s, loss: 2.8302, acc: 0.4366
Epoch [5/200], time: 1.07s, loss: 2.4080, acc: 0.5444
Epoch [6/200], time: 1.16s, loss: 2.1514, acc: 0.5719
Epoch [7/200], time: 1.05s, loss: 2.0462, acc: 0.5816
Epoch [8/200], time: 1.07s, loss: 2.0718, acc: 0.5578
Epoch [9/200], time: 1.02s, loss: 2.0641, acc: 0.5675
Epoch [10/200], time: 1.04s, loss: 2.0440, acc: 0.5628
Epoch [190/200], time: 1.04s, loss: 0.9165, acc: 0.7294
Epoch [191/200], time: 1.04s, loss: 0.9127, acc: 0.7344
Epoch [192/200], time: 1.13s, loss: 0.8997, acc: 0.7266
Epoch [193/200], time: 1.09s, loss: 0.9037, acc: 0.7234
Epoch [194/200], time: 1.05s, loss: 0.9027, acc: 0.7375
Epoch [195/200], time: 1.05s, loss: 0.8467, acc: 0.7434
Epoch [196/200], time: 1.06s, loss: 0.8958, acc: 0.7359
Epoch [197/200], time: 1.11s, loss: 0.8981, acc: 0.7438
Epoch [198/200], time: 1.06s, loss: 0.8927, acc: 0.7328
Epoch [199/200], time: 1.10s, loss: 0.8770, acc: 0.7378
Epoch [200/200], time: 1.04s, loss: 0.9200, acc: 0.7316
```

5. 乐曲生成

我们的模型所要完成的任务是根据已有的部分乐谱，生成一首新的乐曲，在模型的训练过程中我们也考虑了音乐家的因素。预测过程如下：首先，指定我们希望乐曲是哪一个音乐家的风格，将其作为模型的一部分输入来进行隐藏状态的条件初始化。其次，由于我们需要提供部分乐谱作为辅助信息，因此我们从所指定的音乐家的乐曲中随机挑选一首作为提供的部分乐谱。最后是与作诗模型预测类似的预测过程（只不过输入部分增加了我们所指定的音乐家向量）。相关代码如下：

代码 7-23

```
# 生成指定音乐家的音乐
import random
```

```
# 指定音乐家
musicianname = 'beethoven'
# 获得指定音乐家的数字序号
name_digit = name2idx[musicianname]
# 将指定音乐家变为输入的 one-hot 向量
name_digit = F.one_hot(torch.tensor(name_digit),num_classes=9)
# 作为后续模型输入的部分音乐序列
input_index = []
#随机抽取所选音乐家的一段已有乐曲,用于后续辅助
for i in range(len(seqs)):
    if namelist[i] == musicianname:
        temp = seqs_digit[i][0:20]
        vocab = list(seqs_digit[i])
        if random.random()> 0.5:
            input_index = seqs_digit[i][0:20]
            vocab = list(seqs_digit[i])
            break
        else:
            continue

if len(input_index)== 0:
    input_index = temp

input_index = list(input_index)
```

　　在得到指定的音乐家及随机抽取的用于提供部分乐谱信息的音乐序列后，就可以进行模型预测了。相关代码如下：

代码 7-24

```
# 模型预测生成音乐的过程
# 用于存储输出的乐曲序列
output_word = []
# 指定要生成的乐曲长度
length = 500
for i in range(length):
    # 由于乐曲序列往往较长,随着预测长度变长,可能会出现信息缺失导致预测效果变差(如重复的旋律等)
    # 所以每间隔一段距离,在输入序列中加入一定的辅助乐曲片段作为补充信息
    if i%25 == 0:
        indexs = list(random.sample(vocab,5))
        input_index.extend(indexs)
    else:
        # 预测过程与作诗模型比较相像
        # 用预测出的乐曲序列作为输入,预测下一个音符存入输出序列中
```

```
# 同时每预测出一个音符也要对输入序列进行更新
# 将当前字符与之前的字符拼接形成新的输入序列
x1 = input_index + [0]*(max_len -1 - len(input_index))
x1 = [int(i.cpu())if type(i)!=int else i for i in x1]
x1 = torch.IntTensor(np.array([x1],dtype = int))
x1 = Variable(x1).cuda()

x2 = torch.IntTensor(np.array([name_digit.tolist()],dtype = int))
x2 = Variable(x2).cuda()
init_hidden = lstm.initHidden(x2,9,1)
pre = lstm(x1,init_hidden)
# 提取最大概率的字符所在的位置,记录其编号
index = torch.argmax(pre)
# 提取上述编号所对应的字符
current_word = [k for k,v in seq2idx.items()if v == index][0]
# 将其存入输出序列
output_word.append(current_word)
# 同时对输入序列也要更新
input_index.append(index)
```

```
# 最后展示一下预测出的完整的乐曲序列
print(output_word)
```

```
['A4', 'A4', 'D2', 'A4', 'A4', 'A4', 'A4', 'A4', 'A4', 'A4', 'A4', 'A4', 'A4', 'A4', 'A4', 'A4', 'A4', 'A4', 'A
4', 'A4', 'A4', 'A4', 'B5', '9.1', '4.9', '4.9', 'B5', '9.1', '4.9', '4.9', 'B5', '9.1', '4.9', '4.9', 'B5',
'9.1', '4.9', '4.9', 'B5', '9.1', '4.9', '4.9', 'B5', '9.1', '4.9', '4.9', '0.5', '0.5', 'A3', '8.1', 'A3', 'A3', 'A
3', 'A3', 'A3', 'A3', 'A3', 'A3', 'A3', 'A3', 'A3', 'A3', 'A3', 'A3', 'A3', 'A3', 'A3', 'A3', 'A3', 'A3', 'A3',
'A3', 'A3', 'A3', 'A3', 'A3', 'A3', 'A3', 'A3', 'A3', 'A3', 'A3', 'A3', 'A3', 'A3', 'A3', 'A3', 'A3', 'A3', 'A
3', 'A3', 'A3', '0.5', '0', '0.5', '0', '0.5', '0', '0.5', '0', '0.5', '0', '0.5', '0', '0.5', '0', '0.5', '0', '0.
5', '0', '0.5', '0', '0.5', '0', '0.5', '0', '2.5.9', 'G2', 'G2', 'G2', 'G2', 'G2', 'G2', 'G2', 'G2', 'G2', 'G
2', 'G2', 'G2', 'G2', 'G2', 'E2', 'G2', 'G2', 'G2', 'G2', 'G2', 'E2', 'G2', 'F1', 'F1', 'F1', 'F1', 'C2', 'C2', 'C2',
'0.4.7', '0.4.7', '0.4.7', '0.4.7', '0.4.7', '0.4.7', '0.4.7', '0.4.7', '0.4.7', '0.4.7', '0.4.7', '0.4.7', '0.4.7',
'0.4.7', '0.4.7', '0.4.7', '0.4.7', 'F1', 'F1', 'F1', 'F1', 'F1', 'F1', 'F1', 'F1', 'F1', 'F1', 'F1', 'F1', 'F
1', 'F1', 'F1', 'F1', 'F1', 'C2', 'F1', 'F1', 'F1', 'F1', 'F1', 'A3', 'A3', 'A3', 'A3', 'A3', 'A3', 'A3', 'A3', 'A3',
'A3', 'A3', 'A3', 'A3', 'A3', 'A3', 'A3', 'A3', 'A3', 'A3', 'A3', 'A3', 'A3', 'A3', 'A3', 'A3', 'E3', '2.5.9', 'G2', 'A3',
'A3', 'A3', 'A3', 'A3', 'A3', 'A3', 'A3', 'A3', 'A3', 'A3', 'A3', 'A3', 'A3', 'A3', 'A3', 'A3', 'A3', 'A3', 'A3', 'A
3', '0', '7.0', '11.4', '11.4', '11.4', '11.4', '11.4', '11.4', '11.4', '11.4', '11.4', '11.4', '11.4', '11.
4', '11.4', '11.4', '11.4', '11.4', '11.4', '11.4', '11.4', '11.4', '5', '10.2.5', '10', '10.2.5', '10', '10.
2.5', '10', '10', '10', 'C2', '10', '10.2.5', '10', '10.2.5', '10', '10.2.5', '10', '10.2.5', '10', '10.2.
5', '10', '10.2.5', '10', '8', '0.4.7', '8', '8', '8', '8', '8', '8', '8', '8', '8', '8', '8', '8', '8', '8',
'8', '8', '8', '8', '8', '8', '10', 'C2', '5', '5', '10.2.5', '10', '10', '5', '5', '10.2.5', '10', '10', '10',
'C2', '5', '5', '10.2.5', '10', '10', '10', 'F1', 'F1', 'F1', 'F1', 'F1', 'F1', 'F1', 'F1', 'F1', 'F1', 'F1', 'F1',
'F1', 'F1', 'F1', 'F1', 'F1', 'C2', '5', '5', '10.2.5', '10', '10', '5', '5', '10', '5', '5', 'E3', 'A3', 'A3', 'A3',
'A3', 'A3', 'A3', 'A3', 'A3', 'A3', 'A3', 'A3', 'A3', 'A3', 'A3', 'A3', 'A3', 'A3', 'A3', 'A3', 'A3', 'A3', 'A
3', '1.4.8', '1.4.8', '1.4.8', '1.4.8', '1.4.8', '1.4.8', '1.4.8', '1.4.8', '1.4.8', '1.4.8', '1.4.8', '1.4.
8', '1.4.8', '1.4.8', '1.4.8', '1.4.8', '1.4.8', '1.4.8', '1.4.8', '1.4.8', '1.4.8', '1.4.8', '9.2', 'A4',
'A4', 'A4', 'A4', 'A4', 'A4', 'A4', 'A4', 'A4', 'A4', 'A4', 'A4', 'A4', 'A4', 'A4', 'A4', 'A4', 'A4', 'A
4', 'A4', 'A4', 'E3', 'A3', 'A3', 'A3', 'A3', 'A3', 'A3', 'A3', 'A3', 'A3', 'A3', 'A3', 'A3', 'A3', 'A3', 'A3',
'A3', 'A3', 'A3', 'A3', 'A3', 'A3', 'A3', '10', '10', 'C2', '0.4.7', '0.4.7', '0.4.7', '0.4.7', '0.4.7', '0.4.7', '0.
4.7', '0.4.7', '0.4.7', '0.4.7', '0.4.7', '0.4.7', '0.4.7', '0.4.7', '0.4.7', '0.4.7', '0.4.7', '0.4.7', '0.
4.7', '0.4.7']
```

　　下面,我们进一步将生成的音乐序列导出为 MIDI 文件。这一过程与解析过程正好相反,但也较为程式化,按照文件的结构要求组合即可,具体的步骤可以对照每一步的注释理解。相关代码如下:

代码 7-25

```
# 定义生成音乐函数
def seq_to_mid(prediction):
```

```
# 偏移累积量,防止数据覆盖
offset = 0
output_notes=[]
# 将预测的乐曲序列中的每一个音符符号转换成对应的 note 或 chord 对象
for data in prediction:
    # 如果是和弦 chord:例如 45.21.78
    # data 中有.或者有数字
    if('.' in data)or data.isdigit():
        # 用.分隔和弦中的每个音
        note_in_chord=data.split('.')
        # notes 列表接收单音
        notes=[]
        for current_note in note_in_chord:
            new_note=note.Note(int(current_note))
            # 乐器使用钢琴
            new_note.storedInstrument=instrument.Piano()
            notes.append(new_note)
        # 再把 notes 中的音转换成新的和弦
        new_chord=chord.Chord(notes)
        new_chord.offset=offset
        # 把转换好的 new_chord 弦传到 output_notes 中
        output_notes.append(new_chord)
    # 是音符 note:
    else:
        # note 直接可以把 data 变成新的 note
        new_note=note.Note(data)
        new_note.offset=offset
        # 乐器用钢琴
        new_note.storedInstrument=instrument.Piano()
        # 把 new_note 传到 output_notes 中
        output_notes.append(new_note)
    offset += 0.5
# 将上述转换好的 output_notes 传到外层的流 stream
# 注:由于我们只涉及钢琴一种乐器,所以这里的 stream 只由一个 part 构成即可
# 把上面的循环输出结果传到流
midi_stream=stream.Stream(output_notes)
# 将流 stream 写入 MIDI 文件
# 最终输出的文件名是 output.mid,格式是 mid
midi_stream.write('midi',fp='output.mid')

# 调用函数将输出的音乐列转为 MIDI 格式文件存储
seq_to_mid(output_word)
```

最后,作为拓展,大家可以尝试播放 LSTM 模型作出的曲子。这里推荐一个 Python

包：pygame，可以直接在页面播放 MIDI 格式的文件（但是一些网络 GPU 平台不支持）。当然也可以直接利用软件直接播放 MIDI 格式的文件或者转为 MP3 格式播放。

7.4　机器翻译

机器翻译是序列模型最广泛的应用之一，例如我们平时用的百度翻译、谷歌翻译等都是这方面非常优秀的代表。简单来说，机器翻译实现的是，给定一种语言的输入序列，机器可以自动输出目标语言的翻译序列。本节我们将通过一个简单的例子，让大家快速了解机器翻译的原理和实现框架。

7.4.1　初级机器翻译技术

初级机器翻译主要运用的是字典映射关系原理。这一过程类似于背单词和背短语，如图 7-15 所示，只需要构造一个大字典并建立从英文单词和短语到中文对应字词之间的映射关系。

图 7-15　字典形式的翻译

不过，上述字典形式的翻译也有很大的缺陷。一个原因是语义多样性，同一个英文单词在不同句子中的意思可能完全不一样。另一个原因是中英文的语序和语法结构不同。这两个原因使我们很难通过简单的逻辑映射来实现一种自然语言到另一种自然语言的翻译。

7.4.2　回归分析视角

针对字典形式翻译的缺陷，把翻译问题规范为一个关于 X 和 Y 的回归分析问题不失为一种更好的策略。如图 7-16 所示，以把"I love you"翻译成"我爱你"为例，输入 X 是英文"I love you"，因变量是中文输出"我爱你"。我们希望能建立一种高度非线性的回归模型，实现从 X 到 Y 的映射。

这一翻译过程的技术细节为：（1）通过模型学习，将输入"I love you"转换成包含语义、语境的充分信息。（2）基于此，预测输出中文的第一个字"我"，实现从 X 到 Y 的第

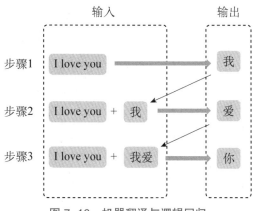

图 7-16　机器翻译与逻辑回归

一个变化。（3）利用预测出的中文"我"扩充 X 的信息集合，预测后面的第二个汉字"爱"并再次扩充 X 集合，随后利用英文"I love you"和中文"我爱"预测最后一个中文字符"你"。如果这一系列步骤都十分顺利且实现的概率很大，就能成功把"I love you"翻译为"我爱你"。

7.4.3　encoder–decoder 模型

深度学习模型通常把翻译任务拆解为两个过程：encoder 和 decoder。encoder（编码器）主要用来消化和理解英文，将其转变为状态空间中的变量；decoder（解码器）负责在充分理解状态变量之后，将其用中文翻译出来。encoder 和 decoder 中间靠一个状态变量相连。图 7-17 展示了机器翻译的一个简单框架。

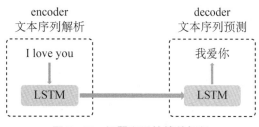

图 7-17　机器翻译的简单框架

下面介绍 encoder 和 decoder 的详细步骤。整个翻译过程可以抽象为以下 3 个步骤。

（1）图 7-18 左边的 encoder 模型输入为"I love you"。LSTM 模型会产生很多输出，但我们只关注隐藏的状态变量，这里用 s 表示。encoder 把状态变量 s 传递给下一个 LSTM 模型 decoder。decoder 接收 s 之后，在没有额外新信息的情况下，只能假设所有汉字为空，记为 BBBBB。此时唯一能够利用的信息就是从 encoder 获得的状态变量 s，基于此，decoder 需要预测出"我"字。

（2）在确定第一个汉字之后，如图 7-19 所示，右边的 LSTM 模型就会被特定的初始状态 s 激活。现在的 decoder 除了初始状态 s 之外，还已知一个最近被预测出来的"我"字，可利用这两个已知信息一起预测下一个字"爱"。

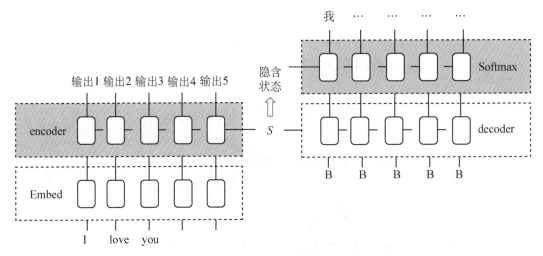

图 7-18　机器翻译结构示例一

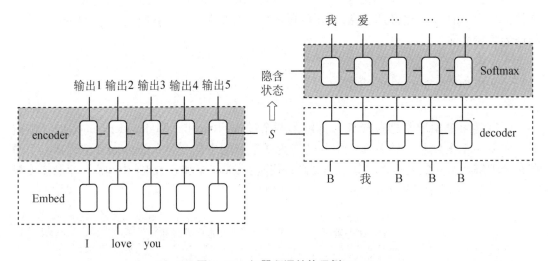

图 7-19　机器翻译结构示例二

（3）依此类推，下面可以基于 s、"我"和"爱"来预测最后一个字"你"，于是 decoder 就完成了整个解码过程，成功地把从 encoder 获得的状态变量 s 通过 LSTM 模型解码成汉字序列"我爱你"，完成了整个翻译过程，如图 7-20 所示。

7.4.4　机器翻译实例：中英文翻译

下面，我们用一个中英文翻译的案例来介绍代码的实现过程。本案例的数据集[①]来自人工翻译后的中英文短句，共 20 403 条数据，每个样本的中英文语句有对应关系。

1. 中英文文本准备

首先我们需要准备中英文文本，初始化两个不同的列表 Chinese 和 English，分别用来

---

① 通过扫本书封底二维码可获得该数据集。

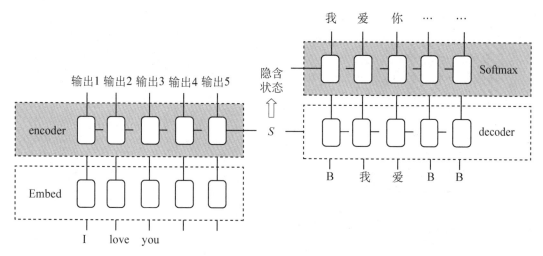

图 7-20　机器翻译结构示例三

存储中英文词根。用 open 命令打开数据集，调用 split 函数对每行以"\"拆分字符串；去掉每个英文字符串的最后一个标点符号，用空格再次拆分，使之成为一个又一个英文单词，即为后续可使用的英文文本。

对中文文本进行类似的操作，主要的区别在于中文需要调用 jieba 分词，并在切分结果的开头加上一个没有意义的符号"B"。这是因为 decoder 的信息来自 encoder 的状态变量，而没有任何文字输入，但模型需要有中文输入才能运转，所以就需要这样一个无意义的字符来"激活"模型。具体代码如下：

代码 7-26

```python
# 导入相关模块
import time
import string
import jieba
import numpy as np

import torch
import torch.utils.data as DataSet
import torch.nn as nn
import torch.optim
from torch.autograd import Variable

# 定义读取语料的方法
def read_corpus(path):
    English = []
    Chinese = []

    f = open(path,'r',encoding = 'utf-8')
    for line in f.readlines():
```

```
        eng,chs = line.strip().split('\t')

        eng = eng[:-1]
        eng = eng.split(' ')
        English.append(eng)

        chs = jieba.lcut(chs)
        chs = ['B']+chs
        Chinese.append(chs)
    return English,Chinese

English,Chinese = read_corpus('./cmn.txt')
print(English[20000])
print(Chinese[20000])
```

```
['If', 'I', 'were', 'you,', "I'd", 'want', 'to', 'know', 'what', 'Tom', 'is', 'doing', 'right', 'now']
['B', '如果', '我', '是', '你', ',', '我', '不会', '想', '去', '知道', 'Tom', '现在', '正在', '做', '什么', '。']
```

2. 数据集准备

与之前的 RNN 作诗和 LSTM 作曲类似，这里也需要分别对中英文字符进行编码，基本操作与之前一致。相关代码见代码 7-27、代码 7-28 和代码 7-29。

代码 7-27

```
# 定义中英文字典编码方法
def lang_encode(language):
    lang2idx = {}
    i = 1
    for chs in language:
        for c in chs:
            if lang2idx.get(c)== None:
                lang2idx[c] = i
                i += 1
    return lang2idx

chs2idx = lang_encode(Chinese)
eng2idx = lang_encode(English)
chs_vocab_size = len(chs2idx.keys())+1
eng_vocab_size = len(eng2idx.keys())+1

print('中文字典大小',chs_vocab_size)
print('英文字典大小',eng_vocab_size)
```

```
中文字典大小 13683
英文字典大小 7814
```

代码 7-28

```python
# 定义文本编码方法
def text_encode(lang2idx,language):
    text_digit = []
    for txt in language:
        t_digit = []
        for t in txt:
            t_digit.append(lang2idx[t])
        text_digit.append(t_digit)
    return text_digit


chs_digit = text_encode(chs2idx,Chinese)
eng_digit = text_encode(eng2idx,English)
print("原始中文:")
print(Chinese[20000])
print("\n 中文编码后的结果:")
print(chs_digit[20000][:])
print("原始英文:")
print(English[20000])
print("\n 英文编码后的结果:")
print(eng_digit[20000][:])
```

```
原始中文:
['B', '如果', '我', '是', '你', ',', '我', '不会', '想', '去', '知道', 'Tom', '现在', '正在', '做', '什么', '。']

中文编码后的结果:
[1, 917, 12, 35, 5, 79, 12, 16, 257, 36, 73, 202, 429, 496, 129, 299, 3]
原始英文:
['If', 'I', 'were', 'you,', "I'd", 'want', 'to', 'know', 'what', 'Tom', 'is', 'doing', 'right', 'now']

英文编码后的结果:
[1057, 5, 734, 1013, 673, 302, 484, 66, 993, 29, 199, 1017, 142, 112]
```

代码 7-29

```python
# 定义生成训练输入输出序列函数
def generate_XY(chs_digit,eng_digit,max_len):
    X = []
    Y = []
    i = -1
    for c_digit in chs_digit:
        i += 1
        # 将最后一个字符作为 Y
        Y.append(c_digit[-1])
        # 将最后一个字符之前的部分作为 X,并补齐字符
        x1 = c_digit[:-1] + [0]*(max_len - len(c_digit))
        x2 = eng_digit[i] + [0]*(max_len - len(eng_digit[i]))
        X.append(x1 + x2)
    return X,Y
```

```
X,Y = generate_XY(chs_digit,eng_digit,max_len=40)
print("原始中文:")
print(Chinese[20000])
print("变量 X_chs:")
print(X[20000][0:39])
print("变量 X_eng:")
print(X[20000][-40:])
print("变量 Y:")
print(Y[20000])
```

```
原始中文:
['B', '如果', '我', '是', '你', ',', '我', '不会', '想', '去', '知道', 'Tom', '现在', '正在', '做', '什么', '。']
变量X_chs:
[1, 917, 12, 35, 5, 79, 12, 16, 257, 36, 73, 202, 429, 496, 129, 299, 0, 0, 0, 0, 0, 0, 0, 0, 0, 0, 0, 0, 0, 0, 0,
0, 0, 0, 0, 0, 0, 0, 0]
变量X_eng:
[1057, 5, 734, 1013, 673, 302, 484, 66, 993, 29, 199, 1017, 142, 112, 0, 0, 0, 0, 0, 0, 0, 0, 0, 0, 0, 0, 0, 0, 0, 0,
0, 0, 0, 0, 0, 0, 0, 0, 0, 0]
变量Y:
3
```

接下来，与 RNN 机器作诗的案例类似，我们划分训练集和测试集用于模型训练与评估。首先打乱数据集的原有顺序，按照 4：1 的比例对数据集进行切分，随后利用 PyTorch 的 TensorDataset 和 DataLoader 将数据转化为模型可读取的格式，具体操作如下：

代码 7-30

```
# 划分训练集和测试集
# 将所有数据的顺序打乱重排
idx = np.random.permutation(range(len(X)))
X = [X[i] for i in idx]
Y = [Y[i] for i in idx]

# 切分出 20% 的数据作为测试集
validX = X[:len(X)// 5]
trainX = X[len(X)// 5:]
validY = Y[:len(Y)// 5]
trainY = Y[len(Y)// 5:]

# 设定 batch_size
batch_size = 64
# 创建 Tensor 形式的训练集
train_ds = DataSet.TensorDataset(torch.IntTensor(np.array(trainX,dtype=int)),
                    torch.IntTensor(np.array(trainY,dtype=int)))
# 形成训练数据加载器
train_loader = DataSet.DataLoader(train_ds,batch_size=batch_size,
                        shuffle=True,num_workers=1)

# 创建 Tensor 形式的测试集
```

```
valid_ds = DataSet.TensorDataset(torch.IntTensor(np.array(validX,dtype=int)),
                            torch.IntTensor(np.array(validY,dtype=int)))
# 形成测试数据加载器
valid_loader=DataSet.DataLoader(valid_ds,batch_size=batch_size,shuffle=True,
num_workers=1)
```

3. 模型构建

准备好数据后就可以构建机器翻译的 encoder-decoder 模型。对于 encoder 部分，其输入的是英文短句，长度为 maxlen；对这一输入进行 embedding 操作后，将得到的新向量输入 LSTM 模型，即为 encoder 层，得到返回的状态变量 encoder_state。

与 encoder 相似，decoder 是另一个 LSTM 模型，其输入是长度为 maxlen-1 的中文向量，也需要对它进行 embedding 操作。但 decoder 部分的 LSTM 模型除了中文输入外，还有一个参数是从 encoder 继承的隐藏状态变量，即 encoder_state，这是因为 decoder 的 LSTM 不能从随机状态出发，而要从 encoder 得到的变量出发。最后，从 decoder 的输出到所有的中文词汇建立一个全连接输出。相关代码如下：

代码 7-31

```
# 定义机器翻译网络结构
class Translator(nn.Module):

    def __init__(self,eng_vocab_size,chs_vocab_size,embedding_size,hidden_size,
num_layers=1):
        super(Translator,self).__init__()
        # PyTorch 的 LSTM 层,batch_first 标识可以让输入的张量的第一个维度表示 batch 指标
        self.encoder_embedding = nn.Embedding(eng_vocab_size,embedding_size)
        self.encoder_lstm   =  nn.LSTM(embedding_size,hidden_size,num_layers,
batch_first = True)
        self.decoder_embedding = nn.Embedding(chs_vocab_size,embedding_size)
        self.decoder_lstm   =  nn.LSTM(embedding_size,hidden_size,num_layers,
batch_first = True)
        self.fc = nn.Linear(hidden_size,chs_vocab_size)

        self.num_layers = num_layers
        self.hidden_size = hidden_size
        self.embedding_size = embedding_size
        self.eng_vocab_size = eng_vocab_size
        self.chs_vocab_size = chs_vocab_size

    # 定义前向计算流程
    def forward(self,chs,encoder_state):
        x = self.decoder_embedding(chs)
```

```
    # 读入隐藏层的初始信息
    hh = encoder_state
    # 从输入到隐藏层的计算
    # x 的尺寸为:batch_size,num_step,hidden_size
    output,hidden = self.decoder_lstm(x,hh)
    # 从 output 中去除最后一个时间步的数值(output 中包含了所有时间步的结果)
    output = output[:,-1,...]
    # output 的尺寸为:batch_size,hidden_size
    # 最后一层全连接网络
    output = self.fc(output)
    # output 的尺寸为:batch_size,output_size
    return output


# 定义隐藏单元初始化方法
def initHidden(self,eng,batch_size):
    x = self.encoder_embedding(eng).cuda()
    # 初始化的隐藏元和记忆元,通常它们的维度是一样的
    h1 = Variable(torch.zeros(self.num_layers,batch_size,self.hidden_size)).
cuda()
    c1 = Variable(torch.zeros(self.num_layers,batch_size,self.hidden_size)).
cuda()
    #这里我们要对后面的 LSTM 模型的隐藏状态进行条件初始化
    _,encoder_state = self.encoder_lstm(x,(h1,c1))
    return encoder_state
```

具体定义一个机器翻译模型,并查看模型结构。相关代码如下:

代码 7-32

```
# 给定超参数
lr = 1e-2
epochs = 200
# 创建机器翻译模型实例
translator = Translator(eng_vocab_size=eng_vocab_size,chs_vocab_size=chs_vocab_
size,embedding_size=64,hidden_size=128)
# 转为 GPU 下的模型
translator = translator.cuda()
# 交叉熵损失函数
criterion = torch.nn.CrossEntropyLoss()
# SGD 优化算法
optimizer = torch.optim.SGD(translator.parameters(),lr=lr)
#查看模型具体信息
print(translator)
```

```
Translator(
  (encoder_embedding): Embedding(7814, 64)
  (encoder_lstm): LSTM(64, 128, batch_first=True)
  (decoder_embedding): Embedding(13683, 64)
  (decoder_lstm): LSTM(64, 128, batch_first=True)
  (fc): Linear(in_features=128, out_features=13683, bias=True)
)
```

4. 模型训练

在模型训练这一部分，我们首先定义几个训练中会用到的函数，主要用于计算精度和损失，之后调用模型进行训练。相关代码如下：

代码 7-33

```python
# 定义预测准确率的函数
def accuracy(pre,label):
    # 得到每一行(每一个样本)输出值最大元素的下标
    pre = torch.max(pre.data,1)[1]
    # 将下标与 label 比较,计算正确的数量
    rights = pre.eq(label.data).sum()
    # 计算正确预测所占的百分比
    acc = rights.data / len(label)
    return acc.float()


# 定义一个 Tensor 分割函数
def split_chs_eng(x):
    x = x.tolist()
    x1 = [x[i][0:40] for i in range(len(x))]
    x2 = [x[i][-40:] for i in range(len(x))]
    x1 = torch.IntTensor(np.array(x1,dtype=int))
    x2 = torch.IntTensor(np.array(x2,dtype=int))
    return Variable(x1).cuda(),Variable(x2).cuda()


# 定义训练过程打印函数
def print_log(epoch,train_time,train_loss,train_acc,val_loss,val_acc,epochs=
10):
    print(f"Epoch [{epoch}/{epochs}],time:{train_time:.2f}s,loss:{train_loss:
.4f},acc:{train_acc:.4f},val_loss:{val_loss:.4f},val_acc:{val_acc:.4f}")


# 定义模型验证过程
def validate(model,val_loader):
    # 在测试集上运行一遍并计算损失和准确率
    val_loss = 0
    val_acc = 0
    model.eval()
    for batch,data in enumerate(val_loader):
        x,y = Variable(data[0]),Variable(data[1])
```

```python
        x,y = x.cuda(),y.cuda()
        chs,eng = split_chs_eng(x)
        encoder_state = model.initHidden(eng,len(data[0]))
        outputs = model(chs,encoder_state)
        y = y.long()
        loss = criterion(outputs,y)
        val_loss += loss.data.cpu().numpy()
        val_acc += accuracy(outputs,y)
    # 计算平均损失
    val_loss /= len(val_loader)
    # 计算平均准确率
    val_acc /= len(val_loader)
    return val_loss,val_acc


# 定义模型训练函数
def train(model,optimizer,train_loader,val_loader,epochs=50):
    train_losses = []
    train_accs = []
    val_losses = []
    val_accs = []

    for epoch in range(epochs):
        train_loss = 0
        train_acc = 0
        # 记录当前 epoch 开始时间
        start = time.time()
        for batch,data in enumerate(train_loader):
            # batch 为数字,表示已经进行了几个 batch
            # data 为一个二元组,存储了一个样本的输入和标签
            model.train()
            x,y = Variable(data[0]),Variable(data[1])
            x,y = x.cuda(),y.cuda()
            chs,eng = split_chs_eng(x)
            encoder_state = model.initHidden(eng,len(data[0]))
            optimizer.zero_grad()
            outputs = model(chs,encoder_state)
            y = y.long()
            # 计算当前损失
            loss = criterion(outputs,y)
            train_loss += loss.data.cpu().numpy()
            train_acc += accuracy(outputs,y)
            loss.backward()
            optimizer.step()
```

```
# 记录当前 epoch 结束时间
end = time.time()
# 计算当前 epoch 的训练耗时
train_time = end - start
# 计算平均损失
train_loss /= len(train_loader)
# 计算平均准确率
train_acc /= len(train_loader)
# 计算测试集上的损失函数和准确率
val_loss,val_acc = validate(model,val_loader)
train_losses.append(train_loss)
train_accs.append(train_acc)
val_losses.append(val_loss)
val_accs.append(val_acc)
print_log(epoch+1,train_time,train_loss,train_acc,val_loss,val_acc,
epochs=epochs)

    return train_losses,train_accs,val_losses,val_accs
```

```
# 模型训练
history = train(translator,optimizer,train_loader,valid_loader,epochs=epochs)
```

```
Epoch [1/200], time: 3.04s, loss: 3.5276, acc: 0.8126, val_loss: 1.1499, val_acc: 0.8388
Epoch [2/200], time: 2.15s, loss: 0.8276, acc: 0.8454, val_loss: 0.7396, val_acc: 0.8390
Epoch [3/200], time: 2.10s, loss: 0.6893, acc: 0.8466, val_loss: 0.6598, val_acc: 0.8390
Epoch [4/200], time: 2.03s, loss: 0.6116, acc: 0.8466, val_loss: 0.5791, val_acc: 0.8394
Epoch [5/200], time: 1.95s, loss: 0.5438, acc: 0.8533, val_loss: 0.5134, val_acc: 0.8538
Epoch [6/200], time: 2.18s, loss: 0.4917, acc: 0.8718, val_loss: 0.4782, val_acc: 0.8700
Epoch [7/200], time: 2.32s, loss: 0.4602, acc: 0.8987, val_loss: 0.4455, val_acc: 0.9041
Epoch [8/200], time: 2.04s, loss: 0.4351, acc: 0.9072, val_loss: 0.4231, val_acc: 0.9084
Epoch [9/200], time: 2.11s, loss: 0.4143, acc: 0.9103, val_loss: 0.4012, val_acc: 0.9085
Epoch [10/200], time: 2.10s, loss: 0.3975, acc: 0.9139, val_loss: 0.3847, val_acc: 0.9227
Epoch [190/200], time: 2.28s, loss: 0.2382, acc: 0.9461, val_loss: 0.2556, val_acc: 0.9478
Epoch [191/200], time: 2.01s, loss: 0.2352, acc: 0.9478, val_loss: 0.2549, val_acc: 0.9473
Epoch [192/200], time: 2.11s, loss: 0.2363, acc: 0.9466, val_loss: 0.2681, val_acc: 0.9442
Epoch [193/200], time: 2.18s, loss: 0.2351, acc: 0.9478, val_loss: 0.2548, val_acc: 0.9475
Epoch [194/200], time: 2.15s, loss: 0.2347, acc: 0.9478, val_loss: 0.2564, val_acc: 0.9449
Epoch [195/200], time: 1.98s, loss: 0.2344, acc: 0.9479, val_loss: 0.2543, val_acc: 0.9477
Epoch [196/200], time: 2.11s, loss: 0.2346, acc: 0.9474, val_loss: 0.2566, val_acc: 0.9448
Epoch [197/200], time: 2.12s, loss: 0.2346, acc: 0.9475, val_loss: 0.2558, val_acc: 0.9476
Epoch [198/200], time: 1.99s, loss: 0.2343, acc: 0.9479, val_loss: 0.2548, val_acc: 0.9477
Epoch [199/200], time: 2.04s, loss: 0.2342, acc: 0.9476, val_loss: 0.2548, val_acc: 0.9477
Epoch [200/200], time: 1.96s, loss: 0.2339, acc: 0.9476, val_loss: 0.2546, val_acc: 0.9450
```

5. 模型预测

最后，使用这个模型尝试一次英译汉。将英文输入赋值给 test，分词后形成单词列表，再通过编码字典转化为正整数。初始化一个变量 predict，用来记录从英文到中文的翻译过程中产生的中文字词对应的整数编码，如果预测的下一个字编码为 0，则表示预测结束，利用 break 语句终止循环。相关代码如下：

代码 7-34

```
# 模型翻译测试
```

```
max_len = 40
test = 'what is it'
test = test.split(' ')
eng = []
for t in test:
    eng.append(eng2idx[t])

eng = eng + [0]*(max_len - len(eng))
eng = torch.IntTensor(np.array([eng],dtype=int))
eng = Variable(eng).cuda()
predict = [chs2idx['B']]*(max_len - 1)
predict = np.array([int(i.cpu())if type(i)!=int else i for i in predict])
chs = ''

for i in range(max_len - 2):
    encoder_state = translator.initHidden(eng,1)
    pre = torch.IntTensor(np.array([predict],dtype=int))
    pre = Variable(pre).cuda()
    output = translator(pre,encoder_state)
    # 提取最大概率的字符所在的位置,记录其编号
    index = torch.argmax(output)
    predict[i+1] = index

    if predict[i+1] == 0:
        break

    # 提取上述编号所对应的字符
    current_word = [k for k,v in chs2idx.items()if v==index][0]
    chs = chs + current_word

print(chs)
```

7.5　本章小结

　　本章主要介绍了 Word2Vec 算法、RNN 模型和 LSTM 模型的工作原理,并利用这种序列预测方法进行了 RNN 机器作诗、LSTM 作曲和机器翻译的简单实现。

　　本章的重点是 RNN 和 LSTM 的工作原理。RNN 与我们熟知的前馈神经网络相比,增加了隐藏层的内部连接,从而拥有记忆能力。但 RNN 长时间运行时信号会不断衰减,导致其无法学习数据中的长记忆模式。LSTM 正是针对 RNN 这一短板改进后的模型,LSTM 为隐藏层单元增添了内部结构,可通过隐藏状态来存储信息,并通过调控输入门、输出门和遗忘门来实现对长短期信息的记忆。

　　基于 RNN 和 LSTM 模型，本章进一步介绍了 encoder-decoder 模型，它由 encoder 和 decoder 两部分组成，皆为结构可调的神经网络。我们可以这样来理解，encoder 负责理解源信息，decoder 实现内部状态到目标信息的映射，从而使模型完成从源信息到目标信息的"翻译"。

　　本章介绍的模型和方法都具备强大的潜在能力，本章给出的案例只是简单示范，只能体现冰山一角，读者可以进行更深层次的探索和钻研。

第 8 章

深度生成模型

【学习目标】

通过本章的学习，读者可以掌握：

1. 深度生成模型的含义；
2. 自编码器的结构与图像去噪应用；
3. 变分自编码器的基本原理与图像生成应用；
4. 生成式对抗网络的基本原理与应用；
5. 如何训练一个 DCGAN 网络。

导 言

本书之前章节介绍的深度神经网络基本都是监督学习模型。本章主要介绍无监督或者半监督的深度生成模型（deep generative model）。深度生成模型是指通过某种方式寻找并表征数据的概率分布的一种模型。广义的深度生成模型不一定是基于深度学习来设计的，传统的基于有向图和无向图的模型都是典型的深度生成模型。

本章主要介绍的是基于神经网络和深度学习的深度生成模型，即基于神经网络来寻找和表征数据的概率分布，比如利用深度神经网络来表征图像数据的概率分布，并利用该模型来生成新的图像。

基于深度学习的深度生成模型主要包括自编码器和生成式对抗网络，而自编码器除了原始版本之外，最经典的则是变分自编码器。本章从原始版本的自编码器入手，在阐述其基本概念和图像去噪应用的基础上，重点介绍变分自编码器。然后介绍生成式对抗网络，特别是常用的对抗网络，并基于深度卷积对抗网络给出一个具体的应用案例。最后，通过对比变分自编码器和生成式对抗网络，对深度生成模型进行一个简单的总结。

8.1　自编码器

8.1.1　自编码器简介

自编码器（autoencoder，AE）是一种利用反向传播算法使得输出值等于输入值的神经网络，在这个过程中，自编码器将输入压缩并表征为潜在空间，并将这种潜在空间表征重构为输出。我们可以将自编码器理解为一种数据压缩算法，其中压缩和解压缩过程都是通过神经网络来实现的。

一个自编码器由编码器（Encoder）和解码器（Decoder）两部分组成。编码器将模型输入压缩为潜在的空间表征，我们用一个编码函数 $f(x)$ 来表示；解码器负责将潜在的空间表征重构为输出，我们用一个解码函数 $g(x)$ 来表示。其中编码函数 $f(x)$ 和解码函数 $g(x)$ 均为神经网络模型。一个简单的自编码器结构如图 8-1 所示。

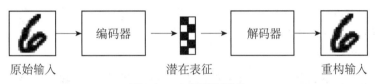

原始输入　　　　　　　　潜在表征　　　　　　　重构输入

图 8-1　自编码器结构

直观上来看，自编码器是一种让输入等于输出的算法，其实不然，自编码器的本质在于编码器压缩后的潜在空间表征。自编码器是一种有损的数据压缩算法，经过这种神经网络表征后的数据压缩，可以学习到输入图像中相对重要的特征。

自编码器结构并不复杂，之所以广受关注，是因为它在很长一段时间内被认为是无监督学习的潜在的解决方案，也就是说，自编码器可以在没有标签的时候学习到数据的有用表达。具体到应用层面，自编码器通常体现在两个方面：一个是数据去噪，另一个是为可视化而进行的降维。自编码器在适当的维度和系数约束下可以学习到比主成分分析等降维方法更有意义的数据映射关系。

自编码器主要有如下三个特点：

（1）数据相关性。数据相关性是指自编码器只能压缩与自己此前训练数据类似的数据，所以，如果使用由自然图像训练出来的自编码器来压缩人脸图片，效果可能不太理想。

（2）数据有损性。自编码器在解压时得到的输出与原始输入相比会有信息损失，所以自编码器是一种数据有损的压缩算法。

（3）自动学习性。自编码器是从数据样本中自动学习的，不需要做其他特殊处理。

8.1.2　自编码器的应用案例：图像去噪

自编码器的一个典型应用就是给图像数据去噪。在有足够的训练数据的情况下，基于自编码器来设计图像去噪算法不失为一种较好的选择。我们以 MNIST 数据集为例，基于 PyTorch 框架，尝试给数据集添加一些随机噪声，并设计一个自编码器网络来对其进行去噪还原。第一步，我们先导入相关模块，并定义一个噪声添加函数，相关代码如下：

代码 8-1：导入相关模块

```python
import torch
from torch import nn
from torch.utils.data import DataLoader
from torch.optim import Adam
import torchvision.transforms as T
from torchvision.datasets import MNIST
import matplotlib.pyplot as plt

# 定义噪声添加函数
def add_noise(img):
    # 定义随机噪声
    noise = torch.randn(img.size())* 0.3
    # 将噪声添加到图像
    noisy_img = img + noise
    return noisy_img
```

第二步是基于自编码器定义去噪模型，为了简化演示过程，我们仅基于全连接网络来实现自编码器的编码与解码过程。自定义的去噪模型的代码如下：

代码 8-2：基于自编码器的去噪模型

```python
class AutoEncoder(nn.Module):
    def __init__(self):
        super(AutoEncoder,self).__init__()
        # 编码器结构
        self.encoder = nn.Sequential(
                    nn.Linear(28*28,256),
                    nn.ReLU(True),
                    nn.Linear(256,64),
                    nn.ReLU(True)
                    )
        # 解码器结构
        self.decoder = nn.Sequential(
                    nn.Linear(64,256),
                    nn.ReLU(True),
                    nn.Linear(256,28*28),
                    nn.Sigmoid(),
                    )
    # 前向计算流程
    def forward(self,x):
        x = self.encoder(x)
        x = self.decoder(x)
```

```
        return x
```

代码 8-2 中的网络构建方式是典型的 PyTorch 范式。先基于全连接网络和 ReLU 激活函数构建编码器，同样以该形式来构建解码器，最后定义一个前向计算流程，将编码和解码过程都包含在内。可以看到，该自编码器网络呈对称结构，各自包含了 2 层全连接层和激活函数层。

第三步是加载 MNIST 数据集，代码如下。PyTorch 提供了 MNIST 数据集的自动下载，然后基于 PyTorch 的 DataLoader 可以实现自动的分批数据导入。

代码 8-3：下载 MNIST 数据集

```
dataset = MNIST('./data',transform=T.ToTensor(),download=True)
# MNIST 数据导入
# 批次大小
batch_size = 32
data_loader = DataLoader(dataset,batch_size=batch_size,shuffle=True)
```

最后一步即可执行模型训练。先设置相关训练参数，然后执行自编码器去噪模型训练，代码如下。值得注意的是，这里我们使用了 nn.BCELoss 损失函数，因为模型最后一层使用的是 Sigmoid 激活函数。

代码 8-4：自编码器去噪模型训练

```
# 训练轮数
num_epochs = 30
# 学习率
learning_rate = 1e-3
# 模型实例
model = AutoEncoder().cuda()
# 损失函数
criterion = nn.BCELoss()
# 定义优化器
optimizer = torch.optim.Adam(model.parameters(),lr=learning_rate,weight_decay=
1e-5)

# 执行训练
for epoch in range(num_epochs):
    for img,_ in data_loader:
        img = img.view(img.size(0),-1)
        # 给图像添加噪声
        noisy_img = add_noise(img)
        img = img.cuda()
        noisy_img = noisy_img.cuda()
        output = model(noisy_img)
        loss = criterion(output,img)
        optimizer.zero_grad()
```

```
    loss.backward()
    optimizer.step()
# 打印当前训练信息
print('epoch [{}/{}],loss:{:.4f}'.format(epoch + 1,num_epochs,loss.item()))
```

代码 8-4 是典型的 PyTorch 模型训练范式。因为自编码器仅使用输入图像进行训练，MNIST 的分类标签实际并未参与训练。图 8-2 是三组训练效果图，从左到右依次为原始图、噪声图和经过自编码器去噪后的结果图。

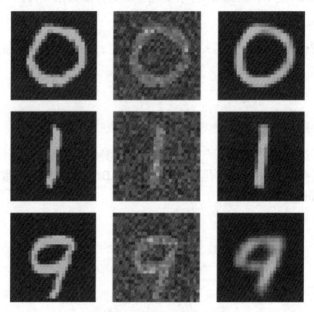

图 8-2　自编码器图像去噪

可以看到，经过自编码器去噪模型处理后的噪声 MNIST 图像，基本能够还原为原图，但因为自编码器压缩的数据有损性，还原后的图像相较于原图略有失真。

8.2　变分自编码器

作为一种经典的编码器模型，变分自编码器（variational autoencoder，VAE）是深度学习领域两大生成模型之一（另一个是 8.3 节要介绍的生成式对抗网络），在图像生成领域有着广泛的应用。

经典的自编码器模型由于有损的数据压缩特性，在进行图像重构时不能得到图像的良好结构的潜在空间表达。VAE 与原始的自编码器的不同在于，它不是将输入图像压缩为潜在空间的编码，而是将图像转换为均值和标准差这两个最常见的统计分布参数，然后使用这两个参数从分布中进行随机采样得到隐变量，对隐变量进行解码重构为新的图像。本节我们将在简要阐述 VAE 基本原理的基础上，给出基于 PyTorch 的 VAE 图像生成示例。图 8-3 是 VAE 的简略结构。

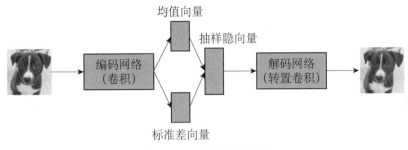

图 8-3 VAE 的简略结构

8.2.1 生成模型与分布变换

在统计学习方法中，通过生成方法学习到的模型就是生成模型（generative model）（对应于判别方法和判别模型）。所谓生成方法，就是根据数据学习输入 X 和输出 Y 之间的联合概率分布，然后求出条件概率分布 $p(Y|X)$ 作为预测模型的过程。传统机器学习中的朴素贝叶斯和隐马尔可夫模型等都是生成模型。

具体到深度学习和图像领域，生成模型可以概括为用概率方式描述图像的生成，通过对概率分布采样产生数据。深度学习领域生成模型的目标一般都很简单：根据原始数据构建一个从隐变量 Z 生成目标数据 Y 的模型，只是各个模型有着不同的实现方法。从概率分布的角度来解释就是构建一个模型将原始数据的概率分布转换为目标数据的概率分布，目标就是原始分布和目标分布越像越好。所以从概率论的角度来看，生成模型本质上是一种分布变换。

8.2.2 VAE 的基本原理

我们根据图 8-3 来拆解一下 VAE 的基本步骤，具体可拆分为三步：（1）编码器模块将输入图像转换为表示潜在空间中的两个参数：均值和方差，这两个参数可以定义潜在空间中的一个正态分布。（2）在这个正态分布中进行随机采样。（3）由解码器模块将潜在空间中的采样点映射回原始输入图像，达到重构图像的目的。

虽然图 8-3 和拆解后的三个步骤足够简洁直观，但我们有必要对 VAE 做进一步的梳理。假设有一批原始数据样本 $\{X_1, X_2, \cdots, X_n\}$，可以用 X 来描述这个样本的总体，在 X 的分布 $p(X)$ 已知的情况下，我们可以直接对 $p(X)$ 这个概率分布进行采样，但通常原始样本的分布 $p(X)$ 是未知的。在直接采样不可行的情况下，我们可以尝试通过对 $p(X)$ 进行变换来推算 X。将 $p(X)$ 的分布表示为：

$$p(X) = \sum_Z p(X|Z)p(Z)$$

$p(X|Z)$ 描述了一个由 Z 来生成 X 的模型，假设 Z 服从标准正态分布 $Z \sim N(0,1)$。我们可以先从标准正态分布中采样一个 Z，然后根据 Z 来计算一个 X，这样就会得到一个不错的生成模型。最后将这个模型结合自编码器进行表示，如图 8-4 所示。

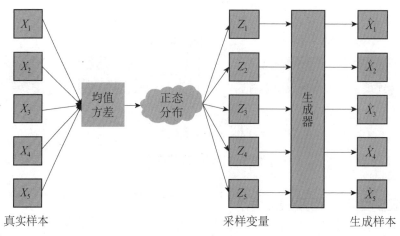

图 8-4　VAE 图解

图 8-4 可以看作 VAE 的一种更为直观的表达：通过对原始样本均值和方差的计算，我们可以将数据编码成潜在空间的正态分布，然后对正态分布进行随机采样，将采样的结果进行解码重构，最后生成目标图像。图 8-4 有一个关键问题：采样后得到的 Z_K 跟原始数据中的 X_K 是否还存在一一对应的关系？这个问题很重要，因为正是这种一一对应的关系才使得模型具备对输入图像进行重构的能力。所以这里需要明确的是，VAE 实际上是为每一个真实样本配置了一个正态分布。VAE 通过神经网络将原始数据进行均值和方差的潜在空间表征，然后将其描述为标准正态分布，再根据标准正态分布进行采样生成目标样本。

潜在空间表示为正态分布之后，应该如何采样？VAE 的原始论文[1]中提出一种重参数（reparameterization）的采样技巧。假设要从常规正态分布 $p(Z \mid X_k)$ 中采样 Z_K，尽管已知 $p(Z \mid X_k)$ 是正态分布，但是均值和方差都是靠模型计算得到的，所以要靠这个过程反过来优化均值方差的模型，具体操作方式为：从 $N(\mu, \sigma^2)$ 中采样一个 Z，就相当于从 $N(0,1)$ 中采样了一个 ε，然后做 $Z = \mu + \varepsilon\sigma$ 的变换即可。

采样以后我们就可以用一个解码网络（生成器）来对采样结果进行解码重构了。最后来看一下 VAE 的损失函数。VAE 的损失函数由两个损失函数构成，一个是重构损失函数，该函数要求解码出来的样本与输入的样本相似（与之前的自编码器相同），另一个是学习到的隐变量分布与先验分布的 KL 散度（KL divergence），可以作为一个正则化损失。在基于 VAE 进行图像重构时，我们可以用二值交叉熵损失作为重构损失，而 KL 散度的计算公式如下：

$$KL\big(p(x) \| q(x)\big) = \int p(x)\ln\frac{p(x)}{q(x)}\mathrm{d}x$$

其中，$p(x)$ 和 $q(x)$ 是同一概率空间下的两个概率分布 P 和 Q 的概率密度函数。变分自编码器中的变分也正是来自 KL 散度本身的泛函性质。

---

[1]　Doersch C. Tutorial on variational autoencoders.arXivpreprint atXiv: 1606.05908，2016.

8.2.3　VAE 图像生成示例

本小节我们基于 PyTorch 和 Fashion MNIST 数据集来实现一个 VAE 模型。[①]编写的基本思路是先实现基于卷积网络的编码器和解码器，然后基于编码器和解码器来实现 VAE，最后导入数据并训练。我们可以直接为编码器和解码器分别定义一个类，网络结构和前向传播都定义在类的方法里。先定义编码器，代码如下：

代码 8-5：定义编码器

```python
# 导入相关模块
import torch
import torch.nn as nn

class Encoder(nn.Module):
    def __init__(self,image_channel=1,output_channel=64,hidden_dim=32):
        super(Encoder,self).__init__()
        self.z_dim = output_channel
        # 编码器结构
        # 由两个连续的编码块和一个卷积层组成
        self.enc = nn.Sequential(
            self.encoder_block(image_channel,hidden_dim),
            self.encoder_block(hidden_dim,hidden_dim * 2),
            nn.Conv2d(hidden_dim * 2,output_channel * 2,kernel_size=4,stride=2)
        )

    # 定义编码块结构
    def encoder_block(self,input_c,output_c,kernel_size=4,stride=2):
        return nn.Sequential(
            nn.Conv2d(input_c,output_c,kernel_size,stride),
            nn.BatchNorm2d(output_c),
            nn.LeakyReLU(0.1,inplace=True),
        )

    # 编码器前向计算流程
    def forward(self,x):
        # 编码预测结果
        enc_res = self.enc(x)
        # 结果重塑
        enc_res = enc_res.view(len(enc_res),-1)
        # 返回均值和方差两个编码结果
        return enc_res[:,:self.z_dim],enc_res[:,self.z_dim:].exp()
```

代码 8-5 描述了 VAE 编码器结构，编码器由连续三个卷积编码块构成，其中前两个

[①] https://www.coursera.org/speciallizations/generative-adversarial-networks-gans.

卷积编码块由一个卷积层、一个 BN 层和一个 LeakyReLU 激活函数层构成，最后一个卷积编码块则仅包含一个卷积层。其中 image_channel 为输入通道，因为 MNIST 是灰度图像，所以输入通道默认为 1；output_channel 为输出通道；hidden_dim 为隐空间维度。在编码器前向计算定义中，我们将卷积编码块的结果表示为均值和方差这两个向量。

接下来定义解码器，代码如下：

代码 8-6：定义解码器

```
class Decoder(nn.Module):
    def __init__(self,z_dim=64,image_channel=1,hidden_dim=128):
        super(Decoder,self).__init__()
        self.z_dim = z_dim
        # 解码器结构
        # 由三个连续的转置卷积解码块和一个转置卷积层组成
        self.dec = nn.Sequential(
            self.decoder_block(z_dim,hidden_dim * 4),
            self.decoder_block(hidden_dim * 4,hidden_dim * 2,kernel_size=4,
stride=1),
            self.decoder_block(hidden_dim * 2,hidden_dim),
            nn.Sequential(
                nn.ConvTranspose2d(hidden_dim,image_channel,kernel_size=4,
stride=2),
                nn.Sigmoid()
            )
        )

    # 定义解码块结构
    def decoder_block(self,input_c,output_c,kernel_size=3,stride=2):
        return nn.Sequential(
            nn.ConvTranspose2d(input_c,output_c,kernel_size,stride),
            nn.BatchNorm2d(output_c),
            nn.ReLU(inplace=True),
        )

    # 解码器前向计算流程
    def forward(self,x):
        x = x.view(len(x),self.z_dim,1,1)
        return self.dec(x)
```

在代码 8-6 中，解码器结构是由连续四个转置卷积块构成的，其中前三个转置卷积块包括一个转置卷积层、一个 BN 层和一个 ReLU 激活函数层，最后一个转置卷积块包括一个转置卷积层和一个 Sigmoid 激活函数层。在解码器的前向计算过程中，我们以一个从正态分布中抽样的随机向量作为输入，经过解码器解码为重构后的图像。

基于编码器和解码器便可以定义完整的 VAE 模型，按照 8.2.2 小节的 VAE 步骤拆解,我们先用编码器将输入图像转换为潜在空间中由均值和方差表示的正态分布,然后从这个正态分布中进行随机采样,最后用解码器将潜在空间中的采样点映射回原始的输入图像,得到最终的重构图像。按照描述的流程,VAE 的构建过程代码如下:

代码 8-7: 基于编解码定义 VAE

```python
# 导入 torch 正态分布模块
from torch.distributions.normal import Normal

class VAE(nn.Module):
    def __init__(self, z_dim=64, image_channel=1):
        super(VAE, self).__init__()
        self.z_dim = z_dim
        # 编码器
        self.encoder = Encoder(image_channel, z_dim)
        # 解码器
        self.decoder = Decoder(z_dim, image_channel)

    # VAE 前向计算过程
    def forward(self, x):
        # 编码器获取均值和方差
        n_mean, n_var = self.encoder(x)
        # 由均值和方差定义正态分布
        normal_dist = Normal(n_mean, n_var)
        # 从正态分布中抽样
        z_sample = normal_dist.rsample()
        # 解码为重构图像
        dec_res = self.decoder(z_sample)
        return dec_res, normal_dist
```

VAE 模型编写完成之后,接下来我们需要给出 VAE 的损失函数。VAE 的损失函数由图像重构损失和 KL 散度损失两部分构成,其中图像重构损失可由二值交叉熵损失函数来表示。定义 VAE 损失函数的代码如下:

代码 8-8: 定义损失函数

```python
# 导入 torch KL 散度模块
from torch.distributions.kl import kl_divergence
# 重构损失
reconstruction_loss = nn.BCELoss(reduction='sum')
# 定义 KL 散度损失
def kl_loss(normal_dist):
    return kl_divergence(
        normal_dist, Normal(torch.zeros_like(normal_dist.mean), torch.ones_like
(normal_dist.stddev))
    ).sum(-1)
```

最后导入 Fashion MNIST 数据集并执行 VAE 训练,代码如下:

代码 8-9：VAE 模型的训练

```
# 导入 torch 相关模块
from torch.utils.data.dataloader import DataLoader
from torchvision import datasets
import torchvision.transforms as T
# 导入 Fashion MNIST 数据集
FashionMnist_dataset = datasets.FashionMNIST('./data',train=True,
                    transform=T.ToTensor(),download=True)
# 导入 MNIST 数据集
dataloader = DataLoader(FashionMnist_dataset,shuffle=True,
                    batch_size=256)
vae = VAE().to('cuda')
num_epochs = 30
optimizer = torch.optim.Adam(vae.parameters(),lr=0.001)

# 执行 VAE 训练
mean_loss = 0
for epoch in range(num_epochs):
    for _,(images,_)in enumerate(dataloader):
        images = images.to('cuda')
        optimizer.zero_grad()
        dec_img,normal_dist = vae(images)
        loss = reconstruction_loss(dec_img,images)+ kl_loss(normal_dist).sum()
        loss.backward()
        optimizer.step()

    # 打印训练损失
    print('epoch [{}/{}],loss:{:.3f}'.format(epoch + 1,num_epochs,loss.item()))
```

　　图 8-5 是原始的 Fashion MNIST 图像和经过 VAE 生成后的 Fashion MNIST 图像的对比。可以看到，与原始图像相比，重构后的图像基本上能够复原输入图像，从效果上看 VAE 是一种比较好的图像生成模型。

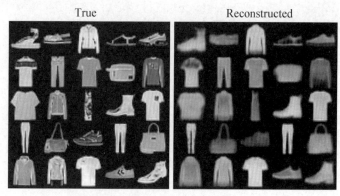

图 8-5　原始图和 VAE 生成图的对比

8.3　生成式对抗网络

8.3.1　GAN 原理简介

在深度学习的发展历程上，生成式对抗网络（generative adversarial network，GAN）一问世就颇受瞩目。跟变分自编码器一样，GAN 也可以学习图像的潜在空间表征，生成的图像效果几乎可以媲美真实图像。2019 年一度很火的"AI 换脸"，其背后用到的核心技术就是 GAN。

先以一个例子作为类比，直观地体会一下 GAN 的主要思想。假设一名画家想模仿一幅名家画作，一开始的时候，这名画家对于要模仿的画家的画风并不精通，模仿的画作和名家的真迹放在一起交给另一位行家，这位行家对每一幅画作的真实性都进行了鉴定和评估，并向模仿的画家进行反馈：告诉他该名家画作的特点和精髓，以及如何模仿才像真正的名家画作。模仿的画家根据反馈回去继续研究，并不断给出新的模仿画作。随着时间的推移，模仿者越来越擅长模仿该名家的画作与画风，鉴定者也越来越擅长找出真正的赝品。

与画作模仿的例子类似，GAN 的核心思想就在于两个部分：一个模仿者网络（不断模仿真迹，以假乱真）和一个鉴定网络（不断鉴别真迹，辨清真假）。二者互相对抗，共同演进，此过程中大家的水平都越来越高，模仿者网络生成的图像足以达到以假乱真的水平。所以 GAN 的核心框架由两个网络构成：生成器（generator，G）和判别器（discriminator，D）。生成器以一个随机向量作为输入，将其解码成一张图像，而判别器以一张真实或者合成的图像作为输入，并预测该图像是来自真实数据还是合成的。在训练过程中，生成器 G 的目标就是尽量生成真实的图片去欺骗判别器 D。而 D 的目标就是尽量把 G 生成的图片和真实的图片区分开来。这样，G 和 D 构成了一个动态的博弈过程。在理想状态下，博弈的结果就是 G 可以生成足以以假乱真的图片 $G(z)$，而此时的 D 难以判定生成的图像到底是真是假，最后得到 $D(G(z)) = 0.5$ 的结果。这跟博弈论中零和博弈非常相似，可以说 GAN 借鉴了博弈论中相关的思想和方法。GAN 的基本结构如图 8-6 所示。

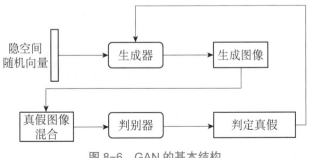

图 8-6　GAN 的基本结构

GAN 的原理其实不是特别复杂，但要想训练好一个 GAN 却并不容易。GAN 本身存在训练困难、生成器和判别器 loss 无法指示训练进程以及生成样本缺乏多样性等问题。近年来基于这些问题的优化使得原始的 GAN 不断演进，出现了像 Conditional GAN、DCGAN、

WGAN、InfoGAN、StyleGAN 和 BigGAN 等各种 GAN 变体网络模型。

8.3.2　GAN 示例：训练 DCGAN

GAN 变体非常多，我们以具有代表性的 DCGAN 为例，基于 PyTorch 框架实现并训练 DCGAN 来生成 Fashion MNIST 图像。DCGAN 的全称是 deep convolutional GAN，即编码器和解码器均为深度卷积网络的 GAN，逻辑上并不复杂，但构建一个稳健的 DCGAN 并不容易。

DCGAN 的判别器和生成器结构分别如图 8-7 和图 8-8 所示。可以看到，DCGAN 判别器有 5 层卷积层，将输入图像压缩为语义编码并对其进行真假判断；DCGAN 生成器同样经过 4 层转置卷积生成虚假图像。

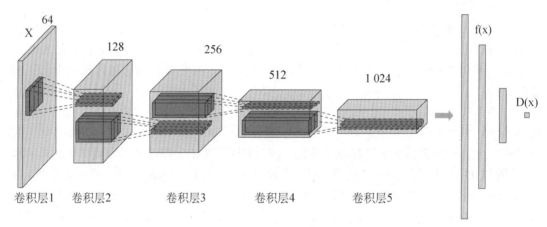

图 8-7　DCGAN 判别器

资料来源：Radford A，Metz L，Chintala S. Unsupervised representation learning with deep convolutional generative adversarial networks. arXiv preprint arXiv：1511.06434，2015.

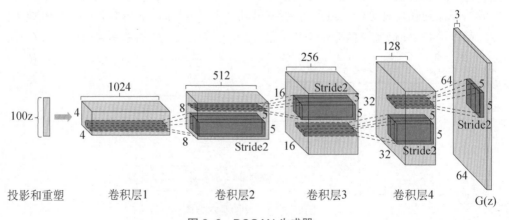

图 8-8　DCGAN 生成器

资料来源：Radford A，Metz L，Chintala S. Unsupervised representation learning with deep convolutional generative adversarial networks. arXiv preprint arXiv：1511.06434，2015.

根据一些研究者的大量实验，构建一个稳健的 DCGAN 的常用技巧主要有：（1）所有的 pooling 层使用小步长卷积进行替换；（2）在生成网络和判别网络上使用批量归一化；（3）对于更深的架构移除全连接隐藏层；（4）在生成网络的所有层上使用 ReLu 激活函数，除了输出层使用 Tanh 激活函数；（5）在判别网络的所有层上使用 LeakyReLu 激活函数。需要说明的是，以上技巧仅供实践中参考，并没有稳固的理论支持。

下面尝试基于 PyTorch 来训练一个 DCGAN。[①] 跟 8.2.3 节 VAE 的例子一样，我们也使用 Fashion MNIST 数据集，代码如下。在数据加载过程中，使用了 transforms 对数据进行转化。

代码 8-10：数据加载

```
import torch
from torch import nn
import torchvision.transforms as T
from torchvision import datasets
from torch.utils.data import DataLoader
# transform 将图像进行变换
# 包括将图像转化为 torch tensor 和规范化到 (-1,1)
transform = transforms.Compose([
    T.ToTensor(),
    T.Normalize((0.5,),(0.5,)),
])
# Fashion MNIST 数据下载
FashionMnist_dataset = datasets.FashionMNIST('./data',download=True,
                    train=True,transform=transform)
# Fashion MNIST 数据导入
dataloader = DataLoader(FashionMnist_dataset,batch_size=256,
                    shuffle=True)
```

接下来，分别编写 DCGAN 的生成器和判别器，跟 8.2.3 节 VAE 的实现方法一样，我们也是通过封装卷积块的方式来实现网络结构。根据 DCGAN 生成器的结构，编写代码如下：

代码 8-11：定义生成器

```
class Generator(nn.Module):
    def __init__(self,z_dim=64,image_channel=1,hidden_dim=128):
        super(Generator,self).__init__()
        # 随机噪声长度
        self.z_dim = z_dim
        # 生成器结构
        # 由四个连续的转置卷积块构成
        self.gen = nn.Sequential(
            self.gen_block(z_dim,hidden_dim * 4),
            self.gen_block(hidden_dim * 4,hidden_dim * 2,kernel_size=4,stride=1),
```

[①] https://www.courserra.org/speciallization/generative-adversarial-networks-gans.

```
        self.gen_block(hidden_dim * 2,hidden_dim),
        nn.Sequential(
            nn.ConvTranspose2d(hidden_dim,image_channel,kernel_size=4,
stride=2),
            nn.Tanh(),
        )
    )

    # 定义生成器转置卷积块
    def gen_block(self,input_c,output_c,kernel_size=3,stride=2):
        return nn.Sequential(
            nn.ConvTranspose2d(input_c,output_c,kernel_size,stride),
            nn.BatchNorm2d(output_c),
            nn.ReLU(inplace=True),
        )

    # 生成器前向计算流程
    def forward(self,x):
        # 噪声向量重塑
        x = x.view(len(x),self.z_dim,1,1)
        return self.gen(x)
```

在代码 8-11 中，我们通过连续四个转置卷积块构成 DCGAN 的生成器，前三个转置卷积块都包括一个转置卷积层、一个 BN 层和一个 ReLU 激活函数层，最后一层是一个转置卷积层加一个 Tanh 激活输出层。最后的前向计算流程中，通过将输入的随机噪声重塑为指定尺寸来生成图像。

与生成器对应，DCGAN 的判别器也有着类似的结构，判别器实现的代码如下，通过连续三个卷积块结构构成 DCGAN 的判别器，前两个卷积块都包括一个卷积层、一个 BN 层和一个 LeakyReLU 激活函数层，最后一个卷积块只包括一个卷积层。

代码 8-12：定义判别器

```
# 定义判别器
class Discriminator(nn.Module):
    def __init__(self,image_channel=1,hidden_dim=32):
        super(Discriminator,self).__init__()
        # 判别器结构
        # 由连续三个卷积块构成
        self.disc = nn.Sequential(
            self.disc_block(image_channel,hidden_dim),
            self.disc_block(hidden_dim,hidden_dim * 2),
            nn.Conv2d(hidden_dim * 2,1,kernel_size=4),
        )
```

```
# 定义判别器卷积块
def disc_block(self,input_c,output_c,kernel_size=4,stride=2):
    return nn.Sequential(
        nn.Conv2d(input_c,output_c,kernel_size,stride),
        nn.BatchNorm2d(output_c),
        nn.LeakyReLU(0.1,inplace=True),
    )


# 判别器前向计算流程
def forward(self,x):
    disc_res = self.disc(x)
    # 结果重塑
    return disc_res.view(len(disc_res),-1)
```

生成器和判别器都定义好后，DCGAN 模型就可以随之确定。下一步我们需要设置训练超参数和辅助函数，包括生成随机噪声函数和模型参数初始化函数。相关训练细节代码如下：

代码 8-13：具体训练细节

```
# 训练轮数
num_epochs = 100
# 噪声向量维度
z_dim = 64
# 计算平均损失迭代次数
display_step = 500
# 当前迭代步数
cur_step = 0
# 学习率
lr = 0.0002
# 指定损失函数
criterion = nn.BCEWithLogitsLoss()
# 初始化生成器和判别器平均损失为 0
mean_g_loss = 0
mean_d_loss = 0


# 创建生成器模型实例
generator = Generator(z_dim).to('cuda')
# 指定生成器优化器
optimizerG = torch.optim.Adam(generator.parameters(),lr=lr,betas=(0.5,0.999))
# 创建判别器模型实例
discriminator = Discriminator().to('cuda')
# 指定判别器优化器
optimizerD = torch.optim.Adam(discriminator.parameters(),lr=lr,betas=(0.5,0.999))
```

在代码 8-13 中，我们设置了 DCGAN 训练的一些超参数和模型相关训练配置，比如指定 BCE 损失为训练的损失函数，Adam 为训练优化器，指定生成随机噪声的维度。所有配置都完成后，就可以开始训练 DCGAN 了，训练过程代码如下：

代码 8-14：执行 DCGAN 训练

```python
# 执行 DCGAN 训练
for epoch in range(num_epochs):
    # 导入训练数据
    for _,(real,_)in enumerate(dataloader):
        # 输入为真实图像,转为 cuda 形式
        real = real.to('cuda')
        # 当前训练批次大小
        batch_size = real.size(0)

        # 更新判别器
        optimizerD.zero_grad()
        # 基于当前批次大小生成噪声向量
        noise = torch.randn(batch_size,z_dim,device='cuda')
        # 基于生成器模型对噪声向量生成虚假图像
        fake = generator(noise)
        # 判别器需要对生成的虚假图像进行预测
        output_fake = discriminator(fake.detach())
        # 判别器计算虚假图像损失
        d_loss_fake = criterion(output_fake,torch.zeros_like(output_fake))
        # 同时判别器对真实图像进行预测
        output_real = discriminator(real)
        # 判别器计算真实图像损失
        d_loss_real = criterion(output_real,torch.ones_like(output_real))
        # 判别器最终损失等于虚假损失和真实损失的平均
        d_loss =(d_loss_fake + d_loss_real)/ 2
        # 记录判别器平均损失
        mean_d_loss += d_loss.item()/ display_step
        # 更新判别器梯度
        d_loss.backward(retain_graph=True)
        # 更新优化器
        optimizerD.step()

        # 更新生成器
        optimizerG.zero_grad()
        # 基于当前批次大小生成第二个噪声向量
        noise_2 = torch.randn(batch_size,z_dim,device='cuda')
        # 基于生成器模型生成第二个虚假图像
        fake_2 = generator(noise_2)
        # 判别器需要对生成的虚假图像进行预测
```

```
output_fake = discriminator(fake_2)
# 计算生成器损失
g_loss = criterion(output_fake,torch.ones_like(output_fake))
# 生成器反向传播
g_loss.backward()
optimizerG.step()
# 记录生成器平均损失
mean_g_loss += g_loss.item()/ display_step
# 打印训练损失
if cur_step % 500 == 0 and cur_step > 0:
    print(f"Step {cur_step}:Generator loss:{mean_g_loss},discriminator
loss:{mean_d_loss}")
  cur_step+=1
```

经过 100 个 epoch 训练后，生成的 Fashion MNIST 图像和真实的 Fashion MNIST 图像对比如图 8-9 所示。其中左图是真实 Fashion MNIST 图像，右图是 DCGAN 生成的 Fashion MNIST 图像。可以看到，第 100 轮 DCGAN 训练下生成的图像效果与真实图像质量还是有一定的差距。感兴趣的读者可以尝试加大训练次数和更多的参数调优，或许可以生成质量更高的 Fashion MNIST 图像。

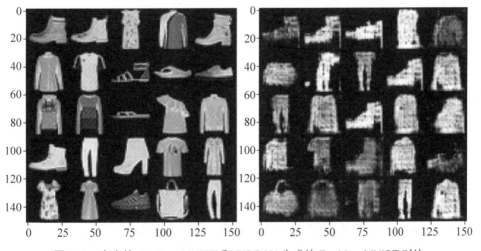

图 8-9 真实的 Fashion MNIST 和 DCGAN 生成的 Fashion MNIST 对比

8.4 本章小结

本章主要介绍了深度学习领域自编码器和生成式对抗网络这两大生成模型。首先介绍了自编码器的基本原理，并展示其在图像去噪领域的一个简单应用案例。然后在自编码器的基础上，进一步介绍了 VAE 的原理和构成，给出其在图像生成领域的应用范例。最后简要介绍了 GAN，并给出了训练一个 DCGAN 网络的代码示例。

图书在版编目（CIP）数据

深度学习：基于 PyTorch 的实现/周静，鲁伟编著
. --北京：中国人民大学出版社，2023.5
（数据科学与大数据技术丛书）
ISBN 978-7-300-31237-8

Ⅰ.①深… Ⅱ.①周… ②鲁… Ⅲ.①机器学习②软
件工具-程序设计 Ⅳ.①TP181②TP311.561

中国版本图书馆 CIP 数据核字（2022）第 220672 号

数据科学与大数据技术丛书
深度学习——基于 PyTorch 的实现
周静　鲁伟　编著
Shendu Xuexi——Jiyu PyTorch de Shixian

出版发行	中国人民大学出版社	
社　　址	北京中关村大街 31 号	**邮政编码**　100080
电　　话	010－62511242（总编室）	010－62511770（质管部）
	010－82501766（邮购部）	010－62514148（门市部）
	010－62515195（发行公司）	010－62515275（盗版举报）
网　　址	http://www.crup.com.cn	
经　　销	新华书店	
印　　刷	北京市鑫霸印务有限公司	
开　　本	787 mm×1092 mm　1/16	**版　　次**　2023 年 5 月第 1 版
印　　张	14.5 插页 1	**印　　次**　2024 年 5 月第 2 次印刷
字　　数	345 000	**定　　价**　56.00 元

中国人民大学出版社　理工出版分社

教师教学服务说明

　　中国人民大学出版社理工出版分社以出版经典、高品质的统计学、数学、心理学、物理学、化学、计算机、电子信息、人工智能、环境科学与工程、生物工程、智能制造等领域的各层次教材为宗旨。

　　为了更好地为一线教师服务，理工出版分社着力建设了一批数字化、立体化的网络教学资源。教师可以通过以下方式获得免费下载教学资源的权限：

★　在中国人民大学出版社网站 www.crup.com.cn 进行注册，注册后进入"会员中心"，在左侧点击"我的教师认证"，填写相关信息，提交后等待审核。我们将在一个工作日内为您开通相关资源的下载权限。

★　如您急需教学资源或需要其他帮助，请加入教师 QQ 群或在工作时间与我们联络。

中国人民大学出版社　理工出版分社

🔔　**教师 QQ 群：** 229223561(统计2组) 982483700(数据科学) 361267775(统计1组)
　　教师群仅限教师加入，入群请备注（学校＋姓名）

☎　**联系电话：** 010-62511076，62511967

✉　**电子邮箱：** lgcbfs@crup.com.cn

📍　**通讯地址：** 北京市海淀区中关村大街 31 号中国人民大学出版社 507 室（100080）